三相四线电能计量装置错误接线解析

常仕亮 编

中国电力出版社
CHINA ELECTRIC POWER PRESS

内 容 提 要

电能计量装置是电能计量的工具，其准确性与电能计量装置接线方式有着重要的关系。熟练、快速地甄别与修正三相四线电能计量装置错误接线在实际生产中有着极为重要的意义。本书紧密结合现场实际、全面系统、实用性强，对提高技术人员关于三相四线电能计量装置错误接线的认知水平具有重要意义。

本书共有五章，分别为错误接线解析方法、低压三相四线电能计量装置错误接线解析、高压三相四线电能计量装置错误接线解析、牵引变压器电能计量装置错误接线解析和智能电能表错误接线解析。

本书主要适用于从事电能计量、装表接电、用电信息采集、用电检查、业扩报装的技术人员和生产管理人员，也可供相关专业及管理人员参考使用。

图书在版编目（CIP）数据

三相四线电能计量装置错误接线解析 / 常仕亮编 . —北京：中国电力出版社，2017.5（2021.1重印）
ISBN 978-7-5198-0554-8

Ⅰ . ①三… Ⅱ . ①常… Ⅲ . ①电能计量－接线错误－分析 Ⅳ . ① TM933.4

中国版本图书馆 CIP 数据核字（2017）第 061801 号

出版发行：中国电力出版社
地　　址：北京市东城区北京站西街 19 号（邮政编码 100005）
网　　址：http://www.cepp.sgcc.com.cn
责任编辑：张　亮　苗唯时（weishi-miao@sgcc.com.cn）
责任校对：太兴华
装帧设计：郝晓燕　张　娟
责任印制：石　雷

印　　刷：三河市万龙印装有限公司
版　　次：2017 年 5 月第一版
印　　次：2021 年 1 月北京第三次印刷
开　　本：787 毫米 ×1092 毫米　16 开本
印　　张：12
字　　数：257 千字
印　　数：4001—6000 册
定　　价：75.00 元

前 言

　　电能计量装置是电能计量器具，为计收电量提供依据，其准确性将直接影响供电企业和用电客户的经济利益。电能计量装置的准确性，不仅与电能表相对误差、电压互感器和电流互感器的合成误差、电压互感器二次回路压降误差有关，还与电能计量接线方式有着极其重要的关系。电能计量装置错误接线多达几千种，这常常造成巨大的电量差错，严重影响计量的公平性与公正性。因此，掌握各种电能计量装置错误接线的解析方法，具有特别重大的意义。

　　本书第一章着重介绍了错误接线解析方法。第二章至第四章，结合大量现场实例和各种负荷潮流状态，详细阐述了低压和高压三相四线、牵引变压器电能计量装置错误接线的解析过程，第五章阐述了智能电能表错误接线的解析过程。

　　本书在编写过程中，得到了国网重庆市电力公司、国网重庆市电力公司电力科学研究院、国网重庆市电力公司万州供电分公司、国网重庆市电力公司技能培训中心、国网重庆市电力公司检修分公司等单位领导和同仁的指导与帮助，在此表示衷心的感谢。

　　由于时间仓促，书中难免有不妥和错误之处，恳请读者指正。

常仕亮

目 录

第一章 错误接线解析方法

第一节 电能表运行象限的判断

一、三相四线电能计量装置概述

三相四线电能计量装置广泛运用于中性点直接接地系统，同时，在中性点经消弧线圈接地、中性点经电阻接地系统也有运用。在我国大量运用于 0.4、35、66、110、220、330、500、750kV 以及 1000kV 等电压等级。

三相四线电能计量装置分低压和高压两种类型。低压三相四线电能计量装置广泛运用于 10kV 公用配电变压器 0.4kV 侧计量，10kV 专用配电变压器 0.4kV 侧计量用电客户，经电流互感器接入的 0.4kV 低压三相用电客户等供电系统。高压三相四线电能计量装置广泛运用于 110、220、330、500、750kV 及 1000kV 等中性点直接接地系统，同时，在发电上网、跨区输电、跨省输电、省级供电等关口计量点，专用供电线路用电客户计量点以及联络线路线损考核计量点也大量采用高压三相四线电能计量装置。三相四线电能计量装置接线错误常常造成巨大的电量差错，直接影响供电企业和用电客户的经济利益。因此，掌握三相四线电能计量装置错误接线解析方法，确保运行正确可靠，意义非常重大。

二、电能测量四象限

实际运行中，随着负荷潮流变化，电能表会运行在Ⅰ、Ⅱ、Ⅲ、Ⅳ四个象限，四个象限分别表示不同潮流状态下，电压和电流之间的相位关系，以及有功功率、无功功率的传输方向，电能测量四象限示意图如图 1-1 所示。解析错误接线，掌握电能表运行的象限对于解析错误接线来说极为重要，下面将根据负载性质，结合负荷潮流变化，介绍电能表运行象限的判断方法。

三、Ⅰ象限

Ⅰ象限是指所在计量点，本侧供电线路向对侧供电线路输入有功功率，输

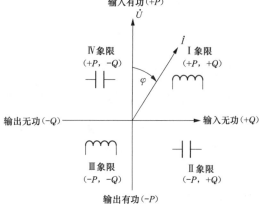

图 1-1 电能测量四象限示意图

入无功功率，此时 $\hat{UI} = 0 \sim 90°$，功率传输方向为 $+P$、$+Q$，一般情况下，以下状态时的电能表运行在 Ⅰ 象限。

1. 强感性负载

电力变压器空载运行、轻载运行或投入电抗器，此时电路呈强感性，电压超前电流的角度较大（$60° \sim 90°$），功率因数较低。强感性负载主要有以下计量点：变电站主变压器电源侧计量点，如 220kV 主变压器 220kV 侧 201 号、110kV 主变压器 110kV 侧 101 号、35kV 主变压器 35kV 侧 301 号；接入 10kV 母线电抗器等计量点；用电客户专用配电变压器、专用供电线路等计量点。Ⅰ 象限强感性负载相量图如图 1-2 所示。

2. 感性负载

感性负载主要为三相电动机等电感性负载，此时电路呈感性，电压超前电流的角度较小（$0 \sim 30°$），功率因数较高。感性负载主要有以下计量点：变电站主变压器电源侧计量点，如 220kV 主变压器 220kV 侧 201 号、110kV 主变压器 110kV 侧 101 号、35kV 主变压器 35kV 侧 301 号等计量点；变电站公用线路、关口联络线路等计量点；用电客户专用配电变压器、专用供电线路等计量点。此状态可能有无功补偿装置投入，但未过补偿运行。Ⅰ 象限感性负载相量图如图 1-3 所示。

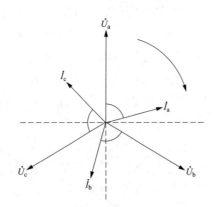 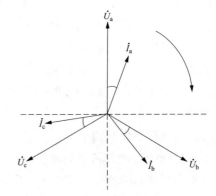

图 1-2　Ⅰ 象限强感性负载相量图　　　　图 1-3　Ⅰ 象限感性负载相量图

四、Ⅱ 象限

Ⅱ 象限指是指所在计量点，对侧供电线路向本侧输出有功功率，本侧供电线路向对侧输入无功功率，主要为三相电容器等电容性负载，电路呈容性，此时 $\hat{UI} = 90° \sim 180°$，功率传输方向为 $-P$、$+Q$。

电能表运行在 Ⅱ 象限时主要有以下计量点：变电站关口联络线路等计量点；变电站的主变压器中低压侧等计量点，如 220kV 主变压器 110kV 侧 101 号和 10kV 侧 901 号、110kV 主变压器 35kV 侧 301 号和 10kV 侧 901 号、35kV 主变压器 10kV 侧 901 号等。Ⅱ 象限负载相量图如图 1-4 所示。

五、Ⅲ象限

Ⅲ象限是指所在计量点，对侧供电线路向本侧输出有功功率，输出无功功率，用电负载主要为三相电动机等电感性负载，电路呈感性，$\widehat{UI} = 180° \sim 270°$，功率传输方向为 $-P$、$-Q$。

电能表运行在Ⅲ象限主要有以下计量点：设置在变电站的发电上网计量点；变电站的公用线路、关口联络线路等计量点；变电站的主变压器中低压侧等计量点，如 220kV 主变压器 110kV 侧 101 号和 10kV 侧 901 号、110kV 主变压器 35kV 侧 301 号和 10kV 侧 901 号、35kV 主变压器 10kV 侧 901 号等。Ⅲ象限负载相量图如图 1-5 所示。

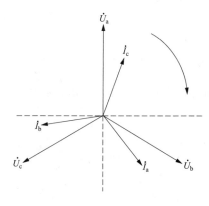
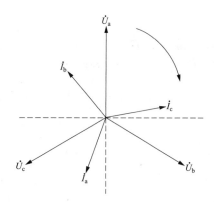

图 1-4　Ⅱ象限负载相量图　　　　　　　图 1-5　Ⅲ象限负载相量图

六、Ⅳ象限

Ⅳ象限指是指所在计量点，本侧供电线路向对侧输入有功功率，对侧供电线路向本侧输出无功功率，此时 $\widehat{UI} = 0° \sim -90°$，功率传输方向为 $+P$、$-Q$，一般情况下，以下状态电能表运行在Ⅳ象限。

1. 强容性负载

电力供电线路空载、轻载运行或投入电容器，用电负载主要为电容器，此时电路呈强容性，电流超前电压的角度较大（60°~90°）。强容性负载主要有以下计量点：变电站空载电力线路、接入 10kV 母线的电容器等计量点。Ⅳ象限强容性负载相量图如图 1-6 所示。

2. 容性负载

用电负载主要为三相电容器等电容性负载，此时电路呈容性，电流超前电压的角度较小（0~30°）。大量投入无功补偿装置的用电客户专用配电变压器、专用供电线路，运行在过补偿状态属于容性负载，此运行状态有电动机等感性负载，只是无功补偿装置大量投入，使电路呈容性。Ⅳ象限容性负载相量图如图 1-7 所示。

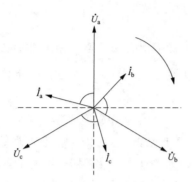
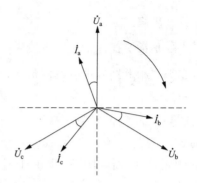

图 1-6 Ⅳ象限强容性负载相量图   图 1-7 Ⅳ象限容性负载相量图

第二节 错误接线解析基本方法

一、正确接线方式

三相四线电能计量装置电能表三组元件分别接入电流 $\dot{I}_a$、$\dot{I}_b$、$\dot{I}_c$，接入相电压 $\dot{U}_a$、$\dot{U}_b$、$\dot{U}_c$。0.4kV 低压三相四线电能计量装置正确接线方式如图 1-8 所示，高压三相四线电能计量装置正确接线方式如图 1-9 所示。

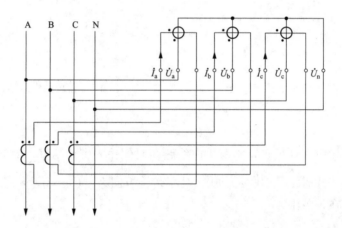

图 1-8 0.4kV 低压三相四线电能计量装置正确接线图

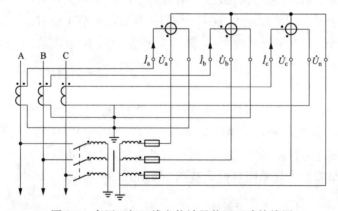

图 1-9 高压三相四线电能计量装置正确接线图

三相四线电能计量装置遵循"正相序、电压电流同相别"原则，按照以下三种接线方式均可正确计量。

（1）第一种接线方式。第一元件电压接入 u_a，电流接入 i_a；第二元件电压接入 u_b，电流接入 i_b；第三元件电压接入 u_c，电流接入 i_c。

（2）第二种接线方式。第一元件电压接入 u_b，电流接入 i_b；第二元件电压接入 u_c，电流接入 i_c；第三元件电压接入 u_a，电流接入 i_a。

（3）第三种接线方式。第一元件电压接入 u_c，电流接入 i_c；第二元件电压接入 u_a，电流接入 i_a；第三元件电压接入 u_b，电流接入 i_b。

理论上，上述三种接线方式均可正确计量，实际运用中，应采用第一种接线方式，以保证二次系统和一次系统的对应性。

二、分析判断方法简析

（一）表尾接线图

由于错误接线是未知的，三相四线电能表电压端钮用 $\dot{U}_1$、$\dot{U}_2$、$\dot{U}_3$、$\dot{U}_n$ 表示，电流端钮用 $\dot{I}_1$、$\dot{I}_2$、$\dot{I}_3$ 表示，0.4kV 低压三相四线电能表表尾接线图如图 1-10 所示，高压三相四线电能表表尾接线图如图 1-11 所示。通过在表尾处测量电压、电流、相位等参数数据，分析判断接入 $\dot{U}_1$、$\dot{U}_2$、$\dot{U}_3$ 的实际相别和极性，接入 $\dot{I}_1$、$\dot{I}_2$、$\dot{I}_3$ 的实际相别和极性。

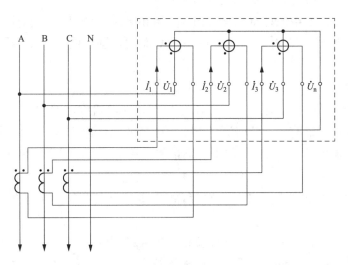

图 1-10　0.4kV 低压三相四线电能表尾线接线图

三相四线电能计量装置错误接线分析判断时，需测量 U_{12}、U_{32}、U_{31} 三组线电压，测量 U_1、U_2、U_3、U_n，测量 $\dot{U}_1$、$\dot{U}_2$、$\dot{U}_3$、$\dot{I}_1$、$\dot{I}_2$、$\dot{I}_3$ 两两之间五组不同的相位角，以便绘制错误接线相量图进行分析。

（二）测量步骤和分析判断方法

1. 测量电压

测量 U_1、U_2、U_3、U_n，测量三组线电压 U_{12}、U_{32}、U_{31}。U_1、U_2、U_3 三组相电压

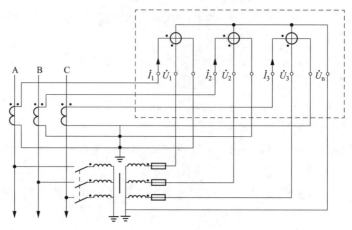

图 1-11 高压三相四线电能表表尾接线图

大致相等，0.4kV 低压三相四线电能计量装置大致为 220V，高压三相四线电能计量装置大致为 57.7V。若 U_n 约等于 0V，说明电能表零线接地（零）可靠，若 U_n 幅值较大，说明电能表零线接地（零）不良，产生了位移电压，应查明原因，直至可靠接地（零），否则测量其他参数时有一定的误差，给分析判断带来一定影响。三组线电压 U_{12}、U_{32}、U_{31} 应大致相等，0.4kV 低压三相四线电能计量装置大致为 380V，高压三相四线电能计量装置大致为 100V。需要说明的是，线电压和相电压的大小和系统一次电压有关，具体值根据现场运行情况综合判断电压范围。

对于高压三相四线电能计量装置，如果三组相电压大致相等，在 57.7V 左右；三组线电压中有一组为 100V，两组线电压在 57.7V 左右，则说明电压互感器一相极性或两相极性反接。

2. 测量电流

测量三相电流 I_1、I_2、I_3，三相电流应基本对称，幅值足够大，一般宜在 0.3A 以上，具体值和测量仪器有关，此时测量电压与电流的相位较为准确，测试相位作为分析判断的依据；电流值低于 0.3A 及以下，测量相位意义不大，需增大负荷电流进行测量。

3. 测量相位

测量五组及以上不同的相位角，在接线相量图上确定六个相量的位置，绘制出接线相量图得出接线结论。

测量相位角的原则：测量不同的相位角，需要说明的是，电压正常相和有一定幅值的电流相才能纳入相位测量，电压较低、电流较小的相别不能纳入相位测量，否则测量的相位意义不大，具体的测量方案如下。

（1）测量方案 1。如果 $\dot{U}_1$、$\dot{U}_2$、$\dot{U}_3$ 接近于额定值，三相电流均有一定幅值，则以 $\dot{U}_1$ 为参考相量，测量 $\dot{U}_1$ 超前于 $\dot{I}_1$、$\dot{I}_2$、$\dot{I}_3$ 的角度，$\dot{U}_2$ 超前于 $\dot{I}_3$ 的角度，$\dot{U}_3$ 超前于 $\dot{I}_3$ 的角度。

（2）测量方案 2。如果 $\dot{U}_1$、$\dot{U}_2$、$\dot{U}_3$ 接近于额定值，三相电流均有一定幅值，则以 $\dot{U}_2$ 为参考相量，测量 $\dot{U}_2$ 超前于 $\dot{I}_1$、$\dot{I}_2$、$\dot{I}_3$ 的角度，$\dot{U}_1$ 超前于 $\dot{I}_3$ 的角度，$\dot{U}_3$ 超前于

$\dot{I}_3$ 的角度。

（3）测量方案 3。如果 $\dot{U}_1$、$\dot{U}_2$、$\dot{U}_3$ 接近于额定值，三相电流均有一定幅值，则以 $\dot{U}_1$ 为参考相量，测量 $\dot{U}_1$ 超前于 $\dot{U}_2$ 的角度，测量 $\dot{U}_1$ 超前于 $\dot{I}_1$、$\dot{I}_2$、$\dot{I}_3$ 的角度，$\dot{U}_3$ 超前于 $\dot{I}_1$ 的角度。

这里仅介绍三种测量方案，其他测量方案不再赘述，测量时可以根据实际情况，选择安全、简洁、方便的方式测量，总的原则是选择电压正常相作为参考相量，测量五组相位角，在相量图上确定六个相量的位置。也可以电压正常相作为参考相量，测量参考相电压与其他正常相电压之间的相位，测量参考相与有一定负荷电流相的相位。总之，选择正常相电压或有一定负荷电流相测量，最终在错误接线相量图上确定六个相量的位置即可。

4. 绘制接线相量图

根据测试的电压、电流、相位，绘制接线相量图。以参考相为基准，分别在相量图上确定其余五个相量的位置。

5. 分析判断

根据负荷潮流状态，确定功率因数角的大致范围，确定错误接线类型。

（1）判断电压相序。绘制错误接线相量图后，判断接入三相电压的实际相序，如 $\dot{U}_1 \rightarrow \dot{U}_2 \rightarrow \dot{U}_3$ 顺时针方向为正相序，$\dot{U}_1 \rightarrow \dot{U}_2 \rightarrow \dot{U}_3$ 逆时针方向为逆相序，电流相序判断和电压类似。

（2）判断相别。一般情况下，先确定电压相别，再确定电流相别；如电能表某两相接入了同一相电压或某相电压失压，三相电流未失流则先确定电流相别，再确定电压相别。最后按照"电压和电流接入正相序，同一元件电压与电流同相"的原则分析判断。

1）接入三相电压相序为正相序。

第一种：假定 $\dot{U}_1$ 为 a 相电压，则 $\dot{U}_2$ 为 b 相电压，$\dot{U}_3$ 为 c 相电压。

第二种：假定 $\dot{U}_2$ 为 a 相电压，则 $\dot{U}_3$ 为 b 相电压，$\dot{U}_1$ 为 c 相电压。

第三种：假定 $\dot{U}_3$ 为 a 相电压，则 $\dot{U}_1$ 为 b 相电压，$\dot{U}_2$ 为 c 相电压。

2）接入三相电压相序为逆相序。

第一种：假定 $\dot{U}_1$ 为 a 相电压，则 $\dot{U}_3$ 为 b 相电压，$\dot{U}_2$ 为 c 相电压。

第二种：假定 $\dot{U}_3$ 为 a 相电压，则 $\dot{U}_2$ 为 b 相电压，$\dot{U}_1$ 为 c 相电压。

第三种：假定 $\dot{U}_2$ 为 a 相电压，则 $\dot{U}_1$ 为 b 相电压，$\dot{U}_3$ 为 c 相电压。

6. 计算更正系数和退补电量

计算更正系数

$$K_g = \frac{P}{P'} = \frac{3U_\mathrm{p} I \cos\varphi}{U_1 I_1 \cos\varphi_1 + U_2 I_2 \cos\varphi_2 + U_3 I_3 \cos\varphi_3} \tag{1-1}$$

再计算退补电量，退补电量

$$\Delta W = W'(K_g - 1) \tag{1-2}$$

式中 W' 为错误接线期间的抄见电量。按照三相对称方式计算，$U_a = U_b = U_c = U_p$，$I_a = I_b = I_c = I$。

7. 更正接线

上述三种假定分别对应三种不同的错误接线，现场接线是三种错误接线结论中的一种，三种错误接线结论不一致，但是错误接线功率表达式一致，更正系数一致，理论上根据三种错误接线结论更正均可正确计量。实际生产中，必须按照安全管理规定，严格履行保证安全的组织措施和技术措施后，再更正接线，更正时应核查接入电能表的实际电压和二次电流，根据现场实际的错误接线，按照正确接线方式更正。

第三节　三相电能表现场校验仪测量参数简介

电能计量装置首次现场检验和带电接线检查时，主要采用三相电能表现场校验仪，现以三相电能表现场校验仪为例，介绍如何使用电能表现场校验仪测量二次电压和二次电流、相位角、相量图等参数数据，结合错误接线解析方法，根据测试的参数数据和相量图做出正确判断。

一、功能介绍

电能表现场校验仪测量功能非常强大，综合测量界面可以测量三相电能表分元件和合元件的有功功率、无功功率、视在功率、功率因数，以及每组元件电流、电压、相位，同时还可测量相序、频率、温度、湿度、相量图等参数。

二、测量方法

先正确接入电能表现场校验仪侧的三相电压、电流测试导线、电源线，以及脉冲采样线，选择正确的电源开关位置，再将电压、电流、脉冲采样线另外一端正确接入被检电能表，开启电源切换至综合测量界面，根据综合测量界面测量的参数数据，可得到错误接线分析判断需要的各类参数数据，其对应关系见表 1-1。

表 1-1　　　　　　　　　　参 数 数 据 对 应 表

序号	三相三线		三相四线	
	校验仪测量参数数据	对应参数数据	校验仪测量参数数据	对应参数数据
1	U_{ab}	U_{12}	U_a	U_1
2	U_{cb}	U_{32}	U_b	U_2
3	I_a	I_1	U_c	U_3
4	I_c	I_2	I_a	I_1
5	$\dot{U}_{ab}\hat{}\dot{I}_a$	$\dot{U}_{12}\hat{}\dot{I}_1$	I_b	I_2
6	$\dot{U}_{ab}\hat{}\dot{U}_{cb}$	$\dot{U}_{12}\hat{}\dot{U}_{32}$	I_c	I_3
7	$\dot{U}_{ab}\hat{}\dot{I}_c$	$\dot{U}_{12}\hat{}\dot{I}_2$	$\dot{U}_a\hat{}\dot{I}_a$	$\dot{U}_1\hat{}\dot{I}_1$
8	$\dot{U}_{cb}\hat{}\dot{I}_c$	$\dot{U}_{32}\hat{}\dot{I}_2$	$\dot{U}_a\hat{}\dot{I}_b$	$\dot{U}_1\hat{}\dot{I}_2$

序号	三相三线		三相四线	
	校验仪测量参数数据	对应参数数据	校验仪测量参数数据	对应参数数据
9			$\dot{U}_a\hat{I}_c$	$\dot{U}_1\hat{I}_3$
10			$\dot{U}_a\hat{U}_b$	$\dot{U}_1\hat{U}_2$
11			$\dot{U}_a\hat{U}_c$	$\dot{U}_1\hat{U}_3$
12			$\dot{U}_b\hat{I}_b$	$\dot{U}_2\hat{I}_2$
13			$\dot{U}_c\hat{I}_c$	$\dot{U}_3\hat{I}_3$

第四节　差错电量的退补

为了公平、公正、合理计量电能，需通过相量分析，判断错误接线，然后计算更正系数，核定错误接线期间的平均功率因数，根据错误接线期间的抄见电量，计算用电客户错误接线期间的实际用电量，将多计的电量电费退还给用电客户，少计的电量电费由用电客户补缴给供电企业，退补差错电量，确保供用电双方的公平和公正。抄见电量为错误接线期间电能表起止电量示数乘以计量倍率，平均功率因数通过电量、用电情况核定，更正系数需要计算。

一、抄见电量计算方法

抄见电量用 W' 表示，如某 110kV 专用供电线路用电客户，采用三相四线接线计量方式，电流互感器变比为 150A/5A，电压互感器变比为 110kV/100V，投运时电能表有功总电量示数均为 0kWh，一个月后现场首次检验发现电能表接线错误，电能表正向有功电量示数为 36.89kWh，反向有功电量示数为 0kWh，抄见电量计算如下

$$W' = (36.89 - 0) \times \frac{150}{5} \times \frac{110000}{100} = 1217370 \text{(kWh)}$$

二、更正系数计算方法

(一) 更正系数的定义

更正系数 K_g 是在同一功率因数条件下，电能表应计量的正确电量 W 与错误接线期间抄见电量 W' 之比，即 $K_g = W/W'$。

电能表正确接线和错误接线计量的电量与功率始终成正比，设正确接线功率为 P，错误接线功率为 P'，发生错误接线期间时间为 t，更正系数也可表达为

$$K_g = \frac{W}{W'} = \frac{Pt}{P't} = \frac{P}{P'} \tag{1-3}$$

(二) 更正系数的计算

下面简要介绍更正系数的两种计算方法，一种是测试法，一种是计算法。

1. 测试法

测试法是用准确度等级较高的标准功率表，测量出错误接线电能表测量的功率，更

正接线后再测量正确接线状态下的功率计算更正系数，此种方法要求功率恒定，其计算式如式（1-3）。

2. 计算法

计算法是先根据错误接线的相量图，求出错误接线时的功率表达式，然后计算更正系数，其计算式如下。

$$K_g = \frac{正确接线功率表达式}{错误接线功率表达式} = \frac{P}{P'} \tag{1-4}$$

错误接线功率表达式 P' 是各元件功率的代数和，接入各元件实际的电压、电流、电压与电流夹角余弦值的乘积即该组元件的功率，如电流接入反相电流，比如 $-\dot{I}_a$、$-\dot{I}_b$、$-\dot{I}_c$，负号不参与错误功率表达式运算，反相电流关系在错误功率表达式中的夹角已经表达，三相四线接线更正系数计算如下

$$K_g = \frac{P}{P'} = \frac{3U_p I\cos\varphi}{U_1 I_1 \cos\varphi_1 + U_2 I_2 \cos\varphi_2 + U_3 I_3 \cos\varphi_3} \tag{1-5}$$

正确接线功率表达式为 $3U_p I\cos\varphi$，按照三相负载对称方式计算，U_p 为相电压。

三、差错电量的计算

差错电量

$$\Delta W = W - W' = W'(K_g - 1) \tag{1-6}$$

如 ΔW 大于 0，则说明少计量，用电客户应补缴供电企业电量电费；如 ΔW 小于 0，则说明多计量，供电企业应退还用电客户电量电费。

第五节　三相四线多功能电能表无功计量

随着微电子技术的快速发展，采用全新测量原理的全电子式多功能电能表广泛应用于生产实际中，使无功电能计量达到了新的高度，全电子式多功能电能表主要基于正弦无功理论，采用交流采样原理，利用高精度转换器，完成对电压、电流、有功功率、无功功率、视在功率、功率因数角等电参量的测量，可分别计量Ⅰ、Ⅱ、Ⅲ、Ⅳ象限无功电能，三相四线全电子式多功能电能表无功计量主要采用间接测量法、移相法等方法。

一、间接测量法

间接测量法是根据视在功率、有功功率、无功功率的关系测量无功电能，又称功率三角形法。间接测量法对电压、电流信号采样，根据 $Q = \sqrt{S^2 - P^2}$ 的关系计算无功功率，通过对无功功率累加计量无功电能。对于三相四线全电子式多功能电能表，三相无功功率为三组元件分相无功功率代数和，公式如下。

$$Q = Q_1 + Q_2 + Q_3 = \sqrt{(S_1^2 - P_1^2)} + \sqrt{(S_2^2 - P_2^2)} + \sqrt{(S_3^2 - P_3^2)} \tag{1-7}$$

二、移相法

1. 测量原理简述

移相法的基本原理是对正弦电压延时 $\frac{T}{4}$，将电压移相 $90°$ 后与电流相乘直接测量无

功功率，然后累加计量无功电能，移相法原理如图 1-12 所示。

有功功率表达式 $P = UI\cos\varphi$，电压 U 移相 90°后为 U'，$U' = U$，无功功率表达式 $Q = U'I\cos(90° - \varphi) = UI\sin\varphi$，和无功功率定义一致，达到直接测量无功功率的目的，从而实现无功电能的计量。

2. 三相四线测量原理

三相四线全电子式多功能电能表无功计量原理如图 1-13 所示。

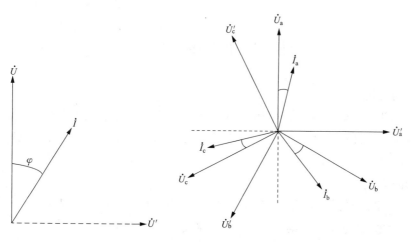

图 1-12 移相法原理图   图 1-13 三相四线无功计量原理图

有功功率表达式为 $P = U_aI_a\cos\varphi_a + U_bI_b\cos\varphi_b + U_cI_c\cos\varphi_c$，将三相电压 U_a、U_b、U_c 分别移相 90°后为 U_a'、U_b'、U_c'，U_a'、U_b'、U_c' 与对应相别的电流相乘得到表达式为

$$Q = U_a'I_a\cos(90° - \varphi_a) + U_b'I_b\cos(90° - \varphi_b) + U_c'I_c\cos(90° - \varphi_c)$$
$$= U_a'I_a\sin\varphi_a + U_b'I_b\sin\varphi_b + U_c'I_c\sin\varphi_c \tag{1-8}$$

由于 $U_a' = U_a$，$U_b' = U_b$，$U_c' = U_c$，因此

$$Q = U_aI_a\sin\varphi_a + U_bI_b\sin\varphi_b + U_cI_c\sin\varphi_c \tag{1-9}$$

从以上分析可知，三相电压移相 90°之后为 $UI\sin\varphi$，和无功功率定义一致，达到测量三相四线无功功率目的，实现了三相四线电路无功电能的计量。

第二章 低压三相四线电能计量装置错误接线解析

第一节 接 线 方 式

一、运用范围

低压三相四线电能计量装置在 0.4kV 低压三相四线供电系统运用非常广泛，主要运用于 0.4kV 低压三相动力用电客户，高供低计专用变压器 0.4kV 侧计量用电客户，公用配电变压器 0.4kV 侧计量。

二、接线方式

低压三相四线电能计量装置，电能表第一元件电压接入 u_a，电流接入 i_a；第二元件电压接入 u_b，电流接入 i_b；第三元件电压接入 u_c，电流接入 i_c。其正确接线方式如图 2-1 所示。

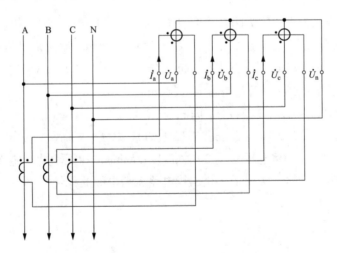

图 2-1 低压三相四线电能计量装置接线图

对于低压三相四线供电系统，负载功率

$$P_0 = u_a i_a + u_b i_b + u_c i_c \tag{2-1}$$

电能表测量功率

$$P' = u_a i_a + u_b i_b + u_c i_c \tag{2-2}$$

接线附加计量误差

$$r = \frac{p' - p_0}{p_0} \times 100\%$$

$$= \frac{(u_a i_a + u_b i_b + u_c i_c) - (u_a i_a + u_b i_b + u_c i_c)}{u_a i_a + u_b i_b + u_c i_c} \times 100\% = 0\% \qquad (2\text{-}3)$$

0.4kV低压三相四线供电系统，采用三相四线接线方式计量，无论负载对称与否，电能表均能正确计量，无接线附加计量误差。

第二节 错误接线实例解析

0.4kV低压三相供电系统，用电负荷多为感性，如安装无功补偿装置，过补偿时，用电负荷呈容性，因此电能表一般运行在Ⅰ、Ⅳ象限。本节通过实例，对电能表运行在Ⅰ、Ⅳ象限时的接线进行解析，具体分布如下。

运行在第Ⅰ象限的实例包括实例一、实例二、实例三、实例六、实例十一、实例十二、实例十三、实例十四、实例十五以及实例十六。

运行在第Ⅳ象限的实例包括实例四、实例五、实例七、实例八、实例九以及实例十。

一、实例一

10kV高供低计专用变压器用电客户，在0.4kV侧采用三相四线电能计量装置，电流互感器变比为200A/5A，电能表为$3\times220/380$V、$3\times1.5(6)$A的三相四线智能电能表，表尾处测量数据如下，$U_{12}=382.2$V，$U_{13}=382.9$V，$U_{32}=382.3$V，$U_1=220.1$V，$U_2=221.2$V，$U_3=220.9$V，$U_n=0$V，$I_1=1.08$A，$I_2=1.09$A，$I_3=1.09$A，$\hat{\dot{U}_1\dot{I}_1}=201.2°$，$\hat{\dot{U}_1\dot{I}_2}=140.2°$，$\hat{\dot{U}_1\dot{I}_3}=261.1°$，$\hat{\dot{U}_2\dot{I}_1}=80.9°$，$\hat{\dot{U}_3\dot{I}_1}=320.8°$，负载功率因数角为感性$0\sim30°$，分析错误接线并计算更正系数。

解析： 三组线电压和相电压基本对称，接近于额定值，三相电流基本对称，有一定大小，说明未失压、未失流。

（一）绘制错误接线相量图

以$\dot{U}_1$为参考相量，确定$\dot{I}_1$、$\dot{I}_2$、$\dot{I}_3$、$\dot{U}_2$、$\dot{U}_3$的位置，绘制错误接线相量图如图2-2所示。

（二）判断电压相序

$\dot{U}_1 \rightarrow \dot{U}_2 \rightarrow \dot{U}_3$为顺时针方向，电压为正相序。

（三）确定错误接线和计算更正系数

1. 第一种错误接线

假定$\dot{U}_1$为a相电压，则$\dot{U}_2$为b相电压，$\dot{U}_3$为c相电压。

（1）分析过程。从图2-3可知，$\dot{I}_1$反相后$-\dot{I}_1$滞后$\dot{U}_1$约20°，判断$-\dot{I}_1$和$\dot{U}_1$为同一相电流电压，$\dot{I}_1$为$-\dot{I}_a$；$\dot{I}_2$滞后$\dot{U}_2$约20°，判断$\dot{I}_2$和$\dot{U}_2$为同一相电流电压，$\dot{I}_2$为$\dot{I}_b$；$\dot{I}_3$滞后$\dot{U}_3$约20°，判断$\dot{I}_3$和$\dot{U}_3$为同一相电流电压，$\dot{I}_3$为$\dot{I}_c$。

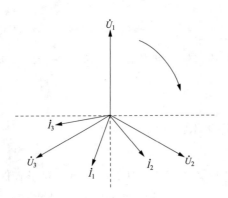

图 2-2　错误接线相量图（一）

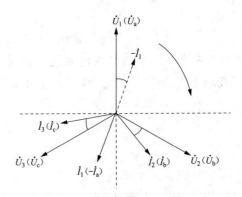

图 2-3　错误接线相量图（二）

（2）结论。第一组元件接入 $\dot{U}_a$、$-\dot{I}_a$，第二组元件接入 $\dot{U}_b$、$\dot{I}_b$，第三组元件接入 $\dot{U}_c$、$\dot{I}_c$。

（3）计算更正系数。

错误功率表达式

$$P' = U_a I_a \cos(180° + \varphi_a) + U_b I_b \cos\varphi_b + U_c I_c \cos\varphi_c \tag{2-4}$$

按照三相对称计算更正系数

$$K_g = \frac{P}{P'} = \frac{3U_p I \cos\varphi}{U_p I \cos(180° + \varphi) + U_p I \cos\varphi + U_p I \cos\varphi} = 3 \tag{2-5}$$

（4）错误接线图如图 2-4 所示。

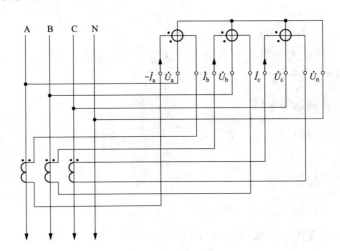

图 2-4　错误接线图

2. 第二种错误接线

假定 $\dot{U}_2$ 为 a 相电压，则 $\dot{U}_3$ 为 b 相电压，$\dot{U}_1$ 为 c 相电压。

（1）分析过程。从图 2-5 可知，$\dot{I}_1$ 反相后 $-\dot{I}_1$ 滞后 $\dot{U}_1$ 约 20°，判断 $-\dot{I}_1$ 和 $\dot{U}_1$ 为同一相电流电压，$\dot{I}_1$ 为 $-\dot{I}_c$；$\dot{I}_2$ 滞后 $\dot{U}_2$ 约 20°，判断 $\dot{I}_2$ 和 $\dot{U}_2$ 为同一相电流电压，$\dot{I}_2$ 为

$\dot{I}_a$；$\dot{I}_3$ 滞后 $\dot{U}_3$ 约 $20°$，判断 $\dot{I}_3$ 和 $\dot{U}_3$ 为同一相电流电压，$\dot{I}_3$ 为 $\dot{I}_b$。

（2）结论。第一组元件接入 $\dot{U}_c$、$-\dot{I}_c$，第二组元件接入 $\dot{U}_a$、$\dot{I}_a$，第三组元件接入 $\dot{U}_b$、$\dot{I}_b$。

（3）计算更正系数。

错误功率表达式

$$P' = U_c I_c \cos(180° + \varphi_c) + U_a I_a \cos\varphi_a$$
$$+ U_b I_b \cos\varphi_b \qquad (2\text{-}6)$$

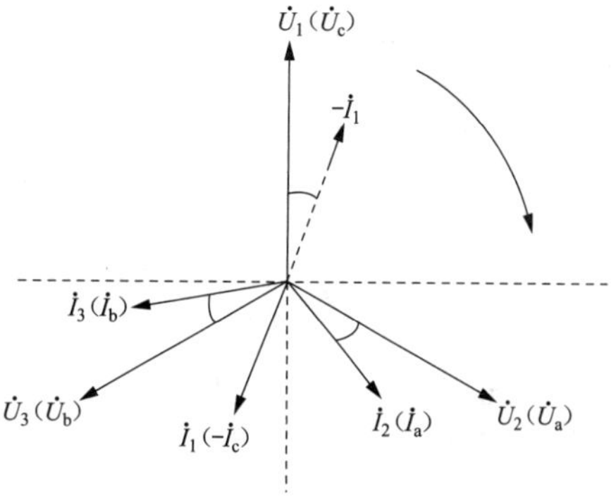

按照三相对称计算更正系数

$$K_g = \frac{P}{P'} = \frac{3U_p I \cos\varphi}{U_p I \cos(180° + \varphi) + U_p I \cos\varphi + U_p I \cos\varphi} = 3 \qquad (2\text{-}7)$$

（4）错误接线图如图 2-6 所示。

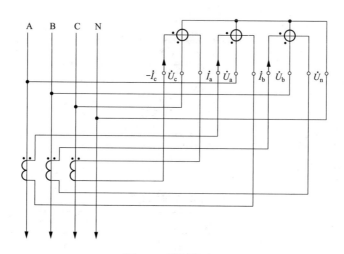

图 2-5　错误接线相量图

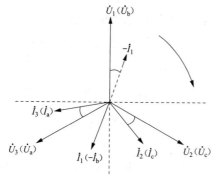

图 2-6　错误接线图

3. 第三种错误接线

假定 $\dot{U}_3$ 为 a 相电压，则 $\dot{U}_1$ 为 b 相电压，$\dot{U}_2$ 为 c 相电压。

图 2-7　错误接线相量图

（1）分析过程。从图 2-7 可知，$\dot{I}_1$ 反相后 $-\dot{I}_1$ 滞后 $\dot{U}_1$ 约 $20°$，判断 $-\dot{I}_1$ 和 $\dot{U}_1$ 为同一相电流电压，$\dot{I}_1$ 为 $-\dot{I}_b$；$\dot{I}_2$ 滞后 $\dot{U}_2$ 约 $20°$，判断 $\dot{I}_2$ 和 $\dot{U}_2$ 为同一相电流电压，$\dot{I}_2$ 为 $\dot{I}_c$；$\dot{I}_3$ 滞后 $\dot{U}_3$ 约 $20°$，判断 $\dot{I}_3$ 和 $\dot{U}_3$ 为同一相电流电压，$\dot{I}_3$ 为 $\dot{I}_a$。

（2）结论。第一组元件接入 $\dot{U}_b$、$-\dot{I}_b$，第二组元件接入 $\dot{U}_c$、$\dot{I}_c$，第三组元件接入 $\dot{U}_a$、$\dot{I}_a$。

（3）计算更正系数。

错误功率表达式

$$P' = U_b I_b \cos(180° + \varphi_b) + U_c I_c \cos\varphi_c + U_a I_a \cos\varphi_a \tag{2-8}$$

按照三相对称计算更正系数

$$K_g = \frac{P}{P'} = \frac{3U_p I \cos\varphi}{U_p I \cos(180° + \varphi) + U_p I \cos\varphi + U_p I \cos\varphi} = 3 \tag{2-9}$$

（4）错误接线图如图 2-8 所示。

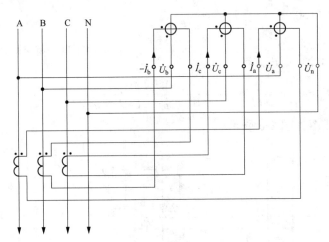

图 2-8　错误接线图

（四）错误接线结论表

三种错误接线结论表见表 2-1。

表 2-1　　　　　　　　　　错 误 接 线 结 论 表

参数	电压接入相别			电流接入相别		
	$\dot{U}_1$	$\dot{U}_2$	$\dot{U}_3$	$\dot{I}_1$	$\dot{I}_2$	$\dot{I}_3$
第一种	$\dot{U}_a$	$\dot{U}_b$	$\dot{U}_c$	$-\dot{I}_a$	$\dot{I}_b$	$\dot{I}_c$
第二种	$\dot{U}_c$	$\dot{U}_a$	$\dot{U}_b$	$-\dot{I}_c$	$\dot{I}_a$	$\dot{I}_b$
第三种	$\dot{U}_b$	$\dot{U}_c$	$\dot{U}_a$	$-\dot{I}_b$	$\dot{I}_c$	$\dot{I}_a$

二、实例二

10kV 高供低计专用变压器用电客户，在 0.4kV 侧采用三相四线电能计量装置，电流互感器变比为 150A/5A，电能表为 $3 \times 220/380V$、$3 \times 1.5(6)A$ 的三相四线智能电能表，表尾处测量数据如下，$U_{12} = 382.2V$，$U_{13} = 382.9V$，$U_{32} = 382.3V$，$U_1 = 220.8V$，$U_2 = 221.2V$，$U_3 = 220.9V$，$U_n = 0V$，$I_1 = 0.82A$，$I_2 = 0.83A$，$I_3 = 0.82A$，$\dot{U}_1\hat{}\dot{I}_1 = 220.2°$，$\dot{U}_1\hat{}\dot{I}_2 = 339.6°$，$\dot{U}_1\hat{}\dot{I}_3 = 280.2°$，$\dot{U}_2\hat{}\dot{I}_1 = 100.2°$，$\dot{U}_3\hat{}\dot{I}_1 = 340.7°$，负载功率因数角为感性 30°～60°，分析错误接线并计算更正系数。

解析： 三组线电压和相电压基本对称，接近于额定值，三相电流基本对称，有一定大小，说明未失压、未失流。

（一）绘制错误接线相量图

以 $\dot{U}_1$ 为参考相量，确定 $\dot{I}_1$、$\dot{I}_2$、$\dot{I}_3$ 的位置，以 $\dot{I}_1$ 为基准，确定 $\dot{U}_2$、$\dot{U}_3$ 的位置，错误接线相量图如图 2-9 所示。

（二）判断电压相序

$\dot{U}_1 \rightarrow \dot{U}_2 \rightarrow \dot{U}_3$ 为顺时针方向，电压为正相序。

（三）确定错误接线和计算更正系数

1. 第一种错误接线

假定 $\dot{U}_1$ 为 a 相电压，则 $\dot{U}_2$ 为 b 相电压，$\dot{U}_3$ 为 c 相电压。

（1）分析过程。从图 2-10 可知，$\dot{I}_1$ 反相后 $-\dot{I}_1$ 滞后 $\dot{U}_1$ 约 39°，判断 $-\dot{I}_1$ 和 $\dot{U}_1$ 为同一相电流电压，$\dot{I}_1$ 为 $-\dot{I}_a$；$\dot{I}_2$ 反相后 $-\dot{I}_2$ 滞后 $\dot{U}_2$ 约 39°，判断 $-\dot{I}_2$ 和 $\dot{U}_2$ 为同一相电流电压，$\dot{I}_2$ 为 $-\dot{I}_b$；$\dot{I}_3$ 滞后 $\dot{U}_3$ 约 39°，判断 $\dot{I}_3$ 和 $\dot{U}_3$ 为同一相电流电压，$\dot{I}_3$ 为 $\dot{I}_c$。

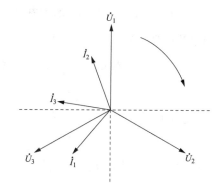 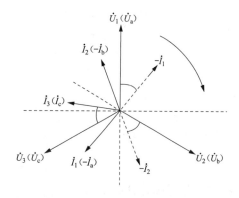

图 2-9　错误接线相量图（一）　　　　图 2-10　错误接线相量图（二）

（2）结论。第一组元件接入 $\dot{U}_a$、$-\dot{I}_a$，第二组元件接入 $\dot{U}_b$、$-\dot{I}_b$，第三组元件接入 $\dot{U}_c$、$\dot{I}_c$。

（3）计算更正系数。

错误功率表达式

$$P' = U_a I_a \cos(180° + \varphi_a) + U_b I_b \cos(180° + \varphi_b) + U_c I_c \cos\varphi_c \qquad (2\text{-}10)$$

按照三相对称计算更正系数

$$K_g = \frac{P}{P'} = \frac{3U_p I\cos\varphi}{U_p I\cos(180° + \varphi) + U_p I\cos(180° + \varphi) + U_p I\cos\varphi} = -3 \qquad (2\text{-}11)$$

（4）错误接线图如图 2-11 所示。

2. 第二种错误接线

假定 $\dot{U}_2$ 为 a 相电压，则 $\dot{U}_3$ 为 b 相电压，$\dot{U}_1$ 为 c 相电压。

（1）分析过程。从图 2-12 可知，$\dot{I}_1$ 反相后 $-\dot{I}_1$ 滞后 $\dot{U}_1$ 约 39°，判断 $-\dot{I}_1$ 和 $\dot{U}_1$ 为

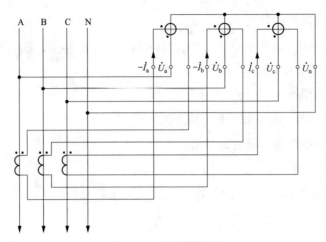

图 2-11 错误接线图

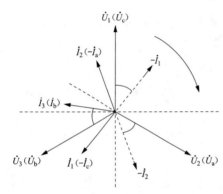

图 2-12 错误接线相量图

同一相电流电压，$\dot{I}_1$ 为 $-\dot{I}_c$；$\dot{I}_2$ 反相后 $-\dot{I}_2$ 滞后 $\dot{U}_2$ 约 39°，判断 $-\dot{I}_2$ 和 $\dot{U}_2$ 为同一相电流电压，$\dot{I}_2$ 为 $-\dot{I}_a$；$\dot{I}_3$ 滞后 $\dot{U}_3$ 约 39°，判断 $\dot{I}_3$ 和 $\dot{U}_3$ 为同一相电流电压，$\dot{I}_3$ 为 $\dot{I}_b$。

（2）结论。第一组元件接入 $\dot{U}_c$、$-\dot{I}_c$，第二组元件接入 $\dot{U}_a$、$-\dot{I}_a$，第三组元件接入 $\dot{U}_b$、$\dot{I}_b$。

（3）计算更正系数。

错误功率表达式

$$P' = U_cI_c\cos(180° + \varphi_c) + U_aI_a\cos(180° + \varphi_a) + U_bI_b\cos\varphi_b \tag{2-12}$$

按照三相对称计算更正系数

$$K_g = \frac{P}{P'} = \frac{3U_pI\cos\varphi}{U_pI\cos(180° + \varphi) + U_pI\cos(180° + \varphi) + U_pI\cos\varphi} = -3 \tag{2-13}$$

（4）错误接线图如图 2-13 所示。

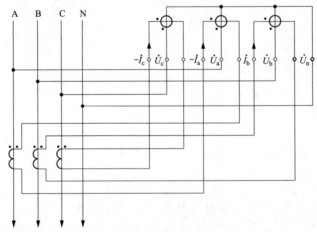

图 2-13 错误接线图

3. 第三种错误接线

假定 $\dot{U}_3$ 为 a 相电压，则 $\dot{U}_1$ 为 b 相电压，$\dot{U}_2$ 为 c 相电压。

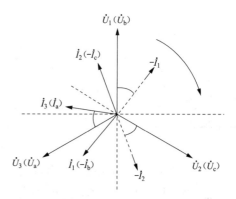

图 2-14 错误接线相量图

（1）分析过程。从图 2-14 可知，$\dot{I}_1$ 反相后 $-\dot{I}_1$ 滞后 $\dot{U}_1$ 约 39°，判断 $-\dot{I}_1$ 和 $\dot{U}_1$ 为同一相电流电压，$\dot{I}_1$ 为 $-\dot{I}_b$；$\dot{I}_2$ 反相后 $-\dot{I}_2$ 滞后 $\dot{U}_2$ 约 39°，判断 $-\dot{I}_2$ 和 $\dot{U}_2$ 为同一相电流电压，$\dot{I}_2$ 为 $-\dot{I}_c$；$\dot{I}_3$ 滞后 $\dot{U}_3$ 约 39°，判断 $\dot{I}_3$ 和 $\dot{U}_3$ 为同一相电流电压，$\dot{I}_3$ 为 $\dot{I}_a$。

（2）结论。第一组元件接入 $\dot{U}_b$、$-\dot{I}_b$，第二组元件接入 $\dot{U}_c$、$-\dot{I}_c$，第三组元件接入 $\dot{U}_a$、$\dot{I}_a$。

（3）计算更正系数。

错误功率表达式

$$P' = U_b I_b \cos(180° + \varphi_b) + U_c I_c \cos(180° + \varphi_c) + U_a I_a \cos\varphi_a \qquad (2\text{-}14)$$

按照三相对称计算更正系数

$$K_g = \frac{P}{P'} = \frac{3U_p I\cos\varphi}{U_p I\cos(180° + \varphi) + U_p I\cos(180° + \varphi) + U_p I\cos\varphi} = -3 \qquad (2\text{-}15)$$

（4）错误接线图如图 2-15 所示。

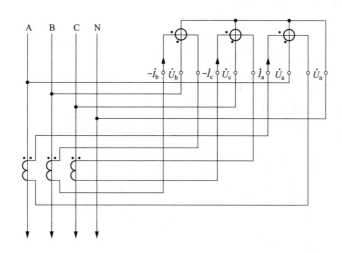

图 2-15 错误接线图

（四）错误接线结论表

三种错误接线结论表见表 2-2。

表 2-2 　　　　　　　　　　　　　　错误接线结论表

参数	电压接入相别			电流接入相别		
	$\dot{U}_1$	$\dot{U}_2$	$\dot{U}_3$	$\dot{I}_1$	$\dot{I}_2$	$\dot{I}_3$
第一种	$\dot{U}_a$	$\dot{U}_b$	$\dot{U}_c$	$-\dot{I}_a$	$-\dot{I}_b$	$\dot{I}_c$
第二种	$\dot{U}_c$	$\dot{U}_a$	$\dot{U}_b$	$-\dot{I}_c$	$-\dot{I}_a$	$\dot{I}_b$
第三种	$\dot{U}_b$	$\dot{U}_c$	$\dot{U}_a$	$-\dot{I}_b$	$-\dot{I}_c$	$\dot{I}_a$

三、实例三

10kV 高供低计专用变压器用电客户，在 0.4kV 侧采用三相四线电能计量装置，电流互感器变比为 300A/5A，电能表为 $3\times220/380\text{V}$、$3\times1.5(6)\text{A}$ 的三相四线智能电能表，表尾处测量数据如下，$U_{12}=382.2\text{V}$，$U_{13}=382.9\text{V}$，$U_{32}=382.3\text{V}$，$U_1=220.8\text{V}$，$U_2=221.2\text{V}$，$U_3=220.9\text{V}$，$U_n=0\text{V}$，$I_1=1.03\text{A}$，$I_2=1.02\text{A}$，$I_3=1.02\text{A}$，$\dot{U}_1\hat{}\dot{I}_1=201.2°$，$\dot{U}_1\hat{}\dot{I}_2=321.1°$，$\dot{U}_1\hat{}\dot{I}_3=81.2°$，$\dot{U}_2\hat{}\dot{I}_1=80.9°$，$\dot{U}_3\hat{}\dot{I}_1=320.7°$，负载功率因数角为感性 $0\sim30°$，分析错误接线并计算更正系数。

解析： 三组线电压和相电压基本对称，接近于额定值，三相电流基本对称，有一定大小，说明未失压、未失流。

（一）绘制错误接线相量图

以 $\dot{U}_1$ 为参考相量，确定 $\dot{I}_1$、$\dot{I}_2$、$\dot{I}_3$ 的位置，以 $\dot{I}_1$ 为基准，确定 $\dot{U}_2$、$\dot{U}_3$ 的位置，绘制错误接线相量图如图 2-16 所示。

（二）判断电压相序

$\dot{U}_1 \rightarrow \dot{U}_2 \rightarrow \dot{U}_3$ 为顺时针方向，电压为正相序。

（三）确定错误接线和计算更正系数

1. 第一种错误接线

假定 $\dot{U}_1$ 为 a 相电压，则 $\dot{U}_2$ 为 b 相电压，$\dot{U}_3$ 为 c 相电压。

（1）分析过程。从图 2-17 可知，$\dot{I}_1$ 反相后 $-\dot{I}_1$ 滞后 $\dot{U}_1$ 约 20°，判断 $-\dot{I}_1$ 和 $\dot{U}_1$ 为同一相电流电压，$\dot{I}_1$ 为 $-\dot{I}_a$；$\dot{I}_2$ 反相后 $-\dot{I}_2$ 滞后 $\dot{U}_2$ 约 20°，判断 $-\dot{I}_2$ 和 $\dot{U}_2$ 为同一相电流电压，$\dot{I}_2$ 为 $-\dot{I}_b$；$\dot{I}_3$ 反相后 $-\dot{I}_3$ 滞后 $\dot{U}_3$ 约 20°，判断 $-\dot{I}_3$ 和 $\dot{U}_3$ 为同一相电流电压，$\dot{I}_3$ 为 $-\dot{I}_c$。

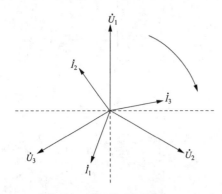

图 2-16　错误接线相量图（一）

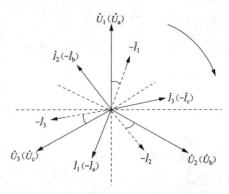

图 2-17　错误接线相量图（二）

（2）结论。第一组元件接入 $\dot{U}_a$、$-\dot{I}_a$，第二组元件接入 $\dot{U}_b$、$-\dot{I}_b$，第三组元件接入 $\dot{U}_c$、$-\dot{I}_c$。

（3）计算更正系数。

错误功率表达式

$$P' = U_aI_a\cos(180°+\varphi_a)+U_bI_b\cos(180°+\varphi_b)+U_cI_c\cos(180°+\varphi_c) \quad (2\text{-}16)$$

按照三相对称计算更正系数

$$K_g = \frac{P}{P'} = \frac{3U_pI\cos\varphi}{U_pI\cos(180°+\varphi)+U_pI\cos(180°+\varphi)+U_pI\cos(180°+\varphi)} = -1$$

$$(2\text{-}17)$$

（4）错误接线图如图 2-18 所示。

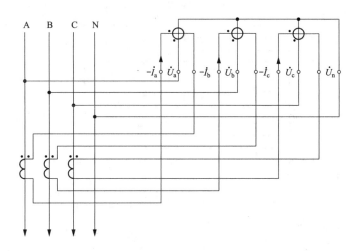

图 2-18　错误接线图

2. 第二种错误接线

假定 $\dot{U}_2$ 为 a 相电压，则 $\dot{U}_3$ 为 b 相电压，$\dot{U}_1$ 为 c 相电压。

（1）分析过程。从图 2-19 可知，$\dot{I}_1$ 反相后 $-\dot{I}_1$ 滞后 $\dot{U}_1$ 约 20°，判断 $-\dot{I}_1$ 和 $\dot{U}_1$ 为同一相电流电压，$\dot{I}_1$ 为 $-\dot{I}_c$；$\dot{I}_2$ 反相后 $-\dot{I}_2$ 滞后 $\dot{U}_2$ 约 20°，判断 $-\dot{I}_2$ 和 $\dot{U}_2$ 为同一相电流电压，$\dot{I}_2$ 为 $-\dot{I}_a$；$\dot{I}_3$ 反相后 $-\dot{I}_3$ 滞后 $\dot{U}_3$ 约 20°，判断 $-\dot{I}_3$ 和 $\dot{U}_3$ 为同一相电流电压，$\dot{I}_3$ 为 $-\dot{I}_b$。

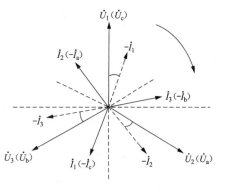

图 2-19　错误接线相量图

（2）结论。第一组元件接入 $\dot{U}_c$、$-\dot{I}_c$，第二组元件接入 $\dot{U}_a$、$-\dot{I}_a$，第三组元件接入 $\dot{U}_b$、$-\dot{I}_b$。

（3）计算更正系数。

错误功率表达式

$$P' = U_c I_c \cos(180° + \varphi_c) + U_a I_a \cos(180° + \varphi_a) + U_b I_b \cos(180° + \varphi_b) \quad (2\text{-}18)$$

按照三相对称计算更正系数

$$K_g = \frac{P}{P'} = \frac{3U_p I \cos\varphi}{U_p I \cos(180° + \varphi) + U_p I \cos(180° + \varphi) + U_p I \cos(180° + \varphi)} = -1$$

$$(2\text{-}19)$$

（4）错误接线图如图 2-20 所示。

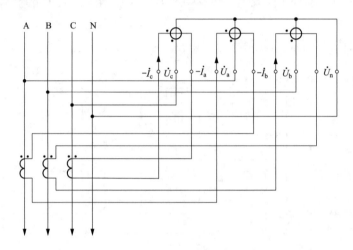

图 2-20　错误接线图

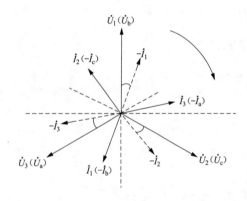

图 2-21　错误接线相量图

3. 第三种错误接线

假定 $\dot{U}_3$ 为 a 相电压，则 $\dot{U}_1$ 为 b 相电压，$\dot{U}_2$ 为 c 相电压。

（1）分析过程。从图 2-21 可知，$\dot{I}_1$ 反相后 $-\dot{I}_1$ 滞后 $\dot{U}_1$ 约 20°，判断 $-\dot{I}_1$ 和 $\dot{U}_1$ 为同一相电流电压，$\dot{I}_1$ 为 $-\dot{I}_b$；$\dot{I}_2$ 反相后 $-\dot{I}_2$ 滞后 $\dot{U}_2$ 约 20°，判断 $-\dot{I}_2$ 和 $\dot{U}_2$ 为同一相电流电压，$\dot{I}_2$ 为 $-\dot{I}_c$；$\dot{I}_3$ 反相后 $-\dot{I}_3$ 滞后 $\dot{U}_3$ 约 20°，判断 $-\dot{I}_3$ 和 $\dot{U}_3$ 为同一相电流电压，$\dot{I}_3$ 为 $-\dot{I}_a$。

（2）结论。第一组元件接入 $\dot{U}_b$、$-\dot{I}_b$，第二组元件接入 $\dot{U}_c$、$-\dot{I}_c$，第三组元件接入 $\dot{U}_a$、$-\dot{I}_a$。

（3）计算更正系数。

错误功率表达式

$$P' = U_b I_b \cos(180° + \varphi_b) + U_c I_c \cos(180° + \varphi_c) + U_a I_a \cos(180° + \varphi_a) \quad (2\text{-}20)$$

按照三相对称计算更正系数

$$K_g = \frac{P}{P'} = \frac{3U_p I\cos\varphi}{U_p I\cos(180° + \varphi) + U_p I\cos(180° + \varphi) + U_p I\cos(180° + \varphi)} = -1$$

(2-21)

（4）错误接线图如图 2-22 所示。

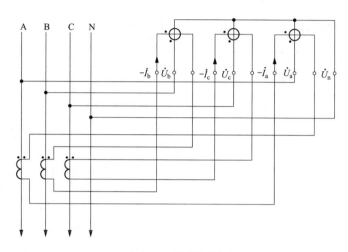

图 2-22　错误接线图

（四）错误接线结论表

三种错误接线结论表见表 2-3。

表 2-3　　　　　　　　　错 误 接 线 结 论 表

参数	电压接入相别			电流接入相别		
	$\dot{U}_1$	$\dot{U}_2$	$\dot{U}_3$	$\dot{I}_1$	$\dot{I}_2$	$\dot{I}_3$
第一种	$\dot{U}_a$	$\dot{U}_b$	$\dot{U}_c$	$-\dot{I}_a$	$-\dot{I}_b$	$-\dot{I}_c$
第二种	$\dot{U}_c$	$\dot{U}_a$	$\dot{U}_b$	$-\dot{I}_c$	$-\dot{I}_a$	$-\dot{I}_b$
第三种	$\dot{U}_b$	$\dot{U}_c$	$\dot{U}_a$	$-\dot{I}_b$	$-\dot{I}_c$	$-\dot{I}_a$

四、实例四

10kV 高供低计专用变压器用电客户，在 0.4kV 侧采用三相四线电能计量装置，电流互感器变比为 200A/5A，电能表为 3×220/380V、3×1.5(6)A 的三相四线智能电能表，表尾处测量数据如下，$U_{12}=382.2$V，$U_{13}=382.9$V，$U_{32}=382.3$V，$U_1=220.8$V，$U_2=221.2$V，$U_3=220.9$V，$U_n=0$V，$I_1=1.08$A，$I_2=1.09$A，$I_3=1.09$A，$\dot{U_1}\hat{}\dot{I_1}=249.2°$，$\dot{U_1}\hat{}\dot{I_2}=188.6°$，$\dot{U_1}\hat{}\dot{I_3}=308.2°$，$\dot{U_2}\hat{}\dot{I_1}=128.3°$，$\dot{U_3}\hat{}\dot{I_1}=8.6°$，负载功率因数角为容性 30～60°，分析错误接线并计算更正系数。

解析： 三组线电压和相电压基本对称，接近于额定值，三相电流基本对称，有一定大小，说明未失压、未失流。

（一）绘制错误接线相量图

以 $\dot{U}_1$ 为参考相量，确定 $\dot{I}_1$、$\dot{I}_2$、$\dot{I}_3$ 的位置，再以 $\dot{I}_1$ 为基准，确定 $\dot{U}_2$、$\dot{U}_3$ 的位

置，绘制错误接线相量图如图 2-23 所示。

（二）判断电压相序

$\dot{U}_1 \rightarrow \dot{U}_2 \rightarrow \dot{U}_3$ 为顺时针方向，电压为正相序。

（三）确定错误接线和计算更正系数

1. 第一种错误接线

假定 $\dot{U}_1$ 为 a 相电压，则 $\dot{U}_2$ 为 b 相电压，$\dot{U}_3$ 为 c 相电压。

（1）分析过程。从图 2-24 可知，$\dot{I}_1$ 反相后 $-\dot{I}_1$ 超前 $\dot{U}_2$ 约 52°，判断 $-\dot{I}_1$ 和 $\dot{U}_2$ 为同一相电流电压，$\dot{I}_1$ 为 $-\dot{I}_b$；$\dot{I}_2$ 超前 $\dot{U}_3$ 约 52°，判断 $\dot{I}_2$ 和 $\dot{U}_3$ 为同一相电流电压，$\dot{I}_2$ 为 $\dot{I}_c$；$\dot{I}_3$ 超前 $\dot{U}_1$ 约 52°，判断 $\dot{I}_3$ 和 $\dot{U}_1$ 为同一相电流电压，$\dot{I}_3$ 为 $\dot{I}_a$。

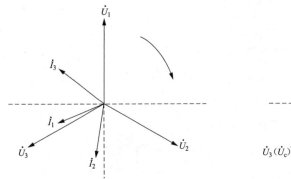
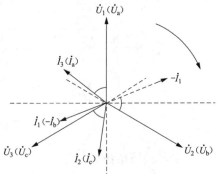

图 2-23　错误接线相量图　　　　　图 2-24　错误接线相量图

（2）结论。第一组元件接入 $\dot{U}_a$、$-\dot{I}_b$，第二组元件接入 $\dot{U}_b$、$\dot{I}_c$，第三组元件接入 $\dot{U}_c$、$\dot{I}_a$。

（3）计算更正系数。

错误功率表达式

$$P' = U_a I_b \cos(60° + \varphi_b) + U_b I_c \cos(120° - \varphi_c) + U_c I_a \cos(120° - \varphi_a) \quad (2\text{-}22)$$

按照三相对称计算更正系数

$$K_g = \frac{P}{P'} = \frac{3U_p I \cos\varphi}{U_p I \cos(60° + \varphi) + U_p I \cos(120° - \varphi) + U_p I \cos(120° - \varphi)}$$

$$= \frac{6}{-1 + \sqrt{3}\tan\varphi} \quad (2\text{-}23)$$

（4）错误接线图如图 2-25 所示。

2. 第二种错误接线

假定 $\dot{U}_2$ 为 a 相电压，则 $\dot{U}_3$ 为 b 相电压，$\dot{U}_1$ 为 c 相电压。

（1）分析过程。从图 2-26 可知，$\dot{I}_1$ 反相后 $-\dot{I}_1$ 超前 $\dot{U}_2$ 约 52°，判断 $-\dot{I}_1$ 和 $\dot{U}_2$ 为同一相电流电压，$\dot{I}_1$ 为 $-\dot{I}_a$；$\dot{I}_2$ 超前 $\dot{U}_3$ 约 52°，判断 $\dot{I}_2$ 和 $\dot{U}_3$ 为同一相电流电压，$\dot{I}_2$

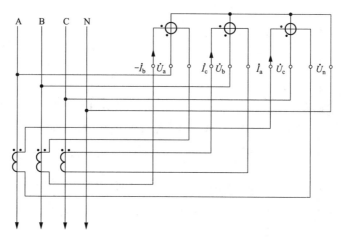

图 2-25 错误接线图

为 $\dot{I}_b$；$\dot{I}_3$ 超前 $\dot{U}_1$ 约 52°，判断 $\dot{I}_3$ 和 $\dot{U}_1$ 为同一相电流电压，$\dot{I}_3$ 为 $\dot{I}_c$。

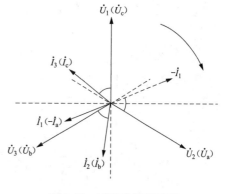

图 2-26 错误接线相量图

（2）结论。第一组元件接入 $\dot{U}_c$、$-\dot{I}_a$，第二组元件接入 $\dot{U}_a$、$\dot{I}_b$，第三组元件接入 $\dot{U}_b$、$\dot{I}_c$。

（3）计算更正系数。

错误功率表达式

$$P' = U_c I_a \cos(60° + \varphi_a) + U_a I_b \cos(120° - \varphi_b) \\ + U_b I_c \cos(120° - \varphi_c) \qquad (2\text{-}24)$$

按照三相对称计算更正系数

$$K_g = \frac{P}{P'} = \frac{3U_p I \cos\varphi}{U_p I \cos(60° + \varphi) + U_p I \cos(120° - \varphi) + U_p I \cos(120° - \varphi)}$$
$$= \frac{6}{-1 + \sqrt{3}\tan\varphi} \qquad (2\text{-}25)$$

（4）错误接线图如图 2-27 所示。

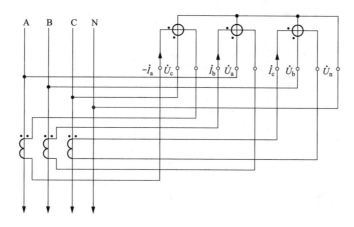

图 2-27 错误接线图

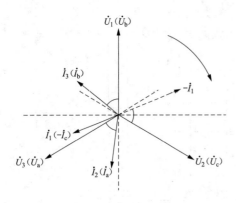

图 2-28 错误接线相量图

3. 第三种错误接线

假定 $\dot{U}_3$ 为 a 相电压，则 $\dot{U}_1$ 为 b 相电压，$\dot{U}_2$ 为 c 相电压。

(1) 分析过程。从图 2-28 可知，$\dot{I}_1$ 反相后 $-\dot{I}_1$ 超前 $\dot{U}_2$ 约 52°，判断 $-\dot{I}_1$ 和 $\dot{U}_2$ 为同一相电流电压，$\dot{I}_1$ 为 $-\dot{I}_c$；$\dot{I}_2$ 超前 $\dot{U}_3$ 约 52°，判断 $\dot{I}_2$ 和 $\dot{U}_3$ 为同一相电流电压，$\dot{I}_2$ 为 $\dot{I}_a$；$\dot{I}_3$ 超前 $\dot{U}_1$ 约 52°，判断 $\dot{I}_3$ 和 $\dot{U}_1$ 为同一相电流电压，$\dot{I}_3$ 为 $\dot{I}_b$。

(2) 结论。第一组元件接入 $\dot{U}_b$、$-\dot{I}_c$，第二组元件接入 $\dot{U}_c$、$\dot{I}_a$，第三组元件接入 $\dot{U}_a$、$\dot{I}_b$。

(3) 计算更正系数。

错误功率表达式

$$P' = U_b I_c \cos(60° + \varphi_c) + U_c I_a \cos(120° - \varphi_a) + U_a I_b \cos(120° - \varphi_b) \quad (2\text{-}26)$$

按照三相对称计算更正系数

$$K_g = \frac{P}{P'} = \frac{3U_p I \cos\varphi}{U_p I \cos(60° + \varphi) + U_p I \cos(120° - \varphi) + U_p I \cos(120° - \varphi)}$$

$$= \frac{6}{-1 + \sqrt{3}\tan\varphi} \quad (2\text{-}27)$$

(4) 错误接线图如图 2-29 所示。

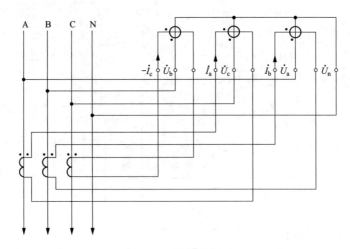

图 2-29 错误接线图

(四) 错误接线结论表

三种错误接线结论表见表 2-4。

表 2-4 　　　　　　　　　　　错 误 接 线 结 论 表

参数	电压接入相别			电流接入相别		
	$\dot{U}_1$	$\dot{U}_2$	$\dot{U}_3$	$\dot{I}_1$	$\dot{I}_2$	$\dot{I}_3$
第一种	$\dot{U}_a$	$\dot{U}_b$	$\dot{U}_c$	$-\dot{I}_b$	$\dot{I}_c$	$\dot{I}_a$
第二种	$\dot{U}_c$	$\dot{U}_a$	$\dot{U}_b$	$-\dot{I}_a$	$\dot{I}_b$	$\dot{I}_c$
第三种	$\dot{U}_b$	$\dot{U}_c$	$\dot{U}_a$	$-\dot{I}_c$	$\dot{I}_a$	$\dot{I}_b$

五、实例五

10kV 高供低计专用变压器用电客户，在 0.4kV 侧采用三相四线电能计量装置，电流互感器变比为 200A/5A，电能表为 $3\times220/380V$、$3\times1.5(6)A$ 的三相四线智能电能表，表尾处测量数据如下，$U_{12}=382.2V$，$U_{13}=382.9V$，$U_{32}=382.3V$，$U_1=220.8V$，$U_2=221.2V$，$U_3=220.9V$，$U_n=0V$，$I_1=0.78A$，$I_2=0.79A$，$I_3=0.78A$，$\dot{U}_1\hat{\ }\dot{I}_1=279.2°$，$\dot{U}_1\hat{\ }\dot{I}_2=41.1°$，$\dot{U}_1\hat{\ }\dot{I}_3=339.2°$，$\dot{U}_2\hat{\ }\dot{I}_1=159.1°$，$\dot{U}_3\hat{\ }\dot{I}_1=39.7°$，负载功率因数角为容性 0～30°，分析错误接线并计算更正系数。

解析： 三组线电压和相电压基本对称，接近于额定值，三相电流基本对称，有一定大小，说明未失压、未失流。

（一）绘制错误接线相量图

以 $\dot{U}_1$ 为参考相量，确定 $\dot{I}_1$、$\dot{I}_2$、$\dot{I}_3$ 的位置，再以 $\dot{I}_1$ 为基准，确定 $\dot{U}_2$、$\dot{U}_3$ 的位置，绘制错误接线相量图如图 2-30 所示。

（二）判断电压相序

$\dot{U}_1 \rightarrow \dot{U}_2 \rightarrow \dot{U}_3$ 为顺时针方向，电压为正相序。

（三）确定错误接线和计算更正系数

1. 第一种错误接线

假定 $\dot{U}_1$ 为 a 相电压，则 $\dot{U}_2$ 为 b 相电压，$\dot{U}_3$ 为 c 相电压。

（1）分析过程。从图 2-31 可知，$\dot{I}_1$ 反相后 $-\dot{I}_1$ 超前 $\dot{U}_2$ 约 20°，判断 $-\dot{I}_1$ 和 $\dot{U}_2$ 为同一相电流电压，$\dot{I}_1$ 为 $-\dot{I}_b$；$\dot{I}_2$ 反相后 $-\dot{I}_2$ 超前 $\dot{U}_3$ 约 20°，判断 $-\dot{I}_2$ 和 $\dot{U}_3$ 为同一相电流电压，$\dot{I}_2$ 为 $-\dot{I}_c$；$\dot{I}_3$ 超前 $\dot{U}_1$ 约 20°，判断 $\dot{I}_3$ 和 $\dot{U}_1$ 为同一相电流电压，$\dot{I}_3$ 为 $\dot{I}_a$。

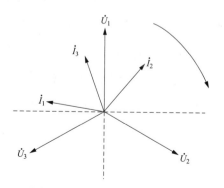

图 2-30　错误接线相量图（一）

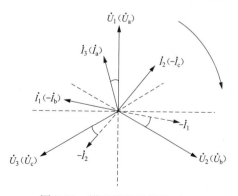

图 2-31　错误接线相量图（二）

(2) 结论。第一组元件接入 $\dot{U}_a$、$-\dot{I}_b$，第二组元件接入 $\dot{U}_b$、$-\dot{I}_c$，第三组元件接入 $\dot{U}_c$、$\dot{I}_a$。

(3) 计算更正系数。

错误功率表达式

$$P' = U_a I_b \cos(60° + \varphi_b) + U_b I_c \cos(60° + \varphi_c) + U_c I_a \cos(120° - \varphi_a) \quad (2\text{-}28)$$

按照三相对称计算更正系数

$$K_g = \frac{P}{P'} = \frac{3U_p I \cos\varphi}{U_p I \cos(60° + \varphi) + U_p I \cos(60° + \varphi) + U_p I \cos(120° - \varphi)}$$

$$= \frac{6}{1 - \sqrt{3}\tan\varphi} \quad (2\text{-}29)$$

(4) 错误接线图如图 2-32 所示。

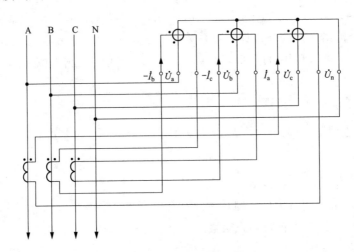

图 2-32　错误接线图

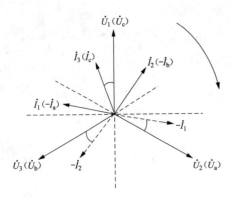

图 2-33　错误接线相量图

2. 第二种错误接线

假定 $\dot{U}_2$ 为 a 相电压，则 $\dot{U}_3$ 为 b 相电压，$\dot{U}_1$ 为 c 相电压。

(1) 分析过程。从图 2-33 可知，$\dot{I}_1$ 反相后 $-\dot{I}_1$ 超前 $\dot{U}_2$ 约 20°，判断 $-\dot{I}_1$ 和 $\dot{U}_2$ 为同一相电流电压，$\dot{I}_1$ 为 $-\dot{I}_a$；$\dot{I}_2$ 反相后 $-\dot{I}_2$ 超前 $\dot{U}_3$ 约 20°，判断 $-\dot{I}_2$ 和 $\dot{U}_3$ 为同一相电流电压，$\dot{I}_2$ 为 $-\dot{I}_b$；$\dot{I}_3$ 超前 $\dot{U}_1$ 约 20°，判断 $\dot{I}_3$ 和 $\dot{U}_1$ 为同一相电流电压，$\dot{I}_3$ 为 $\dot{I}_c$。

(2) 结论。第一组元件接入 $\dot{U}_c$、$-\dot{I}_a$，第二组元件接入 $\dot{U}_a$、$-\dot{I}_b$，第三组元件接入 $\dot{U}_b$、$\dot{I}_c$。

（3）计算更正系数。

错误功率表达式

$$P' = U_cI_a\cos(60° + \varphi_a) + U_aI_b\cos(60° + \varphi_b) + U_bI_c\cos(120° - \varphi_c) \quad (2\text{-}30)$$

按照三相对称计算更正系数

$$K_g = \frac{P}{P'} = \frac{3U_pI\cos\varphi}{U_pI\cos(60° + \varphi) + U_pI\cos(60° + \varphi) + U_pI\cos(120° - \varphi)}$$

$$= \frac{6}{1 - \sqrt{3}\tan\varphi} \quad (2\text{-}31)$$

（4）错误接线图如图 2-34 所示。

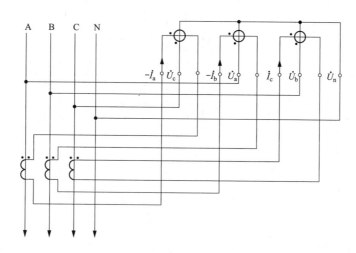

图 2-34　错误接线图

3. 第三种错误接线

假定 $\dot{U}_3$ 为 a 相电压，则 $\dot{U}_1$ 为 b 相电压，$\dot{U}_2$ 为 c 相电压。

（1）分析过程。从图 2-35 可知，$\dot{I}_1$ 反相后 $-\dot{I}_1$ 超前 $\dot{U}_2$ 约 20°，判断 $-\dot{I}_1$ 和 $\dot{U}_2$ 为同一相电流电压，$\dot{I}_1$ 为 $-\dot{I}_c$；$\dot{I}_2$ 反相后 $-\dot{I}_2$ 超前 $\dot{U}_3$ 约 20°，判断 $-\dot{I}_2$ 和 $\dot{U}_3$ 为同一相电流电压，$\dot{I}_2$ 为 $-\dot{I}_a$；$\dot{I}_3$ 超前 $\dot{U}_1$ 约 20°，判断 $\dot{I}_3$ 和 $\dot{U}_1$ 为同一相电流电压，$\dot{I}_3$ 为 $\dot{I}_b$。

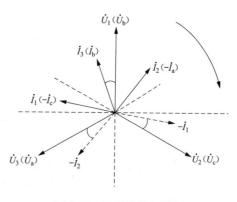

图 2-35　错误接线相量图

（2）结论。第一组元件接入 $\dot{U}_b$、$-\dot{I}_c$，第二组元件接入 $\dot{U}_c$、$-\dot{I}_a$，第三组元件接入 $\dot{U}_a$、$\dot{I}_b$。

（3）计算更正系数。

错误功率表达式

$$P' = U_b I_c \cos(60° + \varphi_c) + U_c I_a \cos(60° + \varphi_a) + U_a I_b \cos(120° - \varphi_b) \quad (2\text{-}32)$$

按照三相对称计算更正系数

$$K_g = \frac{P}{P'} = \frac{3U_p I \cos\varphi}{U_p I \cos(60° + \varphi) + U_p I \cos(60° + \varphi) + U_p I \cos(120° - \varphi)}$$

$$= \frac{6}{1 - \sqrt{3}\tan\varphi} \quad (2\text{-}33)$$

（4）错误接线图如图 2-36 所示。

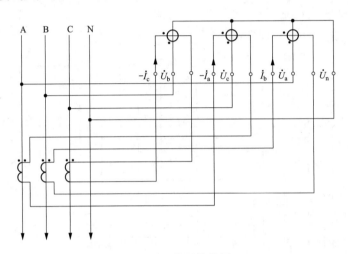

图 2-36　错误接线图

（四）错误接线结论表

三种错误接线结论表见表 2-5。

表 2-5　　　　　　　　　　　错 误 接 线 结 论 表

参数	电压接入相别			电流接入相别		
	$\dot{U}_1$	$\dot{U}_2$	$\dot{U}_3$	$\dot{I}_1$	$\dot{I}_2$	$\dot{I}_3$
第一种	$\dot{U}_a$	$\dot{U}_b$	$\dot{U}_c$	$-\dot{I}_b$	$-\dot{I}_c$	$\dot{I}_a$
第二种	$\dot{U}_c$	$\dot{U}_a$	$\dot{U}_b$	$-\dot{I}_a$	$-\dot{I}_b$	$\dot{I}_c$
第三种	$\dot{U}_b$	$\dot{U}_c$	$\dot{U}_a$	$-\dot{I}_c$	$-\dot{I}_a$	$\dot{I}_b$

六、实例六

10kV 高供低计专用变压器用电客户，在 0.4kV 侧采用三相四线电能计量装置，电流互感器变比为 300A/5A，电能表为 $3\times220/380$V、$3\times1.5(6)$A 的三相四线智能电能表，表尾处测量数据如下，$U_{12}=382.2$V，$U_{13}=382.9$V，$U_{32}=382.3$V，$U_1=220.8$V，$U_2=221.2$V，$U_3=220.9$V，$U_n=0$V，$I_1=0.92$A，$I_2=0.93$A，$I_3=0.92$A，$\dot{U}_1\hat{}\dot{I}_1=321.2°$，$\dot{U}_1\hat{}\dot{I}_2=79.1°$，$\dot{U}_1\hat{}\dot{I}_3=201.2°$，$\dot{U}_2\hat{}\dot{I}_1=201.1°$，$\dot{U}_3\hat{}\dot{I}_1=81.7°$，负载功率因数角为感性 0~30°，分析错误接线并计算更正系数。

解析：三组线电压和相电压基本对称，接近于额定值，三相电流基本对称，有一定大小，说明未失压、未失流。

（一）绘制错误接线相量图

以 $\dot{U}_1$ 为参考相量，确定 $\dot{I}_1$、$\dot{I}_2$、$\dot{I}_3$ 的位置，再以 $\dot{I}_1$ 为基准，确定 $\dot{U}_2$、$\dot{U}_3$ 的位置，绘制错误接线相量图如图 2-37 所示。

（二）判断电压相序

$\dot{U}_1 \rightarrow \dot{U}_2 \rightarrow \dot{U}_3$ 为顺时针方向，电压为正相序。

（三）确定错误接线和计算更正系数

1. 第一种错误接线

假定 $\dot{U}_1$ 为 a 相电压，则 $\dot{U}_2$ 为 b 相电压，$\dot{U}_3$ 为 c 相电压电压。

（1）分析过程。从图 2-38 可知，$\dot{I}_1$ 反相后 $-\dot{I}_1$ 滞后 $\dot{U}_2$ 约 20°，判断 $-\dot{I}_1$ 和 $\dot{U}_2$ 为同一相电流电压，$\dot{I}_1$ 为 $-\dot{I}_b$；$\dot{I}_2$ 反相后 $-\dot{I}_2$ 滞后 $\dot{U}_3$ 约 20°，判断 $-\dot{I}_2$ 和 $\dot{U}_3$ 为同一相电流电压，$\dot{I}_2$ 为 $-\dot{I}_c$；$\dot{I}_3$ 反相后 $-\dot{I}_3$ 滞后 $\dot{U}_1$ 约 20°，判断 $-\dot{I}_3$ 和 $\dot{U}_1$ 为同一相电流电压，$\dot{I}_3$ 为 $-\dot{I}_a$。

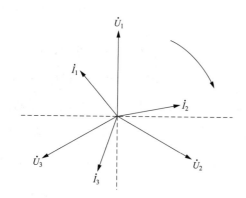

图 2-37　错误接线相量图（一）

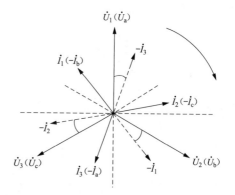

图 2-38　错误接线相量图（二）

（2）结论。第一组元件接入 $\dot{U}_a$、$-\dot{I}_b$，第二组元件接入 $\dot{U}_b$、$-\dot{I}_c$，第三组元件接入 $\dot{U}_c$、$-\dot{I}_a$。

（3）计算更正系数。

错误功率表达式

$$P' = U_a I_b \cos(60° - \varphi_b) + U_b I_c \cos(60° - \varphi_c) + U_c I_a \cos(60° - \varphi_a) \qquad (2-34)$$

按照三相对称计算更正系数

$$K_g = \frac{P}{P'} = \frac{3U_p I \cos\varphi}{U_p I \cos(60° - \varphi) + U_p I \cos(60° - \varphi) + U_p I \cos(60° - \varphi)}$$

$$= \frac{2}{1 + \sqrt{3}\tan\varphi} \qquad (2-35)$$

（4）错误接线图如图 2-39 所示。

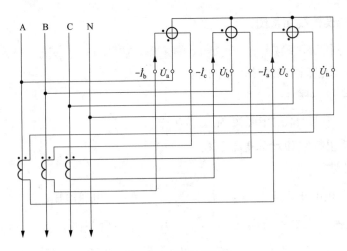

图 2-39　错误接线图

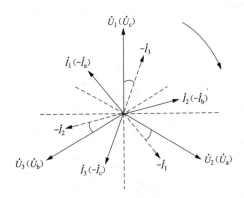

图 2-40　错误接线相量图

2. 第二种错误接线

假定 $\dot{U}_2$ 为 a 相电压，则 $\dot{U}_3$ 为 b 相电压，$\dot{U}_1$ 为 c 相电压。

（1）分析过程。从图 2-40 可知，$\dot{I}_1$ 反相后 $-\dot{I}_1$ 滞后 $\dot{U}_2$ 约 20°，判断 $-\dot{I}_1$ 和 $\dot{U}_2$ 为同一相电流电压，$\dot{I}_1$ 为 $-\dot{I}_a$；$\dot{I}_2$ 反相后 $-\dot{I}_2$ 滞后 $\dot{U}_3$ 约 20°，判断 $-\dot{I}_2$ 和 $\dot{U}_3$ 为同一相电流电压，$\dot{I}_2$ 为 $-\dot{I}_b$；$\dot{I}_3$ 反相后 $-\dot{I}_3$ 滞后 $\dot{U}_1$ 约 20°，判断 $-\dot{I}_3$ 和 $\dot{U}_1$ 为同一相电流电压，$\dot{I}_3$ 为 $-\dot{I}_c$。

（2）结论。第一组元件接入 $\dot{U}_c$、$-\dot{I}_a$，第二组元件接入 $\dot{U}_a$、$-\dot{I}_b$，第三组元件接入 $\dot{U}_b$、$-\dot{I}_c$。

（3）计算更正系数。

错误功率表达式

$$P' = U_c I_a \cos(60° - \varphi_a) + U_a I_b \cos(60° - \varphi_b) + U_b I_c \cos(60° - \varphi_c) \qquad (2\text{-}36)$$

按照三相对称计算更正系数

$$K_g = \frac{P}{P'} = \frac{3U_p I \cos\varphi}{U_p I \cos(60° - \varphi) + U_p I \cos(60° - \varphi) + U_p I \cos(60° - \varphi)}$$

$$= \frac{2}{1 + \sqrt{3}\tan\varphi} \qquad (2\text{-}37)$$

（4）错误接线图如图 2-41 所示。

3. 第三种错误接线

假定 $\dot{U}_3$ 为 a 相电压，则 $\dot{U}_1$ 为 b 相电压，$\dot{U}_2$ 为 c 相电压。

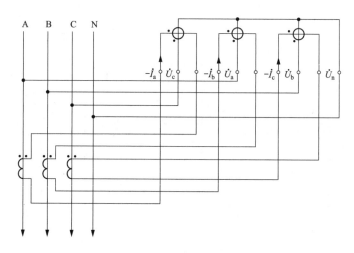

图 2-41 错误接线图

（1）分析过程。从图 2-42 可知，$\dot{I}_1$ 反相后 $-\dot{I}_1$ 滞后 $\dot{U}_2$ 约 20°，判断 $-\dot{I}_1$ 和 $\dot{U}_2$ 为同一相电流电压，$\dot{I}_1$ 为 $-\dot{I}_c$；$\dot{I}_2$ 反相后 $-\dot{I}_2$ 滞后 $\dot{U}_3$ 约 20°，判断 $-\dot{I}_2$ 和 $\dot{U}_3$ 为同一相电流电压，$\dot{I}_2$ 为 $-\dot{I}_a$；$\dot{I}_3$ 反相后 $-\dot{I}_3$ 滞后 $\dot{U}_1$ 约 20°，判断 $-\dot{I}_3$ 和 $\dot{U}_1$ 为同一相电流电压，$\dot{I}_3$ 为 $-\dot{I}_b$。

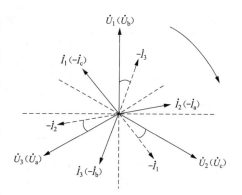

图 2-42 错误接线相量图

（2）结论。第一组元件接入 $\dot{U}_b$、$-\dot{I}_c$，第二组元件接入 $\dot{U}_c$、$-\dot{I}_a$，第三组元件接入 $\dot{U}_a$、$-\dot{I}_b$。

（3）计算更正系数。

错误功率表达式

$$P' = U_b I_c \cos(60° - \varphi_c) + U_c I_a \cos(60° - \varphi_a) + U_a I_b \cos(60° - \varphi_b) \qquad (2\text{-}38)$$

按照三相对称计算更正系数

$$K_g = \frac{P}{P'} = \frac{3U_p I\cos\varphi}{U_p I\cos(60° - \varphi) + U_p I\cos(60° - \varphi) + U_p I\cos(60° - \varphi)}$$

$$= \frac{2}{1 + \sqrt{3}\tan\varphi} \qquad (2\text{-}39)$$

（4）错误接线图如图 2-43 所示。

（四）错误接线结论表

三种错误接线结论表见表 2-6。

七、实例七

10kV 高供低计专用变压器用电客户，在 0.4kV 侧采用三相四线电能计量装置，电

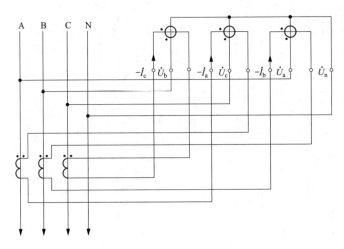

图 2-43 错误接线图

表 2-6 错误接线结论表

参数	电压接入相别			电流接入相别		
	$\dot{U}_1$	$\dot{U}_2$	$\dot{U}_3$	$\dot{I}_1$	$\dot{I}_2$	$\dot{I}_3$
第一种	$\dot{U}_a$	$\dot{U}_b$	$\dot{U}_c$	$-\dot{I}_b$	$-\dot{I}_c$	$-\dot{I}_a$
第二种	$\dot{U}_c$	$\dot{U}_a$	$\dot{U}_b$	$-\dot{I}_a$	$-\dot{I}_b$	$-\dot{I}_c$
第三种	$\dot{U}_b$	$\dot{U}_c$	$\dot{U}_a$	$-\dot{I}_c$	$-\dot{I}_a$	$-\dot{I}_b$

流互感器变比为 200A/5A，电能表为 $3\times220/380V$、$3\times1.5(6)A$ 的三相四线智能电能表，表尾处测量数据如下，$U_{12}=382.2V$，$U_{13}=382.9V$，$U_{32}=382.3V$，$U_1=220.8V$，$U_2=221.2V$，$U_3=220.9V$，$U_n=0V$，$I_1=0.86A$，$I_2=0.87A$，$I_3=0.86A$，$\dot{U}_1\hat{}\dot{I}_1=280.2°$，$\dot{U}_1\hat{}\dot{I}_2=340.1°$，$\dot{U}_1\hat{}\dot{I}_3=221.2°$，$\dot{U}_2\hat{}\dot{I}_1=160.1°$，$\dot{U}_3\hat{}\dot{I}_1=40.7°$，负载功率因数角为容性 $0\sim30°$，分析错误接线并计算更正系数。

解析： 三组线电压和相电压基本对称，接近于额定值，三相电流基本对称，有一定大小，说明未失压、未失流。

（一）绘制错误接线相量图

以 $\dot{U}_1$ 为参考相量，确定 $\dot{I}_1$、$\dot{I}_2$、$\dot{I}_3$ 的位置，再以 $\dot{I}_1$ 为基准，确定 $\dot{U}_2$、$\dot{U}_3$ 的位置，绘制错误接线相量图如图 2-44 所示。

（二）判断电压相序

$\dot{U}_1 \rightarrow \dot{U}_2 \rightarrow \dot{U}_3$ 为顺时针方向，电压为正相序。

（三）确定错误接线和计算更正系数

1. 第一种错误接线

假定 $\dot{U}_1$ 为 a 相电压，则 $\dot{U}_2$ 为 b 相电压，$\dot{U}_3$ 为 c 相电压。

（1）分析过程。从图 2-45 可知，$\dot{I}_1$ 反相后 $-\dot{I}_1$ 超前 $\dot{U}_2$ 约 20°，判断 $-\dot{I}_1$ 和 $\dot{U}_2$ 为同一相电流电压，$\dot{I}_1$ 为 $-\dot{I}_b$；$\dot{I}_2$ 超前 $\dot{U}_1$ 约 20°，判断 $\dot{I}_2$ 和 $\dot{U}_1$ 为同一相电流电压，$\dot{I}_2$

为 $\dot{I}_a$；$\dot{I}_3$ 超前 $\dot{U}_3$ 约 $20°$，判断 $\dot{I}_3$ 和 $\dot{U}_3$ 为同一相电流电压，$\dot{I}_3$ 为 $\dot{I}_c$。

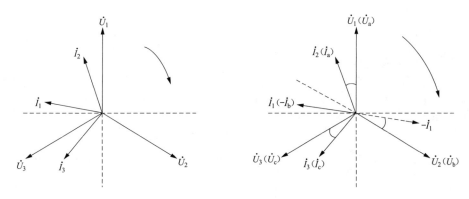

图 2-44　错误接线相量图（一）　　　　　　图 2-45　错误接线相量图（二）

（2）结论。第一组元件接入 $\dot{U}_a$、$-\dot{I}_b$，第二组元件接入 $\dot{U}_b$、$\dot{I}_a$，第三组元件接入 $\dot{U}_c$、$\dot{I}_c$。

（3）计算更正系数。

错误功率表达式

$$P' = U_a I_b \cos(60° + \varphi_b) + U_b I_a \cos(120° + \varphi_a) + U_c I_c \cos\varphi_c \tag{2-40}$$

按照三相对称计算更正系数

$$K_g = \frac{P}{P'} = \frac{3U_p I \cos\varphi}{U_p I \cos(60° + \varphi) + U_p I \cos(120° + \varphi) + U_p I \cos\varphi}$$

$$= \frac{3}{1 - \sqrt{3}\tan\varphi} \tag{2-41}$$

（4）错误接线图如图 2-46 所示。

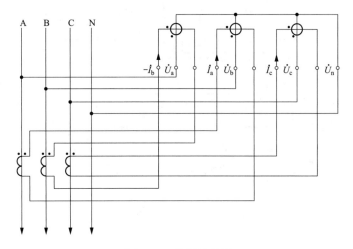

图 2-46　错误接线图

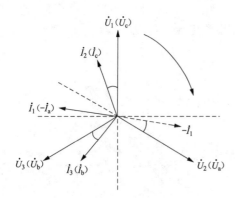

图 2-47 错误接线相量图

2. 第二种错误接线

假定 $\dot{U}_2$ 为 a 相，则 $\dot{U}_3$ 为 b 相电压，$\dot{U}_1$ 为 c 相电压。

（1）分析过程。从图 2-47 可知，$\dot{I}_1$ 反相后 $-\dot{I}_1$ 超前 $\dot{U}_2$ 约 20°，判断 $-\dot{I}_1$ 和 $\dot{U}_2$ 为同一相电流电压，$\dot{I}_1$ 为 $-\dot{I}_a$；$\dot{I}_2$ 超前 $\dot{U}_1$ 约 20°，判断 $\dot{I}_2$ 和 $\dot{U}_1$ 为同一相电流电压，$\dot{I}_2$ 为 $\dot{I}_c$；$\dot{I}_3$ 超前 $\dot{U}_3$ 约 20°，判断 $\dot{I}_3$ 和 $\dot{U}_3$ 为同一相电流电压，$\dot{I}_3$ 为 $\dot{I}_b$。

（2）结论。第一组元件接入 $\dot{U}_c$、$-\dot{I}_a$，第二组元件接入 $\dot{U}_a$、$\dot{I}_c$，第三组元件接入 $\dot{U}_b$、$\dot{I}_b$。

（3）计算更正系数。

错误功率表达式

$$P' = U_c I_a \cos(60° + \varphi_a) + U_a I_c \cos(120° + \varphi_c) + U_b I_b \cos\varphi_b \tag{2-42}$$

按照三相对称计算更正系数

$$K_g = \frac{P}{P'} = \frac{3U_p I \cos\varphi}{U_p I \cos(60° + \varphi) + U_p I \cos(120° + \varphi) + U_p I \cos\varphi}$$

$$= \frac{3}{1 - \sqrt{3}\tan\varphi} \tag{2-43}$$

（4）错误接线图如图 2-48 所示。

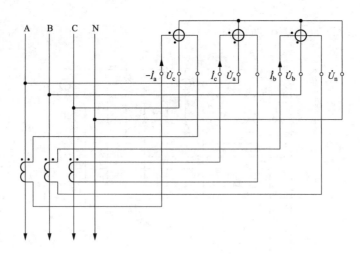

图 2-48 错误接线图

3. 第三种错误接线

假定 $\dot{U}_3$ 为 a 相电压，则 $\dot{U}_1$ 为 b 相电压，$\dot{U}_2$ 为 c 相电压。

（1）分析过程。从图 2-49 可知，$\dot{I}_1$ 反相后 $-\dot{I}_1$ 超前 $\dot{U}_2$ 约 20°，判断 $-\dot{I}_1$ 和 $\dot{U}_2$ 为同一相电流电压，$\dot{I}_1$ 为 $-\dot{I}_c$；$\dot{I}_2$ 超前 $\dot{U}_1$ 约 20°，判断 $\dot{I}_2$ 和 $\dot{U}_1$ 为同一相电流电压，$\dot{I}_2$ 为 $\dot{I}_b$；$\dot{I}_3$ 超前 $\dot{U}_3$ 约 20°，判断 $\dot{I}_3$ 和 $\dot{U}_3$ 为同一相电流电压，$\dot{I}_3$ 为 $\dot{I}_a$。

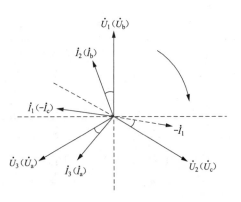

图 2-49　错误接线相量图

（2）结论。第一组元件接入 $\dot{U}_b$、$-\dot{I}_c$，第二组元件接入 $\dot{U}_c$、$\dot{I}_b$，第三组元件接入 $\dot{U}_a$、$\dot{I}_a$。

（3）计算更正系数。

错误功率表达式

$$P' = U_b I_c \cos(60° + \varphi_c) + U_c I_b \cos(120° + \varphi_b) + U_a I_a \cos\varphi_a \tag{2-44}$$

按照三相对称计算更正系数

$$K_g = \frac{P}{P'} = \frac{3U_p I \cos\varphi}{U_p I \cos(60° + \varphi) + U_p I \cos(120° + \varphi) + U_p I \cos\varphi}$$

$$= \frac{3}{1 - \sqrt{3}\tan\varphi} \tag{2-45}$$

（4）错误接线图如图 2-50 所示。

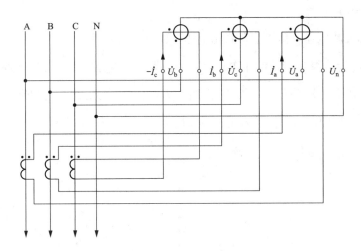

图 2-50　错误接线图

（四）错误接线结论表

三种错误接线结论表见表 2-7。

八、实例八

10kV 高供低计专用变压器用电客户，在 0.4kV 侧采用三相四线电能计量装置，电

表 2-7 　　　　　　　　　　错误接线结论表

参数	电压接入相别			电流接入相别		
	$\dot{U}_1$	$\dot{U}_2$	$\dot{U}_3$	$\dot{I}_1$	$\dot{I}_2$	$\dot{I}_3$
第一种	$\dot{U}_a$	$\dot{U}_b$	$\dot{U}_c$	$-\dot{I}_b$	$\dot{I}_a$	$\dot{I}_c$
第二种	$\dot{U}_c$	$\dot{U}_a$	$\dot{U}_b$	$-\dot{I}_a$	$\dot{I}_c$	$\dot{I}_b$
第三种	$\dot{U}_b$	$\dot{U}_c$	$\dot{U}_a$	$-\dot{I}_c$	$\dot{I}_b$	$\dot{I}_a$

流互感器变比为300A/5A，电能表为 $3\times220/380V$、$3\times1.5(6)A$ 的三相四线智能电能表，表尾处测量数据如下，$U_{12}=382.2V$，$U_{13}=382.9V$，$U_{32}=382.3V$，$U_1=220.8V$，$U_2=221.2V$，$U_3=220.9V$，$U_n=0V$，$I_1=1.18A$，$I_2=1.19A$，$I_3=1.19A$，$\dot{U}_1\hat{}\dot{I}_1=$ $40.2°$，$\dot{U}_1\hat{}\dot{I}_2=160.1°$，$\dot{U}_1\hat{}\dot{I}_3=100.2°$，$\dot{U}_2\hat{}\dot{I}_1=280.1°$，$\dot{U}_3\hat{}\dot{I}_1=160.7°$，负载功率因数角为容性 $0\sim30°$，分析错误接线并计算更正系数。

解析： 三组线电压和相电压基本对称，接近于额定值，三相电流基本对称，有一定大小，说明未失压、未失流。

（一）绘制错误接线相量图

以 $\dot{U}_1$ 为参考相量，确定 $\dot{I}_1$、$\dot{I}_2$、$\dot{I}_3$ 的位置，再以 $\dot{I}_1$ 为基准，确定 $\dot{U}_2$、$\dot{U}_3$ 的位置，绘制错误接线相量图如图 2-51 所示。

（二）判断电压相序

$\dot{U}_1 \rightarrow \dot{U}_2 \rightarrow \dot{U}_3$ 为顺时针方向，电压为正相序。

（三）确定错误接线和计算更正系数

1. 第一种错误接线

假定 $\dot{U}_1$ 为 a 相电压，则 $\dot{U}_2$ 为 b 相电压，$\dot{U}_3$ 为 c 相电压。

（1）分析过程。从图 2-52 可知，$\dot{I}_1$ 反相后 $-\dot{I}_1$ 超前 $\dot{U}_3$ 约 $20°$，判断 $-\dot{I}_1$ 和 $\dot{U}_3$ 为同一相电流电压，$\dot{I}_1$ 为 $-\dot{I}_c$；$\dot{I}_2$ 反相后 $-\dot{I}_2$ 超前 $\dot{U}_1$ 约 $20°$，判断 $-\dot{I}_2$ 和 $\dot{U}_1$ 为同一相电流电压，$\dot{I}_2$ 为 $-\dot{I}_a$；$\dot{I}_3$ 超前 $\dot{U}_2$ 约 $20°$，判断 $\dot{I}_3$ 和 $\dot{U}_2$ 为同一相电流电压，$\dot{I}_3$ 为 $\dot{I}_b$。

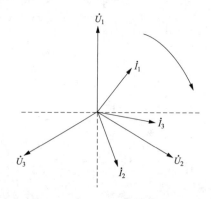

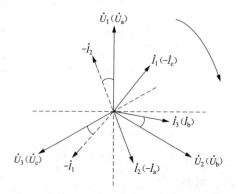

图 2-51 错误接线相量图（一）　　　　图 2-52 错误接线相量图（二）

（2）结论。第一组元件接入 $\dot{U}_a$、$-\dot{I}_c$，第二组元件接入 $\dot{U}_b$、$-\dot{I}_a$，第三组元件接入 $\dot{U}_c$、$\dot{I}_b$。

（3）计算更正系数。

错误功率表达式

$$P' = U_a I_c \cos(60° - \varphi_c) + U_b I_a \cos(60° - \varphi_a) + U_c I_b \cos(120° + \varphi_b) \qquad (2\text{-}46)$$

按照三相对称计算更正系数

$$K_g = \frac{P}{P'} = \frac{3U_p I \cos\varphi}{U_p I \cos(60° - \varphi) + U_p I \cos(60° - \varphi) + U_p I \cos(120° + \varphi)}$$

$$= \frac{6}{1 + \sqrt{3}\tan\varphi} \qquad (2\text{-}47)$$

（4）错误接线图如图 2-53 所示。

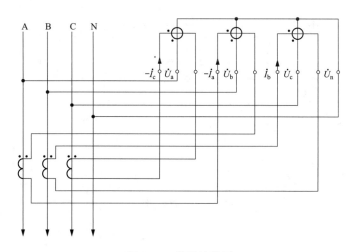

图 2-53　错误接线图

2. 第二种错误接线

假定 $\dot{U}_2$ 为 a 相电压，则 $\dot{U}_3$ 为 b 相电压，$\dot{U}_1$ 为 c 相电压。

（1）分析过程。从图 2-54 可知，$\dot{I}_1$ 反相后 $-\dot{I}_1$ 超前 $\dot{U}_3$ 约 20°，判断 $-\dot{I}_1$ 和 $\dot{U}_3$ 为同一相电流电压，$\dot{I}_1$ 为 $-\dot{I}_b$；$\dot{I}_2$ 反相后 $-\dot{I}_2$ 超前 $\dot{U}_1$ 约 20°，判断 $-\dot{I}_2$ 和 $\dot{U}_1$ 为同一相电流电压，$\dot{I}_2$ 为 $-\dot{I}_c$；$\dot{I}_3$ 超前 $\dot{U}_2$ 约 20°，判断 $\dot{I}_3$ 和 $\dot{U}_2$ 为同一相电流电压，$\dot{I}_3$ 为 $\dot{I}_a$。

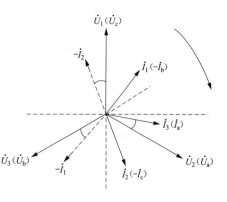

图 2-54　错误接线相量图

（2）结论。第一组元件接入 $\dot{U}_c$、$-\dot{I}_b$，第二组元件接入 $\dot{U}_a$、$-\dot{I}_c$，第三组元件接入 $\dot{U}_b$、$\dot{I}_a$。

（3）计算更正系数。

错误功率表达式

$$P' = U_c I_b \cos(60 - \varphi_b) + U_a I_c \cos(60° - \varphi_c) + U_b I_a \cos(120° + \varphi_a) \quad (2\text{-}48)$$

按照三相对称计算更正系数

$$K_g = \frac{P}{P'} = \frac{3U_p I \cos\varphi}{U_p I \cos(60° - \varphi) + U_p I \cos(60° - \varphi) + U_p I \cos(120° + \varphi)}$$

$$= \frac{6}{1 + \sqrt{3}\tan\varphi} \quad (2\text{-}49)$$

（4）错误接线图如图 2-55 所示。

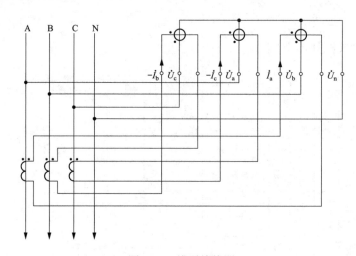

图 2-55　错误接线图

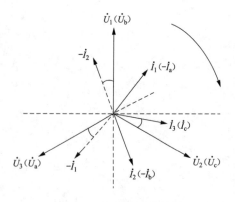

图 2-56　错误接线相量图

3. 第三种错误接线

假定 $\dot{U}_3$ 为 a 相电压，则 $\dot{U}_1$ 为 b 相电压，$\dot{U}_2$ 为 c 相电压。

（1）分析过程。从图 2-56 可知，$\dot{I}_1$ 反相后 $-\dot{I}_1$ 超前 $\dot{U}_3$ 约 20°，判断 $-\dot{I}_1$ 和 $\dot{U}_3$ 为同一相电流电压，$\dot{I}_1$ 为 $-\dot{I}_a$；$\dot{I}_2$ 反相后 $-\dot{I}_2$ 超前 $\dot{U}_1$ 约 20°，判断 $-\dot{I}_2$ 和 $\dot{U}_1$ 为同一相电流电压，$\dot{I}_2$ 为 $-\dot{I}_b$；$\dot{I}_3$ 超前 $\dot{U}_2$ 约 20°，判断 $\dot{I}_3$ 和 $\dot{U}_2$ 为同一相电流电压，$\dot{I}_3$ 为 $\dot{I}_c$。

（2）结论。第一组元件接入 $\dot{U}_b$、$-\dot{I}_a$，第二组元件接入 $\dot{U}_c$、$-\dot{I}_b$，第三组元件接入 $\dot{U}_a$、$\dot{I}_c$。

（3）计算更正系数。

错误功率表达式

$$P' = U_b I_a \cos(60° - \varphi_a) + U_c I_b \cos(60° - \varphi_b) + U_a I_c \cos(120° + \varphi_c) \quad (2\text{-}50)$$

按照三相对称计算更正系数

$$K_g = \frac{P}{P'} = \frac{3U_p I \cos\varphi}{U_p I \cos(60° - \varphi) + U_p I \cos(60° - \varphi) + U_p I \cos(120° + \varphi)}$$

$$= \frac{6}{1 + \sqrt{3}\tan\varphi} \quad (2\text{-}51)$$

（4）错误接线图如图 2-57 所示。

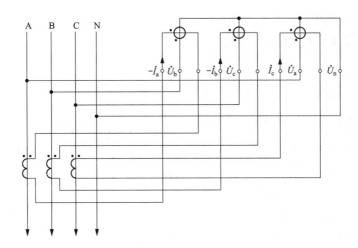

图 2-57　错误接线图

（四）错误接线结论表

三种错误接线结论表见表 2-8。

表 2-8　　　　　　　　　　　错 误 接 线 结 论 表

参数	电压接入相别			电流接入相别		
	$\dot{U}_1$	$\dot{U}_2$	$\dot{U}_3$	$\dot{I}_1$	$\dot{I}_2$	$\dot{I}_3$
第一种	$\dot{U}_a$	$\dot{U}_b$	$\dot{U}_c$	$-\dot{I}_c$	$-\dot{I}_a$	$\dot{I}_b$
第二种	$\dot{U}_c$	$\dot{U}_a$	$\dot{U}_b$	$-\dot{I}_b$	$-\dot{I}_c$	$\dot{I}_a$
第三种	$\dot{U}_b$	$\dot{U}_c$	$\dot{U}_a$	$-\dot{I}_a$	$-\dot{I}_b$	$\dot{I}_c$

九、实例九

10kV 高供低计专用变压器用电客户，在 0.4kV 侧采用三相四线电能计量装置，电流互感器变比为 150A/5A，电能表为 3×220/380V、3×1.5（6）A 的三相四线智能电能表，表尾处测量数据如下，$U_{12}=0V$，$U_{13}=381.2V$，$U_{32}=381.1V$，$U_1=220.8V$，$U_2=220.3V$，$U_3=220.6V$，$U_n=0V$，$I_1=1.08A$，$I_2=1.09A$，$I_3=1.09A$，$\dot{U}_1\widehat{\dot{I}}_1=100.2°$，$\dot{U}_1\widehat{\dot{I}}_2=220.1°$，$\dot{U}_1\widehat{\dot{I}}_3=340.2°$，$\dot{U}_2\widehat{\dot{I}}_1=100.2°$，$\dot{U}_3\widehat{\dot{I}}_1=340.7°$，负载功率因数角为容性 0～30°，分析错误接线并计算更正系数。

解析： 三组线电压中仅两组线电压接近于额定值，$U_{12}=0V$，三组相电压基本对称，接近于额定值,说明三相电压未断线,但是$\dot{U}_1$、$\dot{U}_2$接入了同一相;三相电流基本对称,且有一定大小,说明未失流。

(一)绘制错误接线相量图

以$\dot{U}_1$为参考相量,确定$\dot{I}_1$、$\dot{I}_2$、$\dot{I}_3$的位置,再以$\dot{I}_1$为基准,确定$\dot{U}_2$、$\dot{U}_3$的位置,绘制错误接线相量图如图2-58所示。

(二)判断电压相序

电压接入同一相电压,不能判断电压相序。

(三)确定错误接线和计算更正系数

1. 第一种错误接线

假定$\dot{I}_1$为a相电流,则$\dot{I}_2$为b相电流,$\dot{I}_3$为c相电流。

(1)分析过程。从图2-59可知,$\dot{I}_1$超前$\dot{U}_3$约20°,判断$\dot{I}_1$和$\dot{U}_3$为同一相电流电压,$\dot{U}_3$为$\dot{U}_a$;$\dot{I}_3$超前$\dot{U}_1$、$\dot{U}_2$约20°,判断$\dot{I}_3$和$\dot{U}_1$、$\dot{U}_2$为同一相电流电压,$\dot{U}_1$、$\dot{U}_2$为$\dot{U}_c$。

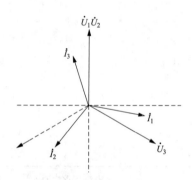 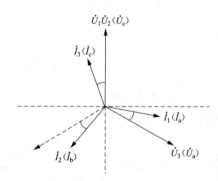

图2-58　错误接线相量图（一）　　　　图2-59　错误接线相量图（二）

(2)结论。第一组元件接入$\dot{U}_c$、$\dot{I}_a$,第二组元件接入$\dot{U}_c$、$\dot{I}_b$,第三组元件接入$\dot{U}_a$、$\dot{I}_c$。

(3)计算更正系数。

错误功率表达式

$$P' = U_c I_a \cos(120° - \varphi_a) + U_c I_b \cos(120° + \varphi_b) + U_a I_c \cos(120° + \varphi_c) \quad (2\text{-}52)$$

按照三相对称计算更正系数

$$K_g = \frac{P}{P'} = \frac{3U_p I \cos\varphi}{U_p I \cos(120° - \varphi) + U_p I \cos(120° + \varphi) + U_p I \cos(120° + \varphi)}$$

$$= \frac{6}{-3 - \sqrt{3}\tan\varphi} \quad (2\text{-}53)$$

(4)错误接线图如图2-60所示。

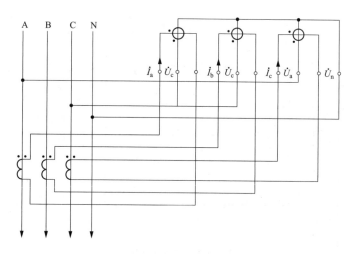

图 2-60　错误接线图

2. 第二种错误接线

假定 $\dot{I}_2$ 为 a 相电流，则 $\dot{I}_3$ 为 b 相电流，$\dot{I}_1$ 为 c 相电流。

（1）分析过程。从图 2-61 可知，$\dot{I}_1$ 超前 $\dot{U}_3$ 约 20°，判断 $\dot{I}_1$ 和 $\dot{U}_3$ 为同一相电流电压，$\dot{U}_3$ 为 $\dot{U}_c$；$\dot{I}_3$ 超前 $\dot{U}_1$、$\dot{U}_2$ 约 20°，判断 $\dot{I}_3$ 和 $\dot{U}_1$、$\dot{U}_2$ 为同一相电流电压，$\dot{U}_1$、$\dot{U}_2$ 为 $\dot{U}_b$。

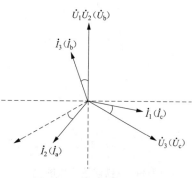

图 2-61　错误接线相量图

（2）结论。第一组元件接入 $\dot{U}_b$、$\dot{I}_c$，第二组元件接入 $\dot{U}_b$、$\dot{I}_a$，第三组元件接入 $\dot{U}_c$、$\dot{I}_b$。

（3）计算更正系数。

错误功率表达式

$$P' = U_b I_c \cos(120° - \varphi_c) + U_b I_a \cos(120° + \varphi_a) + U_c I_b \cos(120° + \varphi_b) \qquad (2\text{-}54)$$

按照三相对称计算更正系数

$$K_g = \frac{P}{P'} = \frac{3U_p I \cos\varphi}{U_p I \cos(120° - \varphi) + U_p I \cos(120° + \varphi) + U_p I \cos(120° + \varphi)}$$

$$= \frac{6}{-3 - \sqrt{3}\tan\varphi} \qquad (2\text{-}55)$$

（4）错误接线图如图 2-62 所示。

3. 第三种错误接线

假定 $\dot{I}_3$ 为 a 相电流，则 $\dot{I}_1$ 为 b 相电流，$\dot{I}_2$ 为 c 相电流。

（1）分析过程。从图 2-63 可知，$\dot{I}_1$ 超前 $\dot{U}_3$ 约 20°，判断 $\dot{I}_1$ 和 $\dot{U}_3$ 为同一相电流电压，$\dot{U}_3$ 为 $\dot{U}_b$；$\dot{I}_3$ 超前 $\dot{U}_1$、$\dot{U}_2$ 约 20°，判断 $\dot{I}_3$ 和 $\dot{U}_1$、$\dot{U}_2$ 为同一相电流电压，$\dot{U}_1$、$\dot{U}_2$

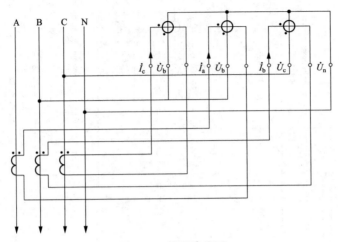

图 2-62 错误接线图

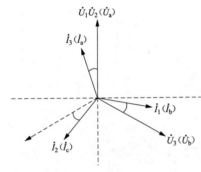

图 2-63 错误接线相量图

为 $\dot{U}_a$。

（2）结论。第一组元件接入 $\dot{U}_a$、$\dot{I}_b$，第二组元件接入 $\dot{U}_a$、$\dot{I}_c$，第三组元件接入 $\dot{U}_b$、$\dot{I}_a$。

（3）计算更正系数。

错误功率表达式

$$P' = U_aI_b\cos(120° - \varphi_b) + U_aI_c\cos(120° + \varphi_c)$$
$$+ U_bI_a\cos(120° + \varphi_a) \tag{2-56}$$

按照三相对称计算更正系数

$$K_g = \frac{P}{P'} = \frac{3U_pI\cos\varphi}{U_pI\cos(120° - \varphi) + U_pI\cos(120° + \varphi) + U_pI\cos(120° + \varphi)}$$
$$= \frac{6}{-3 - \sqrt{3}\tan\varphi} \tag{2-57}$$

（4）错误接线图如图 2-64 所示。

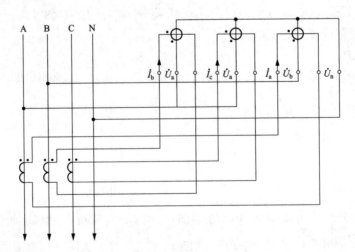

图 2-64 错误接线图

（四）错误接线结论表

三种错误接线结论表见表 2-9。

表 2-9　　　　　　　　　　　错误接线结论表

参数	电压接入相别			电流接入相别		
	$\dot{U}_1$	$\dot{U}_2$	$\dot{U}_3$	$\dot{I}_1$	$\dot{I}_2$	$\dot{I}_3$
第一种	$\dot{U}_c$	$\dot{U}_c$	$\dot{U}_a$	$\dot{I}_a$	$\dot{I}_b$	$\dot{I}_c$
第二种	$\dot{U}_b$	$\dot{U}_b$	$\dot{U}_c$	$\dot{I}_c$	$\dot{I}_a$	$\dot{I}_b$
第三种	$\dot{U}_a$	$\dot{U}_a$	$\dot{U}_b$	$\dot{I}_b$	$\dot{I}_c$	$\dot{I}_a$

十、实例十

10kV 专用变压器用电客户，在 0.4kV 侧采用三相四线电能计量装置，电流互感器变比为 200A/5A，电能表为 $3 \times 220/380V$、$3 \times 1.5(6)A$ 的三相四线智能电能表，表尾处测量数据如下，$U_{12} = 380.2V$，$U_{13} = 220.2V$，$U_{32} = 220.1V$，$U_1 = 220.2V$，$U_2 = 220.3V$，$U_3 = 0.6V$，$U_n = 0V$，$I_1 = 1.08A$，$I_2 = 1.09A$，$I_3 = 1.09A$，$\dot{U}_1\hat{}\dot{I}_1 = 280.2°$，$\dot{U}_1\hat{}\dot{I}_2 = 340.1°$，$\dot{U}_1\hat{}\dot{I}_3 = 220.2°$，$\dot{U}_2\hat{}\dot{I}_1 = 160.1°$，负载功率因数角为容性 $0 \sim 30°$，分析错误接线并计算更正系数。

解析： 三组线电压中仅一组线电压接近于额定值，有两组线电压 U_{13}、U_{32} 电压值较小，和额定值相差较大。第一组、第二组相电压基本对称，接近于额定值，第三组相电压接近为零，说明第三相电压断线；三相电流基本对称，且有一定大小，说明未失流。因此以电压 $\dot{U}_1$ 为参考，测量四组相位角。

（一）绘制错误接线相量图

以 $\dot{U}_1$ 为参考相量，确定 $\dot{I}_1$、$\dot{I}_2$、$\dot{I}_3$ 的位置，测量 $\dot{U}_2$ 超前于 $\dot{I}_1$ 的角度，确定 $\dot{U}_2$ 的位置，$\dot{U}_3$ 处于断线状态，用虚线表示，绘制错误接线相量图如图 2-65 所示。

（二）判断电压相序

电压一相失压，不能判断电压相序。

（三）确定错误接线和计算更正系数

1. 第一种错误接线

假定 $-\dot{I}_1$ 为 a 相电流，$\dot{I}_1$ 为 $-\dot{I}_a$，则 $\dot{I}_3$ 为 b 相电流，$\dot{I}_2$ 为 c 相电流。

(1) 分析过程。从图 2-66 可知，$-\dot{I}_1$ 超前 $\dot{U}_2$ 约 20°，判断 $-\dot{I}_1$ 和 $\dot{U}_2$ 为同一相电流电压，$\dot{U}_2$ 为 $\dot{U}_a$；$\dot{I}_2$ 超前 $\dot{U}_1$ 约 20°，判断 $\dot{I}_2$ 和 $\dot{U}_1$ 为同一相电流电压，$\dot{U}_1$ 为 $\dot{U}_c$，$\dot{U}_3$ 未接入电能表。

(2) 结论。第一组元件接入 $\dot{U}_c$、$-\dot{I}_a$，第二组元件接入 $\dot{U}_a$、$\dot{I}_c$，第三组元件电流接入 $\dot{I}_b$，电压未接入。

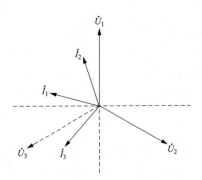

图 2-65　错误接线相量图（一）

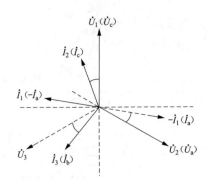

图 2-66　错误接线相量图（二）

（3）计算更正系数。

错误功率表达式

$$P' = U_c I_a \cos(60° + \varphi_a) + U_a I_c \cos(120° + \varphi_c) \qquad (2\text{-}58)$$

按照三相对称计算更正系数

$$K_g = \frac{P}{P'} = \frac{3U_p I \cos\varphi}{U_p I \cos(60° + \varphi) + U_p I \cos(120° + \varphi)}$$

$$= \frac{\sqrt{3}}{-\tan\varphi} \qquad (2\text{-}59)$$

（4）错误接线图如图 2-67 所示。

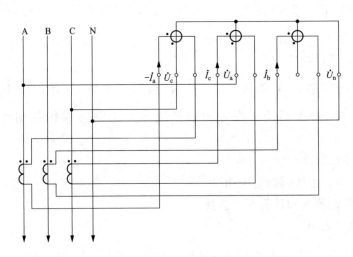

图 2-67　错误接线图

2. 第二种错误接线

假定 $\dot{I}_3$ 为 a 相电流，则 $\dot{I}_2$ 为 b 相电流，$-\dot{I}_1$ 为 c 相电流，$\dot{I}_1$ 为 $-\dot{I}_c$。

（1）分析过程。从图 2-68 可知，$-\dot{I}_1$ 超前 $\dot{U}_2$ 约 20°，判断 $-\dot{I}_1$ 和 $\dot{U}_2$ 为同一相电流电压，$\dot{U}_2$ 为 $\dot{U}_c$；$\dot{I}_2$ 超前 $\dot{U}_1$ 约 20°，判断 $\dot{I}_2$ 和 $\dot{U}_1$ 为同一相电流电压，$\dot{U}_1$ 为 $\dot{U}_b$，$\dot{U}_3$ 未接入电能表。

（2）结论。第一组元件接入 $\dot{U}_b$、$-\dot{I}_c$，第二组元件接入 $\dot{U}_c$、$\dot{I}_b$，第三组元件电流接入 $\dot{I}_a$，电压未接入。

（3）计算更正系数。

错误功率表达式

$$P' = U_b I_c \cos(60° + \varphi_c) + U_c I_b \cos(120° + \varphi_b)$$

$$(2\text{-}60)$$

按照三相对称计算更正系数

$$K_g = \frac{P}{P'} = \frac{3U_p I \cos\varphi}{U_p I \cos(60° + \varphi) + U_p I \cos(120° + \varphi)}$$

$$= \frac{\sqrt{3}}{-\tan\varphi}$$

$$(2\text{-}61)$$

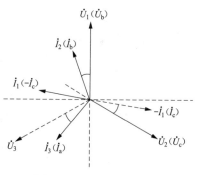

图 2-68　错误接线相量图

（4）错误接线图如图 2-69 所示。

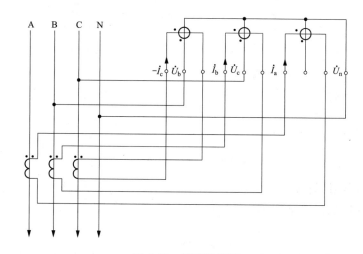

图 2-69　错误接线图

3. 第三种错误接线

假定 $\dot{I}_2$ 为 a 相电流，则 $-\dot{I}_1$ 为 b 相电流，$\dot{I}_1$ 为 $-\dot{I}_b$，$\dot{I}_3$ 为 c 相电流。

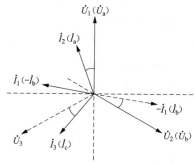

图 2-70　错误接线相量图

（1）分析过程。从图 2-70 可知，$-\dot{I}_1$ 超前 $\dot{U}_2$ 约 20°，判断 $-\dot{I}_1$ 和 $\dot{U}_2$ 为同一相电流电压，$\dot{U}_2$ 为 $\dot{U}_b$；$\dot{I}_2$ 超前 $\dot{U}_1$ 约 20°，判断 $\dot{I}_2$ 和 $\dot{U}_1$ 为同一相电流电压，$\dot{U}_1$ 为 $\dot{U}_a$，$\dot{U}_3$ 未接入电能表。

（2）结论。第一组元件接入 $\dot{U}_a$、$-\dot{I}_b$，第二组元件接入 $\dot{U}_b$、$\dot{I}_a$，第三组元件电流接入 $\dot{I}_c$，电压未接入。

（3）计算更正系数。

错误功率表达式

$$P' = U_a I_b \cos(60° + \varphi_b) + U_b I_a \cos(120° + \varphi_a) \qquad (2\text{-}62)$$

按照三相对称计算更正系数

$$K_g = \frac{P}{P'} = \frac{3U_p I \cos\varphi}{U_p I \cos(60° + \varphi) + U_p I \cos(120° + \varphi)}$$

$$= \frac{\sqrt{3}}{-\tan\varphi} \qquad (2\text{-}63)$$

（4）错误接线图如图 2-71 所示。

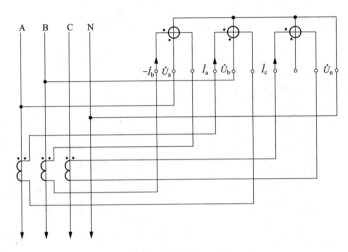

图 2-71 错误接线图

（四）错误接线结论表

三种错误接线结论表见表 2-10。

表 2-10 错误接线结论表

参数	电压接入相别			电流接入相别		
	$\dot{U}_1$	$\dot{U}_2$	$\dot{U}_3$	$\dot{I}_1$	$\dot{I}_2$	$\dot{I}_3$
第一种	$\dot{U}_c$	$\dot{U}_a$	未接入	$-\dot{I}_a$	$\dot{I}_c$	$\dot{I}_b$
第二种	$\dot{U}_b$	$\dot{U}_c$	未接入	$-\dot{I}_c$	$\dot{I}_b$	$\dot{I}_a$
第三种	$\dot{U}_a$	$\dot{U}_b$	未接入	$-\dot{I}_b$	$\dot{I}_a$	$\dot{I}_c$

十一、实例十一

10kV 专用变压器用电客户，在 0.4kV 侧采用三相四线电能计量装置，电流互感器变比为 300A/5A，电能表为 $3 \times 220/380V$、$3 \times 1.5(6)A$ 的三相四线智能电能表，表尾处测量数据如下，$U_{12} = 382.2V$，$U_{13} = 382.9V$，$U_{32} = 382.3V$，$U_1 = 220.8V$，$U_2 = 221.2V$，$U_3 = 220.9V$，$U_n = 0V$，$I_1 = 1.08A$，$I_2 = 1.09A$，$I_3 = 0.29A$，$\dot{U}_1\hat{}\dot{I}_1 = 320.2°$，$\dot{U}_1\hat{}\dot{I}_2 = 201.1°$，$\dot{U}_2\hat{}\dot{I}_1 = 199.7°$，$\dot{U}_3\hat{}\dot{I}_1 = 81.1°$，负载功率因数角为感性 $0 \sim 30°$，分析错误接线并计算更正系数。

解析：三组线电压和相电压基本对称，接近于额定值，三相电压未断线或未接入同一相；电流中仅两组元件电流有一定大小，第三组元件电流明显低于其他两组，为第三组元件电流回路短路。因此以电压 $\dot{U}_1$ 为参考，测量四组相位角。

（一）绘制错误接线相量图

以 $\dot{U}_1$ 为参考相量，确定 $\dot{I}_1$、$\dot{I}_2$、$\dot{U}_2$、$\dot{U}_3$ 的位置，$\dot{I}_3$ 无电流，在相量图不表示，绘制错误接线相量图如图 2-72 所示。

（二）判断电压相序

$\dot{U}_1 \rightarrow \dot{U}_2 \rightarrow \dot{U}_3$ 为顺时针方向，电压为正相序。

（三）确定错误接线和计算更正系数

1. 第一种错误接线

假定 $\dot{U}_1$ 为 a 相电压，则 $\dot{U}_2$ 为 b 相电压，$\dot{U}_3$ 为 c 相电压。

（1）分析过程。从图 2-73 可知，$\dot{I}_1$ 反相后 $-\dot{I}_1$ 滞后 $\dot{U}_2$ 约 20°，判断 $-\dot{I}_1$ 和 $\dot{U}_2$ 为同一相电流电压，$\dot{I}_1$ 为 $-\dot{I}_b$；$\dot{I}_2$ 反相后 $-\dot{I}_2$ 滞后 $\dot{U}_1$ 约 20°，判断 $-\dot{I}_2$ 和 $\dot{U}_1$ 为同一相电流电压，$\dot{I}_2$ 为 $-\dot{I}_a$。

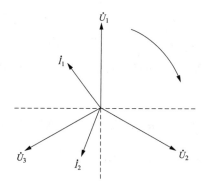

图 2-72 错误接线相量图（一）

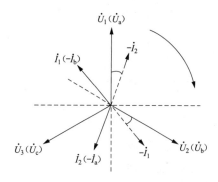

图 2-73 错误接线相量图（二）

（2）结论。第一组元件接入 $\dot{U}_a$、$-\dot{I}_b$，第二组元件接入 $\dot{U}_b$、$-\dot{I}_a$，第三组元件接入 $\dot{U}_c$，电流回路短路。

（3）计算更正系数。

错误功率表达式

$$P' = U_a I_b \cos(60° - \varphi_b) + U_b I_a \cos(60° + \varphi_a) \tag{2-64}$$

按照三相对称计算更正系数

$$K_g = \frac{P}{P'} = \frac{3U_p I \cos\varphi}{U_p I \cos(60° - \varphi) + U_p I \cos(60° + \varphi)} = 3 \tag{2-65}$$

（4）错误接线图如图 2-74 所示。

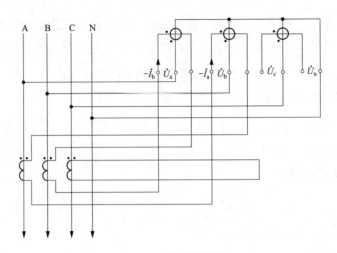

图 2-74　错误接线图

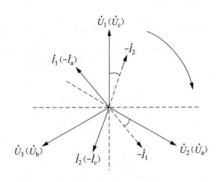

图 2-75　错误接线相量图

2. 第二种错误接线

假定 $\dot{U}_2$ 为 a 相电压，则 $\dot{U}_3$ 为 b 相电压，$\dot{U}_1$ 为 c 相电压。

（1）分析过程。从图 2-75 可知，$\dot{I}_1$ 反相后 $-\dot{I}_1$ 滞后 $\dot{U}_2$ 约 20°，判断 $-\dot{I}_1$ 和 $\dot{U}_2$ 为同一相电流电压，$\dot{I}_1$ 为 $-\dot{I}_a$；$\dot{I}_2$ 反相后 $-\dot{I}_2$ 滞后 $\dot{U}_1$ 约 20°，判断 $-\dot{I}_2$ 和 $\dot{U}_1$ 为同一相电流电压，$\dot{I}_2$ 为 $-\dot{I}_c$。

（2）结论。第一组元件接入 $\dot{U}_c$、$-\dot{I}_a$，第二组元件接入 $\dot{U}_a$、$-\dot{I}_c$，第三组元件接入 $\dot{U}_b$，电流回路短路。

（3）计算更正系数。

错误功率表达式

$$P' = U_cI_a\cos(60° - \varphi_a) + U_aI_c\cos(60° + \varphi_c) \tag{2-66}$$

按照三相对称计算更正系数

$$K_g = \frac{P}{P'} = \frac{3U_pI\cos\varphi}{U_pI\cos(60° - \varphi) + U_pI\cos(60° + \varphi)} = 3 \tag{2-67}$$

（4）错误接线图如图 2-76 所示。

3. 第三种错误接线

假定 $\dot{U}_3$ 为 a 相电压，则 $\dot{U}_1$ 为 b 相电压，$\dot{U}_2$ 为 c 相电压。

（1）分析过程。从图 2-77 可知，$\dot{I}_1$ 反相后 $-\dot{I}_1$ 滞后 $\dot{U}_2$ 约 20°，判断 $-\dot{I}_1$ 和 $\dot{U}_2$ 为同一相电流电压，$\dot{I}_1$ 为 $-\dot{I}_c$；$\dot{I}_2$ 反相后 $-\dot{I}_2$ 滞后 $\dot{U}_1$ 约 20°，判断 $-\dot{I}_2$ 和 $\dot{U}_1$ 为同一相电流电压，$\dot{I}_2$ 为 $-\dot{I}_b$。

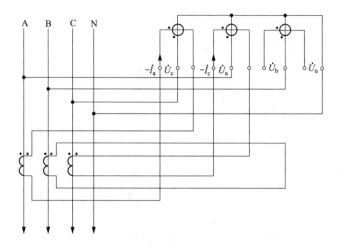

图 2-76 错误接线图

（2）结论。第一组元件接入 $\dot{U}_b$、$-\dot{I}_c$，第二组元件接入 $\dot{U}_c$、$-\dot{I}_b$，第三组元件接入 $\dot{U}_a$，电流回路短路。

（3）计算更正系数。

错误功率表达式

$$P' = U_b I_c \cos(60° - \varphi_c) + U_c I_b \cos(60° + \varphi_b)$$

$$(2-68)$$

按照三相对称计算更正系数

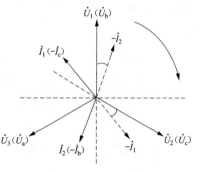

图 2-77 错误接线相量图

$$K_g = \frac{P}{P'} = \frac{3U_p I \cos\varphi}{U_p I \cos(60° - \varphi) + U_p I \cos(60° + \varphi)} = 3 \qquad (2-69)$$

（4）错误接线图如图 2-78 所示。

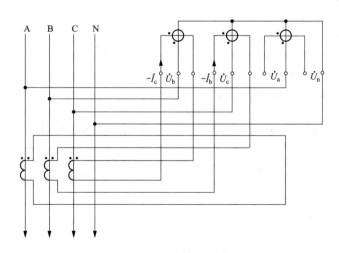

图 2-78 错误接线图

（四）错误接线结论表

三种错误接线结论表见表 2-11。

表 2-11 错误接线结论表

参数	电压接入相别			电流接入相别		
	$\dot{U}_1$	$\dot{U}_2$	$\dot{U}_3$	$\dot{I}_1$	$\dot{I}_2$	$\dot{I}_3$
第一种	$\dot{U}_a$	$\dot{U}_b$	$\dot{U}_c$	$-\dot{I}_b$	$-\dot{I}_a$	电流回路短路
第二种	$\dot{U}_c$	$\dot{U}_a$	$\dot{U}_b$	$-\dot{I}_a$	$-\dot{I}_c$	电流回路短路
第三种	$\dot{U}_b$	$\dot{U}_c$	$\dot{U}_a$	$-\dot{I}_c$	$-\dot{I}_b$	电流回路短路

十二、实例十二

10kV 专用变压器用电客户，在 0.4kV 侧采用三相四线电能计量装置，电流互感器变比为 200A/5A，电能表为 3×220/380V、3×1.5(6)A 的三相四线智能电能表，表尾处测量数据如下，$U_{12}=382.2\text{V}$，$U_{13}=382.9\text{V}$，$U_{32}=382.3\text{V}$，$U_1=220.8\text{V}$，$U_2=221.2\text{V}$，$U_3=220.9\text{V}$，$U_n=0\text{V}$，$I_1=1.08\text{A}$，$I_2=1.09\text{A}$，$I_3=1.09\text{A}$，$\dot{U}_1\hat{}\dot{I}_1=201.2°$，$\dot{U}_1\hat{}\dot{I}_2=260.8°$，$\dot{U}_1\hat{}\dot{I}_3=141.3°$，$\dot{U}_2\hat{}\dot{I}_1=80.9°$，$\dot{U}_3\hat{}\dot{I}_1=320.7°$，负载功率因数角为感性 0～30°，分析错误接线并计算更正系数。

解析： 三组线电压和相电压基本对称，接近于额定值，三相电流基本对称，有一定大小，说明未失压、未失流。

（一）绘制错误接线相量图

以 $\dot{U}_1$ 为参考相量，确定 $\dot{I}_1$、$\dot{I}_2$、$\dot{I}_3$、$\dot{U}_2$、$\dot{U}_3$ 的位置，绘制错误接线相量图如图 2-79 所示。

（二）判断电压相序

$\dot{U}_1 \rightarrow \dot{U}_2 \rightarrow \dot{U}_3$ 为顺时针方向，电压为正相序。

（三）确定错误接线和计算更正系数

1. 第一种错误接线

假定 $\dot{U}_1$ 为 a 相电压，则 $\dot{U}_2$ 为 b 相电压，$\dot{U}_3$ 为 c 相电压。

（1）解析过程。从图 2-80 可知，$\dot{I}_1$ 反相后 $-\dot{I}_1$ 滞后 $\dot{U}_1$ 约 20°，判断 $-\dot{I}_1$ 和 $\dot{U}_1$ 为同一相电流电压，$\dot{I}_1$ 为 $-\dot{I}_a$；$\dot{I}_2$ 滞后 $\dot{U}_3$ 约 20°，判断 $\dot{I}_2$ 和 $\dot{U}_3$ 为同一相电流电压，$\dot{I}_2$ 为 $\dot{I}_c$；$\dot{I}_3$ 滞后 $\dot{U}_2$ 约 20°，判断 $\dot{I}_3$ 和 $\dot{U}_2$ 为同一相电流电压，$\dot{I}_3$ 为 $\dot{I}_b$。

（2）结论。第一组元件接入 $\dot{U}_a$、$-\dot{I}_a$，第二组元件接入 $\dot{U}_b$、$\dot{I}_c$，第三组元件接入 $\dot{U}_c$、$\dot{I}_b$。

（3）计算更正系数。

错误功率表达式

$$P' = U_aI_a\cos(180°+\varphi_a)+U_bI_c\cos(120°+\varphi_c)+U_cI_b\cos(120°-\varphi_b) \quad (2\text{-}70)$$

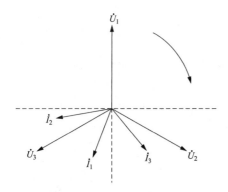

图 2-79　错误接线相量图（一）

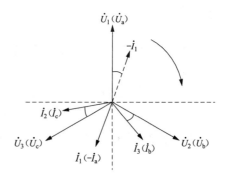

图 2-80　错误接线相量图（二）

按照三相对称计算更正系数

$$K_g = \frac{P}{P'} = \frac{3U_pI\cos\varphi}{U_pI\cos(180°+\varphi)+U_pI\cos(120°+\varphi)+U_pI\cos(120°-\varphi)} = -\frac{3}{2}$$

$$(2-71)$$

（4）错误接线图如图 2-81 所示。

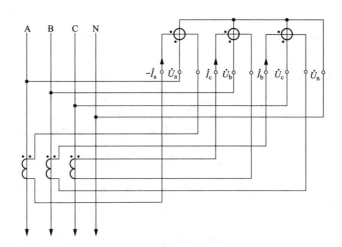

图 2-81　错误接线图

2. 第二种错误接线

假定 $\dot{U}_2$ 为 a 相电压，则 $\dot{U}_3$ 为 b 相电压，$\dot{U}_1$ 为 c 相电压。

（1）解析过程。从图 2-82 可知，$\dot{I}_1$ 反相后 $-\dot{I}_1$ 滞后 $\dot{U}_1$ 约 20°，判断 $-\dot{I}_1$ 和 $\dot{U}_1$ 为同一相电流电压，$\dot{I}_1$ 为 $-\dot{I}_c$；$\dot{I}_2$ 滞后 $\dot{U}_3$ 约 20°，判断 $\dot{I}_2$ 和 $\dot{U}_3$ 为同一相电流电压，$\dot{I}_2$ 为 $\dot{I}_b$；$\dot{I}_3$ 滞后 $\dot{U}_2$ 约 20°，判断 $\dot{I}_3$ 和 $\dot{U}_2$ 为同一相电流电压，$\dot{I}_3$ 为 $\dot{I}_a$。

（2）结论。第一组元件接入 $\dot{U}_c$、$-\dot{I}_c$，第二组元件接入 $\dot{U}_a$、$\dot{I}_b$，第三组元件接入 $\dot{U}_b$、$\dot{I}_a$。

（3）计算更正系数。

错误功率表达式

$$P' = U_c I_c \cos(180° + \varphi_c) + U_a I_b \cos(120° + \varphi_b) + U_b I_a \cos(120° - \varphi_a) \quad (2\text{-}72)$$

按照三相对称计算更正系数

$$K_g = \frac{P}{P'} = \frac{3U_p I \cos\varphi}{U_p I \cos(180° + \varphi) + U_p I \cos(120° + \varphi) + U_p I \cos(120° - \varphi)} = -\frac{3}{2}$$

$$(2\text{-}73)$$

（4）错误接线图如图 2-83 所示。

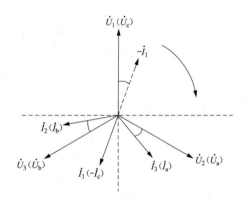

图 2-82 错误接线相量图

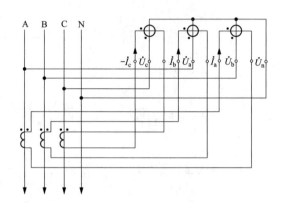

图 2-83 错误接线图

3. 第三种错误接线

假定 $\dot{U}_3$ 为 a 相电压，则 $\dot{U}_1$ 为 b 相电压，$\dot{U}_2$ 为 c 相电压。

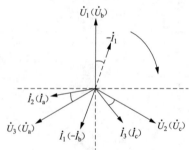

图 2-84 错误接线相量图

（1）分析过程。从图 2-84 可知，$\dot{I}_1$ 反相后 $-\dot{I}_1$ 滞后 $\dot{U}_1$ 约 20°，判断 $-\dot{I}_1$ 和 $\dot{U}_1$ 为同一相电流电压，$\dot{I}_1$ 为 $-\dot{I}_b$；$\dot{I}_2$ 滞后 $\dot{U}_3$ 约 20°，判断 $\dot{I}_2$ 和 $\dot{U}_3$ 为同一相电流电压，$\dot{I}_2$ 为 $\dot{I}_a$；$\dot{I}_3$ 滞后 $\dot{U}_2$ 约 20°，判断 $\dot{I}_3$ 和 $\dot{U}_2$ 为同一相电流电压，$\dot{I}_3$ 为 $\dot{I}_c$。

（2）结论。第一组元件接入 $\dot{U}_b$、$-\dot{I}_b$，第二组元件接入 $\dot{U}_c$、$\dot{I}_a$，第三组元件接入 $\dot{U}_a$、$\dot{I}_c$。

（3）计算更正系数。

错误功率表达式

$$P' = U_b I_b \cos(180° + \varphi_b) + U_c I_a \cos(120° + \varphi_a) + U_a I_c \cos(120° - \varphi_c) \quad (2\text{-}74)$$

按照三相对称计算更正系数

$$K_g = \frac{P}{P'} = \frac{3U_p I \cos\varphi}{U_p I \cos(180° + \varphi) + U_p I \cos(120° + \varphi) + U_p I \cos(120° - \varphi)} = -\frac{3}{2}$$

$$(2\text{-}75)$$

（4）错误接线图如图 2-85 所示。

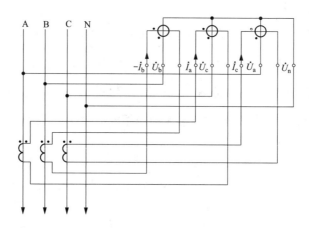

图 2-85　错误接线图

（四）错误接线结论表

三种错误接线结论表见表 2-12。

表 2-12　　　　　　　　　　错误接线结论表

参数	电压接入相别			电流接入相别		
	$\dot{U}_1$	$\dot{U}_2$	$\dot{U}_3$	$\dot{I}_1$	$\dot{I}_2$	$\dot{I}_3$
第一种	$\dot{U}_a$	$\dot{U}_b$	$\dot{U}_c$	$-\dot{I}_a$	$\dot{I}_c$	$\dot{I}_b$
第二种	$\dot{U}_c$	$\dot{U}_a$	$\dot{U}_b$	$-\dot{I}_c$	$\dot{I}_b$	$\dot{I}_a$
第三种	$\dot{U}_b$	$\dot{U}_c$	$\dot{U}_a$	$-\dot{I}_b$	$\dot{I}_a$	$\dot{I}_c$

十三、实例十三

10kV 专用变压器用电客户，在 0.4kV 侧采用三相四线电能计量装置，电流互感器变比为 150A/5A，电能表为 3×220/380V、3×1.5(6)A 的三相四线智能电能表，表尾处测量数据如下，$U_{12}=382.2$V，$U_{13}=382.9$V，$U_{32}=382.3$V，$U_1=220.8$V，$U_2=221.2$V，$U_3=220.9$V，$U_n=0$V，$I_1=1.08$A，$I_2=1.09$A，$I_3=1.09$A，$\dot{U_1}\hat{}\dot{I_1}=225.2°$，$\dot{U_1}\hat{}\dot{I_2}=166.1°$，$\dot{U_1}\hat{}\dot{I_3}=286.2°$，$\dot{U_2}\hat{}\dot{I_1}=346.1°$，$\dot{U_3}\hat{}\dot{I_1}=105.7°$，负载功率因数角为感性 30°~60°，分析错误接线并计算更正系数。

解析： 三组线电压和相电压基本对称，接近于额定值，三相电流基本对称，有一定大小，说明未失压、未失流。

（一）绘制错误接线相量图

以 $\dot{U}_1$ 为参考相量，确定 $\dot{I}_1$、$\dot{I}_2$、$\dot{I}_3$、$\dot{U}_2$、$\dot{U}_3$ 的位置，绘制错误接线相量图如图 2-86 所示。

（二）判断电压相序

$\dot{U}_1\rightarrow\dot{U}_2\rightarrow\dot{U}_3$ 为逆时针方向，电压为逆相序。

（三）确定错误接线和计算更正系数

1. 第一种错误接线

假定 $\dot{U}_1$ 为 a 相电压，则 $\dot{U}_3$ 为 b 相电压，$\dot{U}_2$ 为 c 相电压。

（1）分析过程。从图 2-87 可知，$\dot{I}_1$ 反相后 $-\dot{I}_1$ 滞后 $\dot{U}_1$ 约 46°，判断 $-\dot{I}_1$ 和 $\dot{U}_1$ 为同一相电流电压，$\dot{I}_1$ 为 $-\dot{I}_a$；$\dot{I}_2$ 滞后 $\dot{U}_3$ 约 46°，判断 $\dot{I}_2$ 和 $\dot{U}_3$ 为同一相电流电压，$\dot{I}_2$ 为 $\dot{I}_b$；$\dot{I}_3$ 滞后 $\dot{U}_2$ 约 46°，判断 $\dot{I}_3$ 和 $\dot{U}_2$ 为同一相电流电压，$\dot{I}_3$ 为 $\dot{I}_c$。

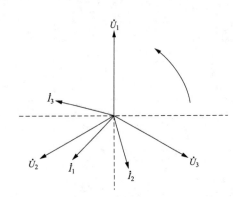

图 2-86　错误接线相量图（一）

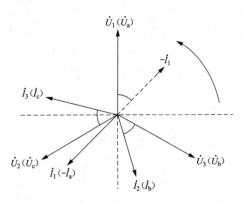

图 2-87　错误接线相量图（二）

（2）结论。第一组元件接入 $\dot{U}_a$、$-\dot{I}_a$，第二组元件接入 $\dot{U}_c$、$\dot{I}_b$，第三组元件接入 $\dot{U}_b$、$\dot{I}_c$。

（3）计算更正系数。

错误功率表达式

$$P' = U_a I_a \cos(180° + \varphi_a) + U_c I_b \cos(120° - \varphi_b) + U_b I_c \cos(120° + \varphi_c) \quad (2\text{-}76)$$

按照三相对称计算更正系数

$$K_g = \frac{P}{P'} = \frac{3U_p I \cos\varphi}{U_p I \cos(180° + \varphi) + U_p I \cos(120° - \varphi) + U_p I \cos(120° + \varphi)} = -\frac{3}{2}$$

$$(2\text{-}77)$$

（4）错误接线图如图 2-88 所示。

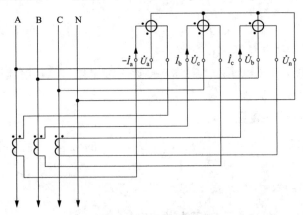

图 2-88　错误接线图

2. 第二种错误接线

假定 $\dot{U}_3$ 为 a 相电压，则 $\dot{U}_2$ 为 b 相电压，$\dot{U}_1$ 为 c 相电压。

（1）分析过程。从图 2-89 可知，$\dot{I}_1$ 反相后 $-\dot{I}_1$ 滞后 $\dot{U}_1$ 约 46°，判断 $-\dot{I}_1$ 和 $\dot{U}_1$ 为同一相电流电压，$\dot{I}_1$ 为 $-\dot{I}_c$；$\dot{I}_2$ 滞后 $\dot{U}_3$ 约 46°，判断 $\dot{I}_2$ 和 $\dot{U}_3$ 为同一相电流电压，$\dot{I}_2$ 为 $\dot{I}_a$；$\dot{I}_3$ 滞后 $\dot{U}_2$ 约 46°，判断 $\dot{I}_3$ 和 $\dot{U}_2$ 为同一相电流电压，$\dot{I}_3$ 为 $\dot{I}_b$。

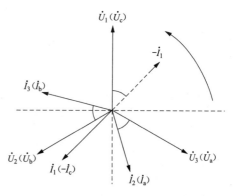

图 2-89　错误接线相量图

（2）结论。第一组元件接入 $\dot{U}_c$、$-\dot{I}_c$，第二组元件接入 $\dot{U}_b$、$\dot{I}_a$，第三组元件接入 $\dot{U}_a$、$\dot{I}_b$。

（3）计算更正系数。

错误功率表达式

$$P' = U_c I_c \cos(180° + \varphi_c) + U_b I_a \cos(120° - \varphi_a) + U_a I_b \cos(120° + \varphi_b) \quad (2\text{-}78)$$

按照三相对称计算更正系数

$$K_g = \frac{P}{P'} = \frac{3U_p I \cos\varphi}{U_p I \cos(180° + \varphi) + U_p I \cos(120° - \varphi) + U_p I \cos(120° + \varphi)} = -\frac{3}{2}$$

$$(2\text{-}79)$$

（4）错误接线图如图 2-90 所示。

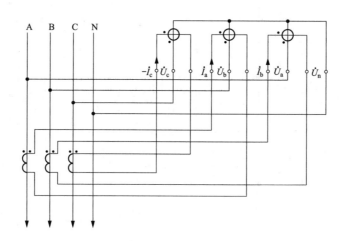

图 2-90　错误接线图

3. 第三种错误接线

假定 $\dot{U}_2$ 为 a 相电压，则 $\dot{U}_1$ 为 b 相电压，$\dot{U}_3$ 为 c 相电压。

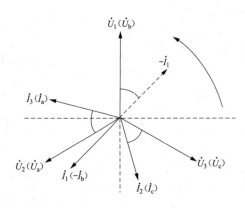

图 2-91 错误接线相量图

（1）解析过程。从图 2-91 可知，$\dot{I}_1$ 反相后 $-\dot{I}_1$ 滞后 $\dot{U}_1$ 约 46°，判断 $-\dot{I}_1$ 和 $\dot{U}_1$ 为同一相电流电压，$\dot{I}_1$ 为 $-\dot{I}_b$；$\dot{I}_2$ 滞后 $\dot{U}_3$ 约 46°，判断 $\dot{I}_2$ 和 $\dot{U}_3$ 为同一相电流电压，$\dot{I}_2$ 为 $\dot{I}_c$；$\dot{I}_3$ 滞后 $\dot{U}_2$ 约 46°，判断 $\dot{I}_3$ 和 $\dot{U}_2$ 为同一相电流电压，$\dot{I}_3$ 为 $\dot{I}_a$。

（2）结论。第一组元件接入 $\dot{U}_b$、$-\dot{I}_b$，第二组元件接入 $\dot{U}_a$、$\dot{I}_c$，第三组元件接入 $\dot{U}_c$、$\dot{I}_a$。

（3）计算更正系数。

错误功率表达式

$$P' = U_b I_b \cos(180° + \varphi_b) + U_a I_c \cos(120° - \varphi_c) + U_c I_a \cos(120° + \varphi_a) \quad (2-80)$$

按照三相对称计算更正系数

$$K_g = \frac{P}{P'} = \frac{3U_p I \cos\varphi}{U_p I \cos(180° + \varphi) + U_p I \cos(120° - \varphi) + U_p I \cos(120° + \varphi)} = -\frac{3}{2}$$

$$(2-81)$$

（4）错误接线图如图 2-92 所示。

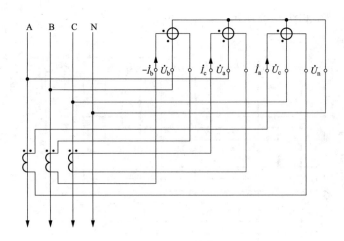

图 2-92 错误接线图

（四）错误接线结论表

三种错误接线结论表见表 2-13。

表 2-13错误接线结论表

参数	电压接入相别			电流接入相别		
	$\dot{U}_1$	$\dot{U}_2$	$\dot{U}_3$	$\dot{I}_1$	$\dot{I}_2$	$\dot{I}_3$
第一种	$\dot{U}_a$	$\dot{U}_c$	$\dot{U}_b$	$-\dot{I}_a$	$\dot{I}_b$	$\dot{I}_c$
第二种	$\dot{U}_c$	$\dot{U}_b$	$\dot{U}_a$	$-\dot{I}_c$	$\dot{I}_a$	$\dot{I}_b$
第三种	$\dot{U}_b$	$\dot{U}_a$	$\dot{U}_c$	$-\dot{I}_b$	$\dot{I}_c$	$\dot{I}_a$

十四、实例十四

10kV 专用变压器用电客户，在 0.4kV 侧采用三相四线电能计量装置，电流互感器变比为 300A/5A，电能表为 3×220/380V、3×1.5(6)A 的三相四线智能电能表，表尾处测量数据如下，$U_{12}=382.2\text{V}$，$U_{13}=382.9\text{V}$，$U_{32}=382.3\text{V}$，$U_1=220.8\text{V}$，$U_2=221.2\text{V}$，$U_3=220.9\text{V}$，$U_n=0\text{V}$，$I_1=1.08\text{A}$，$I_2=1.09\text{A}$，$I_3=1.09\text{A}$，$\dot{U}_1\hat{}\dot{I}_1=250.2°$，$\dot{U}_1\hat{}\dot{I}_2=10.1°$，$\dot{U}_1\hat{}\dot{I}_3=311.2°$，$\dot{U}_2\hat{}\dot{I}_1=10.1°$，$\dot{U}_3\hat{}\dot{I}_1=130.7°$，负载功率因数角为感性 60°~90°，分析错误接线并计算更正系数。

解析： 三组线电压和相电压基本对称，接近于额定值，三相电流基本对称，有一定大小，说明未失压、未失流。

（一）绘制错误接线相量图

以 $\dot{U}_1$ 为参考相量，确定 $\dot{I}_1$、$\dot{I}_2$、$\dot{I}_3$、$\dot{U}_2$、$\dot{U}_3$ 的位置，绘制错误接线相量图如图 2-93 所示。

（二）判断电压相序

$\dot{U}_1 \rightarrow \dot{U}_2 \rightarrow \dot{U}_3$ 为逆时针方向，电压为逆相序。

（三）确定错误接线和计算更正系数

1. 第一种错误接线

假定 $\dot{U}_1$ 为 a 相电压，则 $\dot{U}_3$ 为 b 相电压，$\dot{U}_2$ 为 c 相电压。

（1）解析过程。从图 2-94 可知，$\dot{I}_1$ 反相后 $-\dot{I}_1$ 滞后 $\dot{U}_1$ 约 70°，判断 $-\dot{I}_1$ 和 $\dot{U}_1$ 为同一相电流电压，$\dot{I}_1$ 为 $-\dot{I}_a$；$\dot{I}_2$ 反相后 $-\dot{I}_2$ 滞后 $\dot{U}_3$ 约 70°，判断 $-\dot{I}_2$ 和 $\dot{U}_3$ 为同一相电流电压，$\dot{I}_2$ 为 $-\dot{I}_b$；$\dot{I}_3$ 滞后 $\dot{U}_2$ 约 70°，判断 $\dot{I}_3$ 和 $\dot{U}_2$ 为同一相电流电压，$\dot{I}_3$ 为 $\dot{I}_c$。

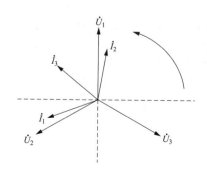

图 2-93　错误接线相量图（一）

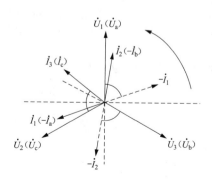

图 2-94　错误接线相量图（二）

（2）结论。第一组元件接入 $\dot{U}_a$、$-\dot{I}_a$，第二组元件接入 $\dot{U}_c$、$-\dot{I}_b$，第三组元件接入 $\dot{U}_b$、$\dot{I}_c$。

（3）计算更正系数。

错误功率表达式

$$P' = U_aI_a\cos(180°+\varphi_a)+U_cI_b\cos(60°+\varphi_b)+U_bI_c\cos(120°+\varphi_c) \quad (2\text{-}82)$$

按照三相对称计算更正系数

$$K_g = \frac{P}{P'} = \frac{3U_pI\cos\varphi}{U_pI\cos(180°+\varphi)+U_pI\cos(60°+\varphi)+U_pI\cos(120°+\varphi)}$$

$$=-\frac{3}{1+\sqrt{3}\tan\varphi} \quad (2\text{-}83)$$

（4）错误接线图如图 2-95 所示。

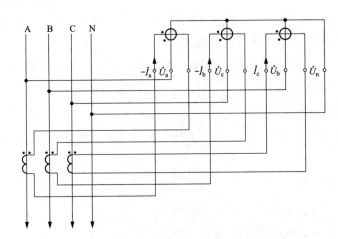

图 2-95　错误接线图

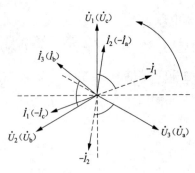

图 2-96　错误接线相量图

2. 第二种错误接线

假定 $\dot{U}_3$ 为 a 相电压，则 $\dot{U}_2$ 为 b 相电压，$\dot{U}_1$ 为 c 相电压。

（1）分析过程。从图 2-96 可知，$\dot{I}_1$ 反相后 $-\dot{I}_1$ 滞后 $\dot{U}_1$ 约 70°，判断 $-\dot{I}_1$ 和 $\dot{U}_1$ 为同一相电流电压，$\dot{I}_1$ 为 $-\dot{I}_c$；$\dot{I}_2$ 反相后 $-\dot{I}_2$ 滞后 $\dot{U}_3$ 约 70°，判断 $-\dot{I}_2$ 和 $\dot{U}_3$ 为同一相电流电压，$\dot{I}_2$ 为 $-\dot{I}_a$；$\dot{I}_3$ 滞后 $\dot{U}_2$ 约 70°，判断 $\dot{I}_3$ 和 $\dot{U}_2$ 为同一相电流电压，$\dot{I}_3$ 为 $\dot{I}_b$。

（2）结论。第一组元件接入 $\dot{U}_c$、$-\dot{I}_c$，第二组元件接入 $\dot{U}_b$、$-\dot{I}_a$，第三组元件接入 $\dot{U}_a$、$\dot{I}_b$。

（3）计算更正系数。

错误功率表达式

$$P' = U_c I_c \cos(180° + \varphi_c) + U_b I_a \cos(60° + \varphi_a) + U_a I_b \cos(120° + \varphi_b) \quad (2\text{-}84)$$

按照三相对称计算更正系数

$$K_g = \frac{P}{P'} = \frac{3U_p I \cos\varphi}{U_p I \cos(180° + \varphi) + U_p I \cos(60° + \varphi) + U_p I \cos(120° + \varphi)}$$

$$= -\frac{3}{1 + \sqrt{3}\tan\varphi} \quad (2\text{-}85)$$

（4）错误接线图如图 2-97 所示。

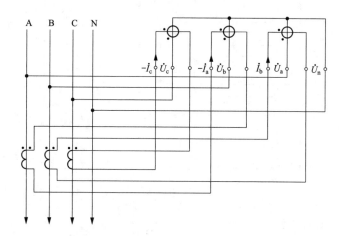

图 2-97　错误接线图

3. 第三种错误接线

假定 $\dot{U}_2$ 为 a 相电压，则 $\dot{U}_1$ 为 b 相电压，$\dot{U}_3$ 为 c 相电压。

（1）分析过程。从图 2-98 可知，$\dot{I}_1$ 反相后 $-\dot{I}_1$ 滞后 $\dot{U}_1$ 约 70°，判断 $-\dot{I}_1$ 和 $\dot{U}_1$ 为同一相电流电压，$\dot{I}_1$ 为 $-\dot{I}_b$；$\dot{I}_2$ 反相后 $-\dot{I}_2$ 滞后 $\dot{U}_3$ 约 70°，判断 $-\dot{I}_2$ 和 $\dot{U}_3$ 为同一相电流电压，$\dot{I}_2$ 为 $-\dot{I}_c$；$\dot{I}_3$ 滞后 $\dot{U}_2$ 约 70°，判断 $\dot{I}_3$ 和 $\dot{U}_2$ 为同一相电流电压，$\dot{I}_3$ 为 $\dot{I}_a$。

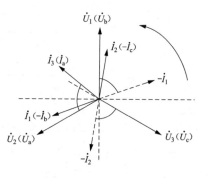

图 2-98　错误接线相量图

（2）结论。第一组元件接入 $\dot{U}_b$、$-\dot{I}_b$，第二组元件接入 $\dot{U}_a$、$-\dot{I}_c$，第三组元件接入 $\dot{U}_c$、$\dot{I}_a$。

（3）计算更正系数。

错误功率表达式

$$P' = U_b I_b \cos(180° + \varphi_b) + U_a I_c \cos(60° + \varphi_c) + U_c I_a \cos(120° + \varphi_a) \quad (2\text{-}86)$$

按照三相对称计算更正系数

$$K_g = \frac{P}{P'} = \frac{3U_p I \cos\varphi}{U_p I \cos(180° + \varphi) + U_p I \cos(60° + \varphi) + U_p I \cos(120° + \varphi)}$$

$$= -\frac{3}{1 + \sqrt{3}\tan\varphi} \tag{2-87}$$

（4）错误接线图如图 2-99 所示。

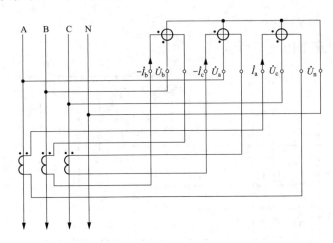

图 2-99　错误接线图

（四）错误接线结论表

三种错误接线结论表见表 2-14。

表 2-14　　　　　　　　　　　　错 误 接 线 结 论 表

参数	电压接入相别			电流接入相别		
	$\dot{U}_1$	$\dot{U}_2$	$\dot{U}_3$	$\dot{I}_1$	$\dot{I}_2$	$\dot{I}_3$
第一种	$\dot{U}_a$	$\dot{U}_c$	$\dot{U}_b$	$-\dot{I}_a$	$-\dot{I}_b$	$\dot{I}_c$
第二种	$\dot{U}_c$	$\dot{U}_b$	$\dot{U}_a$	$-\dot{I}_c$	$-\dot{I}_a$	$\dot{I}_b$
第三种	$\dot{U}_b$	$\dot{U}_a$	$\dot{U}_c$	$-\dot{I}_b$	$-\dot{I}_c$	$\dot{I}_a$

十五、实例十五

10kV 专用变压器用电客户，在 0.4kV 侧采用三相四线电能计量装置，电流互感器变比为 200A/5A，电能表为 3×220/380V、3×1.5(6)A 的三相四线智能电能表，表尾处测量数据如下，$U_{12} = 382.2V$，$U_{13} = 382.9V$，$U_{32} = 382.3V$，$U_1 = 220.8V$，$U_2 = 221.2V$，$U_3 = 220.9V$，$U_n = 0V$，$I_1 = 1.08A$，$I_2 = 1.09A$，$I_3 = 1.09A$，$\dot{U}_1\hat{\dot{I}}_1 = 40.2°$，$\dot{U}_1\hat{\dot{I}}_2 = 160.1°$，$\dot{U}_1\hat{\dot{I}}_3 = 281.2°$，$\dot{U}_2\hat{\dot{I}}_1 = 160.1°$，$\dot{U}_3\hat{\dot{I}}_1 = 281.7°$，负载功率因数角为感性 30°~60°，分析错误接线并计算更正系数。

解析： 三组线电压和相电压基本对称，接近于额定值，三相电流基本对称，有一定大小，说明未失压、未失流。

（一）绘制错误接线相量图

以 $\dot{U}_1$ 为参考相量，确定 $\dot{I}_1$、$\dot{I}_2$、$\dot{I}_3$、$\dot{U}_2$、$\dot{U}_3$ 的位置，绘制错误接线相量图如

图 2-100 所示。

（二）判断电压相序

$\dot{U}_1 \rightarrow \dot{U}_2 \rightarrow \dot{U}_3$ 为逆时针方向，电压为逆相序。

（三）确定错误接线和计算更正系数

1. 第一种错误接线

假定 $\dot{U}_1$ 为 a 相电压，则 $\dot{U}_3$ 为 b 相电压，$\dot{U}_2$ 为 c 相电压。

（1）分析过程。从图 2-101 可知，$\dot{I}_1$ 滞后 $\dot{U}_1$ 约 40°，判断 $\dot{I}_1$ 和 $\dot{U}_1$ 为同一相电流电压，$\dot{I}_1$ 为 $\dot{I}_a$；$\dot{I}_2$ 滞后 $\dot{U}_3$ 约 40°，判断 $\dot{I}_2$ 和 $\dot{U}_3$ 为同一相电流电压，$\dot{I}_2$ 为 $\dot{I}_b$；$\dot{I}_3$ 滞后 $\dot{U}_2$ 约 40°，判断 $\dot{I}_3$ 和 $\dot{U}_2$ 为同一相电流电压，$\dot{I}_3$ 为 $\dot{I}_c$。

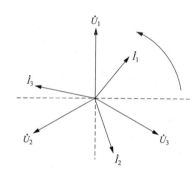

图 2-100　错误接线相量图（一）

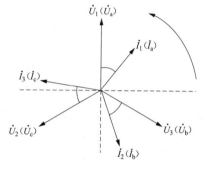

图 2-101　错误接线相量图（二）

（2）结论。第一组元件接入 $\dot{U}_a$、$\dot{I}_a$，第二组元件接入 $\dot{U}_c$、$\dot{I}_b$，第三组元件接入 $\dot{U}_b$、$\dot{I}_c$。

（3）计算更正系数。

错误功率表达式

$$P' = U_a I_a \cos\varphi_a + U_c I_b \cos(120° - \varphi_b) + U_b I_c \cos(120° + \varphi_c) \qquad (2\text{-}88)$$

按照三相对称计算更正系数

$$K_g = \frac{P}{P'} = \frac{3U_p I \cos\varphi}{U_p I \cos\varphi + U_p I \cos(120° - \varphi) + U_p I \cos(120° + \varphi)} = \infty \qquad (2\text{-}89)$$

注：错误接线状态下功率为 0，则三相负荷对称状态下不计量，三相负荷不对称时计量少许电量。

（4）错误接线图如图 2-102 所示。

2. 第二种错误接线

假定 $\dot{U}_3$ 为 a 相电压，则 $\dot{U}_2$ 为 b 相电压，$\dot{U}_1$ 为 c 相电压。

（1）分析过程。从图 2-103 可知，$\dot{I}_1$ 滞后 $\dot{U}_1$ 约 40°，判断 $\dot{I}_1$ 和 $\dot{U}_1$ 为同一相电流电压，$\dot{I}_1$ 为 $\dot{I}_c$；$\dot{I}_2$ 滞后 $\dot{U}_3$ 约 40°，判断 $\dot{I}_2$ 和 $\dot{U}_3$ 为同一相电流电压，$\dot{I}_2$ 为 $\dot{I}_a$；$\dot{I}_3$ 滞后 $\dot{U}_2$ 约 40°，判断 $\dot{I}_3$ 和 $\dot{U}_2$ 为同一相电流电压，$\dot{I}_3$ 为 $\dot{I}_b$。

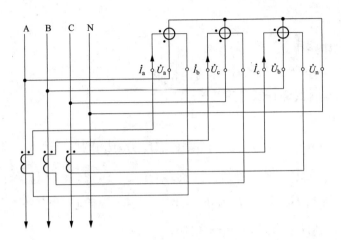

图 2-102　错误接线图

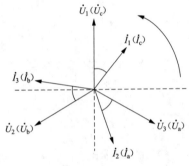

图 2-103　错误接线相量图

（2）结论。第一组元件接入 $\dot{U}_c$、$\dot{I}_c$，第二组元件接入 $\dot{U}_b$、$\dot{I}_a$，第三组元件接入 $\dot{U}_a$、$\dot{I}_b$。

（3）计算更正系数。

错误功率表达式

$$P' = U_c I_c \cos\varphi_c + U_b I_a \cos(120° - \varphi_a) + U_a I_b \cos(120° + \varphi_b) \qquad (2\text{-}90)$$

按照三相对称计算更正系数

$$K_g = \frac{P}{P'} = \frac{3U_p I \cos\varphi}{U_p I \cos\varphi + U_p I \cos(120° - \varphi) + U_p I \cos(120° + \varphi)} = \infty \qquad (2\text{-}91)$$

（4）错误接线图如图 2-104 所示。

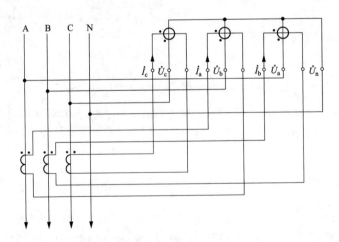

图 2-104　错误接线图

3. 第三种错误接线

假定 $\dot{U}_2$ 为 a 相电压，则 $\dot{U}_1$ 为 b 相电压，$\dot{U}_3$ 为 c 相电压。

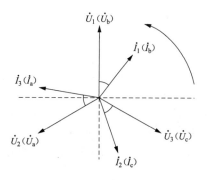

图 2-105　错误接线相量图

（1）分析过程。从图 2-105 可知，$\dot{I}_1$ 滞后 $\dot{U}_1$ 约 40°，判断 $\dot{I}_1$ 和 $\dot{U}_1$ 为同一相电流电压，$\dot{I}_1$ 为 $\dot{I}_b$；$\dot{I}_2$ 滞后 $\dot{U}_3$ 约 40°，判断 $\dot{I}_2$ 和 $\dot{U}_3$ 为同一相电流电压，$\dot{I}_2$ 为 $\dot{I}_c$；$\dot{I}_3$ 滞后 $\dot{U}_2$ 约 40°，判断 $\dot{I}_3$ 和 $\dot{U}_2$ 为同一相电流电压，$\dot{I}_3$ 为 $\dot{I}_a$。

（2）结论。第一组元件接入 $\dot{U}_b$、$\dot{I}_b$，第二组元件接入 $\dot{U}_a$、$\dot{I}_c$，第三组元件接入 $\dot{U}_c$、$\dot{I}_a$。

（3）计算更正系数。

错误功率表达式

$$P' = U_b I_b \cos\varphi_b + U_a I_c \cos(120° - \varphi_c) + U_c I_a \cos(120° + \varphi_a) \tag{2-92}$$

按照三相对称计算更正系数

$$K_g = \frac{P}{P'} = \frac{3U_p I \cos\varphi}{U_p I \cos\varphi + U_p I \cos(120° - \varphi) + U_p I \cos(120° + \varphi)} = \infty \tag{2-93}$$

（4）错误接线图如图 2-106 所示。

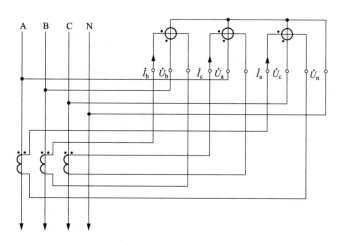

图 2-106　错误接线图

（四）错误接线结论表

三种错误接线结论表见表 2-15。

十六、实例十六

10kV 专用变压器用电客户，在 0.4kV 侧采用三相四线电能计量装置，电流互感器变比为 200A/5A，电能表为 $3 \times 220/380$V、$3 \times 1.5(6)$A 的三相四线智能电能表，表

表 2-15 错误接线结论表

参数	电压接入相别			电流接入相别		
	$\dot{U}_1$	$\dot{U}_2$	$\dot{U}_3$	$\dot{I}_1$	$\dot{I}_2$	$\dot{I}_3$
第一种	$\dot{U}_a$	$\dot{U}_c$	$\dot{U}_b$	$\dot{I}_a$	$\dot{I}_b$	$\dot{I}_c$
第二种	$\dot{U}_c$	$\dot{U}_b$	$\dot{U}_a$	$\dot{I}_c$	$\dot{I}_a$	$\dot{I}_b$
第三种	$\dot{U}_b$	$\dot{U}_a$	$\dot{U}_c$	$\dot{I}_b$	$\dot{I}_c$	$\dot{I}_a$

尾处测量数据如下，$U_{12}=382.2V$，$U_{13}=382.9V$，$U_{32}=382.3V$，$U_1=220.8V$，$U_2=221.2V$，$U_3=220.9V$，$U_n=0V$，$I_1=1.08A$，$I_2=1.09A$，$I_3=1.09A$，$\hat{\dot{U}_1\dot{I}_1}=325.2°$，$\hat{\dot{U}_1\dot{I}_2}=265.1°$，$\hat{\dot{U}_1\dot{I}_3}=25.2°$，$\hat{\dot{U}_2\dot{I}_1}=85.1°$，$\hat{\dot{U}_3\dot{I}_1}=205.1°$，负载功率因数角为感性 $0\sim30°$，分析错误接线并计算更正系数。

解析： 三组线电压和相电压基本对称，接近于额定值，三相电流基本对称，有一定大小，说明未失压、未失流。

(一) 绘制错误接线相量图

以 $\dot{U}_1$ 为参考相量，确定 $\dot{I}_1$、$\dot{I}_2$、$\dot{I}_3$、$\dot{U}_2$、$\dot{U}_3$ 的位置，绘制错误接线相量图如图 2-107 所示。

(二) 判断电压相序

$\dot{U}_1\rightarrow\dot{U}_2\rightarrow\dot{U}_3$ 为逆时针方向，电压为逆相序。

(三) 确定错误接线和计算更正系数

1. 第一种错误接线

假定 $\dot{U}_1$ 为 a 相电压，则 $\dot{U}_3$ 为 b 相电压，$\dot{U}_2$ 为 c 相电压。

(1) 分析过程。从图 2-108 可知，$\dot{I}_1$ 反相后 $-\dot{I}_1$ 滞后 $\dot{U}_3$ 约 25°，判断 $-\dot{I}_1$ 和 $\dot{U}_3$ 为同一相电流电压，$\dot{I}_1$ 为 $-\dot{I}_b$；$\dot{I}_2$ 滞后 $\dot{U}_2$ 约 25°，判断 $\dot{I}_2$ 和 $\dot{U}_2$ 为同一相电流电压，$\dot{I}_2$ 为 $\dot{I}_c$；$\dot{I}_3$ 滞后 $\dot{U}_1$ 约 25°，判断 $\dot{I}_3$ 和 $\dot{U}_1$ 为同一相电流电压，$\dot{I}_3$ 为 $\dot{I}_a$。

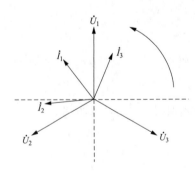 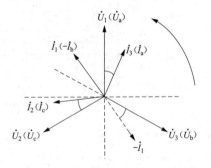

图 2-107 错误接线相量图（一）　　　　图 2-108 错误接线相量图（二）

(2) 结论。第一组元件接入 $\dot{U}_a$、$-\dot{I}_b$，第二组元件接入 $\dot{U}_c$、$\dot{I}_c$，第三组元件接入 $\dot{U}_b$、$\dot{I}_a$。

（3）计算更正系数。

错误功率表达式

$$P' = U_a I_b \cos(60° - \varphi_b) + U_c I_c \cos\varphi_c + U_b I_a \cos(120° - \varphi_a) \qquad (2\text{-}94)$$

按照三相对称计算更正系数

$$K_g = \frac{P}{P'} = \frac{3U_p I \cos\varphi}{U_p I \cos(60° - \varphi) + U_p I \cos\varphi + U_p I \cos(120° - \varphi)}$$

$$= \frac{3}{1 + \sqrt{3}\tan\varphi} \qquad (2\text{-}95)$$

（4）错误接线图如图 2-109 所示。

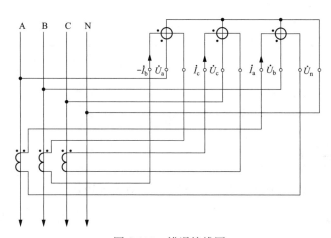

图 2-109　错误接线图

2. 第二种错误接线

假定 $\dot{U}_3$ 为 a 相电压，则 $\dot{U}_2$ 为 b 相电压，$\dot{U}_1$ 为 c 相电压。

（1）分析过程。从图 2-110 可知，$\dot{I}_1$ 反相后 $-\dot{I}_1$ 滞后 $\dot{U}_3$ 约 25°，判断 $-\dot{I}_1$ 和 $\dot{U}_3$ 为同一相电流电压，$\dot{I}_1$ 为 $-\dot{I}_a$；$\dot{I}_2$ 滞后 $\dot{U}_2$ 约 25°，判断 $\dot{I}_2$ 和 $\dot{U}_2$ 为同一相电流电压，$\dot{I}_2$ 为 $\dot{I}_b$；$\dot{I}_3$ 滞后 $\dot{U}_1$ 约 25°，判断 $\dot{I}_3$ 和 $\dot{U}_1$ 为同一相电流电压，$\dot{I}_3$ 为 $\dot{I}_c$。

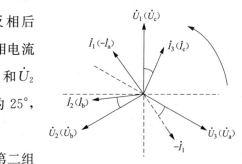

图 2-110　错误接线相量图

（2）结论。第一组元件接入 $\dot{U}_c$、$-\dot{I}_a$，第二组元件接入 $\dot{U}_b$、$\dot{I}_b$，第三组元件接入 $\dot{U}_a$、$\dot{I}_c$。

（3）计算更正系数。

错误功率表达式

$$P' = U_c I_a \cos(60° - \varphi_a) + U_b I_b \cos\varphi_b + U_a I_c \cos(120° - \varphi_c) \qquad (2\text{-}96)$$

按照三相对称计算更正系数

$$K_g = \frac{P}{P'} = \frac{3U_p I \cos\varphi}{U_p I \cos(60° - \varphi) + U_p I \cos\varphi + U_p I \cos(120° - \varphi)}$$

$$= \frac{3}{1+\sqrt{3}\tan\varphi} \qquad (2\text{-}97)$$

（4）错误接线图如图 2-111 所示。

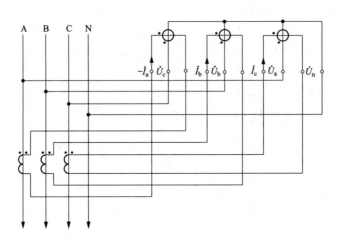

图 2-111 错误接线图

3. 第三种错误接线

假定 $\dot{U}_2$ 为 a 相电压，则 $\dot{U}_1$ 为 b 相电压，$\dot{U}_3$ 为 c 相电压。

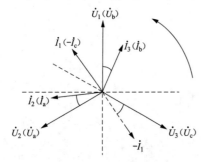

图 2-112 错误接线相量图

（1）分析过程。从图 2-112 可知，$\dot{I}_1$ 反相后 $-\dot{I}_1$ 滞后 $\dot{U}_3$ 约 25°，判断 $-\dot{I}_1$ 和 $\dot{U}_3$ 为同一相电流电压，$\dot{I}_1$ 为 $-\dot{I}_c$；$\dot{I}_2$ 滞后 $\dot{U}_2$ 约 25°，判断 $\dot{I}_2$ 和 $\dot{U}_2$ 为同一相电流电压，$\dot{I}_2$ 为 $\dot{I}_a$；$\dot{I}_3$ 滞后 $\dot{U}_1$ 约 25°，判断 $\dot{I}_3$ 和 $\dot{U}_1$ 为同一相电流电压，$\dot{I}_3$ 为 $\dot{I}_b$。错误接线相量图见图 2-112。

（2）结论。第一组元件接入 $\dot{U}_b$、$-\dot{I}_c$，第二组元件接入 $\dot{U}_a$、$\dot{I}_a$，第三组元件接入 $\dot{U}_c$、$\dot{I}_b$。

（3）计算更正系数。

错误功率表达式

$$P' = U_b I_c \cos(60°-\varphi_c) + U_a I_a \cos\varphi_a + U_c I_b \cos(120°-\varphi_b) \qquad (2\text{-}98)$$

按照三相对称计算更正系数

$$K_g = \frac{P}{P'} = \frac{3U_p I \cos\varphi}{U_p I \cos(60°-\varphi) + U_p I \cos\varphi + U_p I \cos(120°-\varphi)}$$

$$= \frac{3}{1+\sqrt{3}\tan\varphi} \qquad (2\text{-}99)$$

（4）错误接线图如图 2-113 所示。

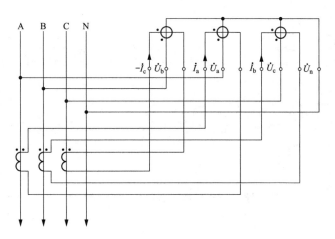

图 2-113   错误接线图

（四）错误接线结论表

三种错误接线结论表见表 2-16。

表 2-16   错 误 接 线 结 论 表

参数	电压接入相别			电流接入相别		
	$\dot{U}_1$	$\dot{U}_2$	$\dot{U}_3$	$\dot{I}_1$	$\dot{I}_2$	$\dot{I}_3$
第一种	$\dot{U}_a$	$\dot{U}_c$	$\dot{U}_b$	$-\dot{I}_b$	$\dot{I}_c$	$\dot{I}_a$
第二种	$\dot{U}_c$	$\dot{U}_b$	$\dot{U}_a$	$-\dot{I}_a$	$\dot{I}_b$	$\dot{I}_c$
第三种	$\dot{U}_b$	$\dot{U}_a$	$\dot{U}_c$	$-\dot{I}_c$	$\dot{I}_a$	$\dot{I}_b$

第三章 高压三相四线电能计量装置错误接线解析

第一节 接 线 方 式

一、运用范围

高压三相四线电能计量装置，在 110、220、330、500、750kV 以及 1000kV 等中性点直接接地系统中运用非常广泛，主要用于专用供电线路用电客户计量，发电上网、跨区供电、跨省供电、省级供电等输电关口计量，电力系统联络线路内部考核计量，110kV 及以上变压器总路等计量。

二、接线方式

高压三相四线电能计量装置，电能表第一元件电压接入 u_a，电流接入 i_a；第二元件电压接入 u_b，电流接入 i_b；第三元件电压接入 u_c，电流接入 i_c。电压互感器采用 YNyn12 接线方式，每相一次绕组为 A-X，每相二次绕组为 a-x，"A" 与 "a" 为同名端，正确接线方式如图 3-1 所示。

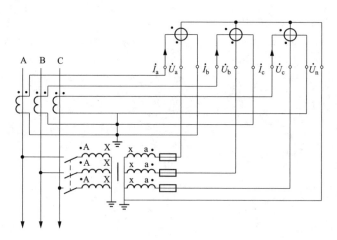

图 3-1　高压三相四线电能计量装置接线图

对于高压三相四线供电系统，负载功率

$$p_0 = u_a i_a + u_b i_b + u_c i_c \tag{3-1}$$

电能表测量功率

$$p' = u_a i_a + u_b i_b + u_c i_c \tag{3-2}$$

接线附加计量误差

$$r = \frac{p' - p_0}{p_0} \times 100\%$$

$$= \frac{(u_a i_a + u_b i_b + u_c i_c) - (u_a i_a + u_b i_b + u_c i_c)}{u_a i_a + u_b i_b + u_c i_c} \times 100\% = 0\% \qquad (3-3)$$

从以上分析可知，高压三相四线供电系统，采用三相四线接线计量，无论负载对称与否，电能表均能正确计量，无接线附加计量误差。

第二节 错误接线实例解析

110kV 及以上供电系统电网结构较为复杂，易出现多种运行方式和负荷潮流状态。本节结合功率传输方向，对电能表运行在 Ⅰ、Ⅱ、Ⅲ、Ⅳ象限的实例进行接线解析，具体分布如下。

运行在第 Ⅰ 象限的实例包括实例一、实例二、实例三、实例九、实例十、实例十六，其中实例三为电压互感器二次绕组极性反接。

运行在第 Ⅱ 象限的实例包括实例四、实例十一。

运行在第 Ⅲ 象限的实例包括实例五、实例六、实例十四、实例十五。

运行在第 Ⅳ 象限的实例包括实例七、实例八、实例十二、实例十三，其中实例八为电压互感器二次绕组极性反接。

一、实例一

110kV 专用供电线路用电客户，在 110kV 变电站 110kV 线路出线处设置计量点，采用三相四线电能计量装置，电流互感器变比为 300A/5A，电能表为 $3 \times 57.7/100V$、3×1.5(6)A 的三相四线智能电能表，现场在表尾端测量数据如下，$U_{12} = 101.2V$，$U_{13} = 101.5V$，$U_{32} = 100.9V$，$U_1 = 57.9V$，$U_2 = 58.3V$，$U_3 = 58.2V$，$U_n = 0V$，$I_1 = 1.51A$，$I_2 = 1.53A$，$I_3 = 1.52A$，$\dot{U_1}\hat{}\dot{U_2} = 240.2°$，$\dot{U_1}\hat{}\dot{I_1} = 320.3°$，$\dot{U_1}\hat{}\dot{I_2} = 20.1°$，$\dot{U_1}\hat{}\dot{I_3} = 260.1°$，$\dot{U_3}\hat{}\dot{I_1} = 200.1°$，负载功率因数角为感性 $0 \sim 30°$（负荷潮流状态为 $+P$，$+Q$），分析错误接线并计算更正系数。

解析： 三组线电压和相电压基本对称，接近于额定值，三相电流基本对称，有一定大小，说明未失压、未失流。

（一）绘制错误接线相量图

以 $\dot{U_1}$ 为参考相量，确定 $\dot{U_2}$、$\dot{U_3}$、$\dot{I_1}$、$\dot{I_2}$、$\dot{I_3}$ 的位置，绘制错误接线相量图如图 3-2 所示。

（二）判断电压相序

$\dot{U_1} \rightarrow \dot{U_2} \rightarrow \dot{U_3}$ 为逆时针方向，电压为逆相序。

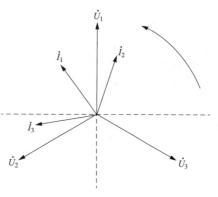

图 3-2 错误接线相量图

（三）确定错误接线和计算更正系数

由于在 110kV 变电站 110kV 线路出线处设置计量点，负荷潮流状态为 $+P$、$+Q$，本侧线路向用电客户输送有功功率、无功功率，电能表应运行在 I 象限状态，电流滞后于同相电压的角度约为 20°。

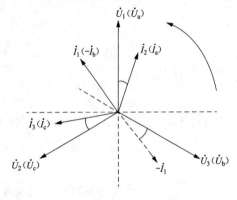

图 3-3 错误接线相量图

1. 第一种错误接线

假定 $\dot{U}_1$ 为 a 相电压，则 $\dot{U}_3$ 为 b 相电压，$\dot{U}_2$ 为 c 相电压。

（1）分析过程。从图 3-3 可知，$\dot{I}_1$ 反相后 $-\dot{I}_1$ 滞后 $\dot{U}_3$ 约 20°，判断 $-\dot{I}_1$ 和 $\dot{U}_3$ 为同一相电流电压，$\dot{I}_1$ 为 $-\dot{I}_b$；$\dot{I}_2$ 滞后 $\dot{U}_1$ 约 20°，$\dot{I}_2$ 为 $\dot{I}_a$；$\dot{I}_3$ 滞后 $\dot{U}_2$ 约 20°，判断 $\dot{I}_3$ 和 $\dot{U}_2$ 为同一相电流电压，$\dot{I}_3$ 为 $\dot{I}_c$。

（2）结论。第一组元件接入 $\dot{U}_a$、$-\dot{I}_b$，第二组元件接入 $\dot{U}_c$、$\dot{I}_a$，第三组元件电流接入 $\dot{U}_b$、$\dot{I}_c$。

（3）计算更正系数。

错误功率表达式

$$P' = U_a I_b \cos(60° - \varphi_b) + U_c I_a \cos(120° + \varphi_a) + U_b I_c \cos(120° + \varphi_c) \tag{3-4}$$

按照三相对称计算更正系数

$$K_g = \frac{P}{P'} = \frac{3U_p I \cos\varphi}{U_p I \cos(60° - \varphi) + U_p I \cos(120° + \varphi) + U_p I \cos(120° + \varphi)}$$

$$= -\frac{6}{1 + \sqrt{3}\tan\varphi} \tag{3-5}$$

（4）错误接线图如图 3-4 所示。

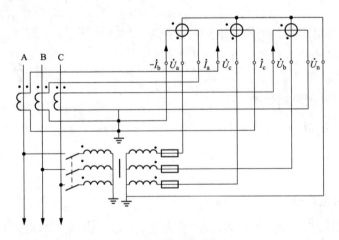

图 3-4 错误接线图

2. 第二种错误接线

假定 $\dot{U}_3$ 为 a 相电压，则 $\dot{U}_2$ 为 b 相电压，$\dot{U}_1$ 为 c 相电压。

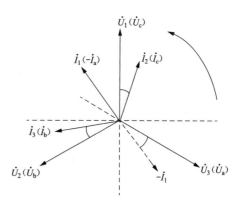

图 3-5　错误接线相量图

（1）分析过程。从图 3-5 可知，$\dot{I}_1$ 反相后 $-\dot{I}_1$ 滞后 $\dot{U}_3$ 约 $20°$，判断 $-\dot{I}_1$ 和 $\dot{U}_3$ 为同一相电流电压，$\dot{I}_1$ 为 $-\dot{I}_a$；$\dot{I}_2$ 滞后 $\dot{U}_1$ 约 $20°$，$\dot{I}_2$ 为 $\dot{I}_c$；$\dot{I}_3$ 滞后 $\dot{U}_2$ 约 $20°$，判断 $\dot{I}_3$ 和 $\dot{U}_2$ 为同一相电流电压，$\dot{I}_3$ 为 $\dot{I}_b$。

（2）结论。第一组元件接入 $\dot{U}_c$、$-\dot{I}_a$，第二组元件接入 $\dot{U}_b$、$\dot{I}_c$，第三组元件电流接入 $\dot{U}_a$、$\dot{I}_b$。

（3）计算更正系数。

错误功率表达式

$$P' = U_c I_a \cos(60° - \varphi_a) + U_b I_c \cos(120° + \varphi_c) + U_a I_b \cos(120° + \varphi_b) \qquad (3\text{-}6)$$

按照三相对称计算更正系数

$$K_g = \frac{P}{P'} = \frac{3U_p I \cos\varphi}{U_p I \cos(60° - \varphi) + U_p I \cos(120° + \varphi) + U_p I \cos(120° + \varphi)}$$

$$= -\frac{6}{1 + \sqrt{3}\tan\varphi} \qquad (3\text{-}7)$$

（4）错误接线图如图 3-6 所示。

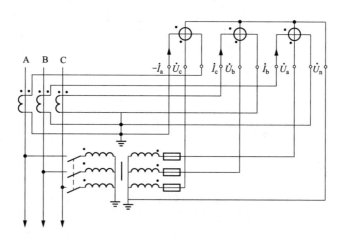

图 3-6　错误接线图

3. 第三种错误接线

假定 $\dot{U}_2$ 为 a 相电压，则 $\dot{U}_1$ 为 b 相电压，$\dot{U}_3$ 为 c 相电压。

（1）分析过程。从图 3-7 可知，$\dot{I}_1$ 反相后 $-\dot{I}_1$ 滞后 $\dot{U}_3$ 约 $20°$，判断 $-\dot{I}_1$ 和 $\dot{U}_3$ 为同一相电流电压，$\dot{I}_1$ 为 $-\dot{I}_c$；$\dot{I}_2$ 滞后 $\dot{U}_1$ 约 $20°$，$\dot{I}_2$ 为 $\dot{I}_b$；$\dot{I}_3$ 滞后 $\dot{U}_2$ 约 $20°$，判断 $\dot{I}_3$ 和

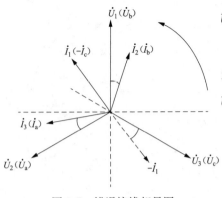

$\dot{U}_2$ 为同一相电流电压，$\dot{I}_3$ 为 $\dot{I}_a$。

（2）结论。第一组元件接入 $\dot{U}_b$、$-\dot{I}_c$，第二组元件接入 $\dot{U}_a$、$\dot{I}_b$，第三组元件电流接入 $\dot{U}_c$、$\dot{I}_a$。

（3）计算更正系数。

错误功率表达式

$$P' = U_bI_c\cos(60° - \varphi_c) + U_aI_b\cos(120° + \varphi_b) + U_cI_a\cos(120° + \varphi_a) \tag{3-8}$$

图 3-7　错误接线相量图

按照三相对称计算更正系数

$$K_g = \frac{P}{P'} = \frac{3U_pI\cos\varphi}{U_pI\cos(60° - \varphi) + U_pI\cos(120° + \varphi) + U_pI\cos(120° + \varphi)}$$

$$= -\frac{6}{1 + \sqrt{3}\tan\varphi} \tag{3-9}$$

（4）错误接线图如图 3-8 所示。

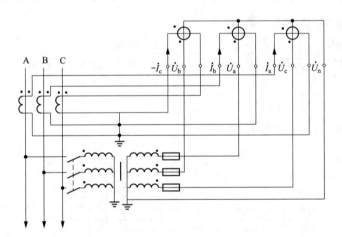

图 3-8　错误接线图

（四）错误接线结论表

三种错误接线结论表见表 3-1。

表 3-1　　　　　　　　　　错 误 接 线 结 论 表

参数	电压接入相别			电流接入相别		
	$\dot{U}_1$	$\dot{U}_2$	$\dot{U}_3$	$\dot{I}_1$	$\dot{I}_2$	$\dot{I}_3$
第一种	$\dot{U}_a$	$\dot{U}_c$	$\dot{U}_b$	$-\dot{I}_b$	$\dot{I}_a$	$\dot{I}_c$
第二种	$\dot{U}_c$	$\dot{U}_b$	$\dot{U}_a$	$-\dot{I}_a$	$\dot{I}_c$	$\dot{I}_b$
第三种	$\dot{U}_b$	$\dot{U}_a$	$\dot{U}_c$	$-\dot{I}_c$	$\dot{I}_b$	$\dot{I}_a$

二、实例二

220kV 专用供电线路用电客户，在 220kV 变电站 220kV 线路出线处设置计量点，采用三相四线电能计量装置，电流互感器变比为 300A/5A，电能表为 $3\times57.7/100V$、$3\times1.5(6)A$ 的三相四线智能电能表，现场在表尾端测量数据如下，$U_{12}=101.2V$，$U_{13}=101.5V$，$U_{32}=100.9V$，$U_1=57.9V$，$U_2=58.3V$，$U_3=58.2V$，$U_n=0V$，$I_1=0.61A$，$I_2=0.63A$，$I_3=0.62A$，$\dot{U}_1\hat{}\dot{U}_2=240.2°$，$\dot{U}_1\hat{}\dot{I}_1=190.2°$，$\dot{U}_1\hat{}\dot{I}_2=130.1°$，$\dot{U}_1\hat{}\dot{I}_3=70.2°$，$\dot{U}_3\hat{}\dot{I}_1=70.2°$，负载功率因数角为感性 $60°\sim90°$（负荷潮流状态为 $+P$，$+Q$），分析错误接线并计算更正系数。

解析： 三组线电压和相电压基本对称，接近于额定值，三相电流基本对称，有一定大小，说明未失压、未失流。

（一）绘制错误接线相量图

以 $\dot{U}_1$ 为参考相量，确定 $\dot{U}_2$、$\dot{U}_3$、$\dot{I}_1$、$\dot{I}_2$、$\dot{I}_3$ 的位置，绘制错误接线相量图如图 3-9 所示。

（二）判断电压相序

$\dot{U}_1\rightarrow\dot{U}_2\rightarrow\dot{U}_3$ 为逆时针方向，电压为逆相序。

（三）确定错误接线和计算更正系数

由于在 220kV 变电站 220kV 线路出线处设置计量点，负荷潮流状态为 $+P$、$+Q$，本侧线路向用电客户输送有功功率、无功功率，电能表应运行在 Ⅰ 象限状态，电流滞后于同相电压的角度约为 $70°$。

1. 第一种错误接线

假定 $\dot{U}_1$ 为 a 相电压，则 $\dot{U}_3$ 为 b 相电压，$\dot{U}_2$ 为 c 相电压。

（1）分析过程。从图 3-10 可知，$\dot{I}_1$ 滞后 $\dot{U}_3$ 约 $70°$，判断 $\dot{I}_1$ 和 $\dot{U}_3$ 为同一相电流电压，$\dot{I}_1$ 为 $\dot{I}_b$；$\dot{I}_2$ 反相后 $-\dot{I}_2$ 滞后 $\dot{U}_2$ 约 $70°$，判断 $-\dot{I}_2$ 和 $\dot{U}_2$ 为同一相电流电压，$\dot{I}_2$ 为 $-\dot{I}_c$；$\dot{I}_3$ 滞后 $\dot{U}_1$ 约 $70°$，判断 $\dot{I}_3$ 和 $\dot{U}_1$ 为同一相电流电压，$\dot{I}_3$ 为 $\dot{I}_a$。

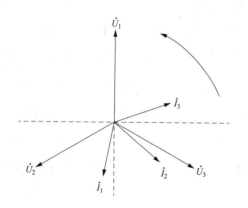

图 3-9　错误接线相量图（一）

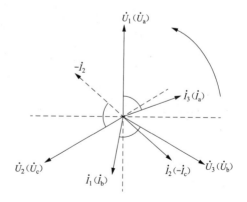

图 3-10　错误接线相量图（二）

（2）结论。第一组元件接入 $\dot{U}_a$、$\dot{I}_b$，第二组元件接入 $\dot{U}_c$、$-\dot{I}_c$，第三组元件接入 $\dot{U}_b$、$\dot{I}_a$。

（3）计算更正系数。

错误功率表达式

$$P' = U_a I_b \cos(120° + \varphi_b) + U_c I_c \cos(180° - \varphi_c) + U_b I_a \cos(120° - \varphi_a) \quad (3-10)$$

按照三相对称计算更正系数

$$K_g = \frac{P}{P'} = \frac{3U_p I \cos\varphi}{U_p I \cos(120° + \varphi) + U_p I \cos(180° - \varphi) + U_p I \cos(120° - \varphi)} = -\frac{3}{2} \tag{3-11}$$

（4）错误接线图如图 3-11 所示。

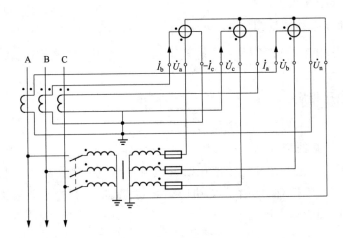

图 3-11　错误接线图

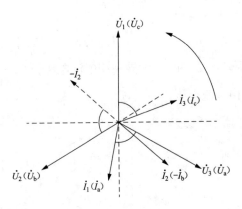

图 3-12　错误接线相量图

2. 第二种错误接线

假定 $\dot{U}_3$ 为 a 相电压，则 $\dot{U}_2$ 为 b 相电压，$\dot{U}_1$ 为 c 相电压。

（1）分析过程。从图 3-12 可知，$\dot{I}_1$ 滞后 $\dot{U}_3$ 约 70°，判断 $\dot{I}_1$ 和 $\dot{U}_3$ 为同一相电流电压，$\dot{I}_1$ 为 $\dot{I}_a$；$\dot{I}_2$ 反相后 $-\dot{I}_2$ 滞后 $\dot{U}_2$ 约 70°，判断 $-\dot{I}_2$ 和 $\dot{U}_2$ 为同一相电流电压，$\dot{I}_2$ 为 $-\dot{I}_b$；$\dot{I}_3$ 滞后 $\dot{U}_1$ 约 70°，判断 $\dot{I}_3$ 和 $\dot{U}_1$ 为同一相电流电压，$\dot{I}_3$ 为 $\dot{I}_c$。

（2）结论。第一组元件接入 $\dot{U}_c$、$\dot{I}_a$，第二组元件接入 $\dot{U}_b$、$-\dot{I}_b$，第三组元件接入 $\dot{U}_a$、$\dot{I}_c$。

（3）计算更正系数。

错误功率表达式

$$P' = U_c I_a \cos(120° + \varphi_a) + U_b I_b \cos(180° - \varphi_b) + U_a I_c \cos(120° - \varphi_c) \quad (3-12)$$

按照三相对称计算更正系数

$$K_g = \frac{P}{P'} = \frac{3U_p I \cos\varphi}{U_p I \cos(120° + \varphi) + U_p I \cos(180° - \varphi) + U_p I \cos(120° - \varphi)} = -\frac{3}{2}$$

(3-13)

（4）错误接线图如图 3-13 所示。

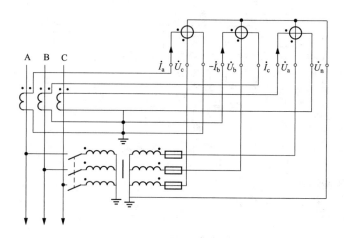

图 3-13　错误接线图

3. 第三种错误接线

假定 $\dot{U}_2$ 为 a 相电压，则 $\dot{U}_1$ 为 b 相电压，$\dot{U}_3$ 为 c 相电压。

（1）分析过程。从图 3-14 可知，$\dot{I}_1$ 滞后 $\dot{U}_3$ 约 70°，判断 $\dot{I}_1$ 和 $\dot{U}_3$ 为同一相电流电压，$\dot{I}_1$ 为 $\dot{I}_c$；$\dot{I}_2$ 反相后 $-\dot{I}_2$ 滞后 $\dot{U}_2$ 约 70°，判断 $-\dot{I}_2$ 和 $\dot{U}_2$ 为同一相电流电压，$\dot{I}_2$ 为 $-\dot{I}_a$；$\dot{I}_3$ 滞后 $\dot{U}_1$ 约 70°，判断 $\dot{I}_3$ 和 $\dot{U}_1$ 为同一相电流电压，$\dot{I}_3$ 为 $\dot{I}_b$。

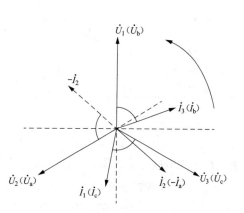

图 3-14　错误接线相量图

（2）结论。第一组元件接入 $\dot{U}_b$、$\dot{I}_c$，第二组元件接入 $\dot{U}_a$、$-\dot{I}_a$，第三组元件接入 $\dot{U}_c$、$\dot{I}_b$。

（3）计算更正系数。

错误功率表达式

$$P' = U_b I_c \cos(120° + \varphi_c) + U_a I_a \cos(180° - \varphi_a) + U_c I_b \cos(120° - \varphi_b) \quad (3-14)$$

按照三相对称计算更正系数

$$K_g = \frac{P}{P'} = \frac{3U_p I \cos\varphi}{U_p I \cos(120° + \varphi) + U_p I \cos(180° - \varphi) + U_p I \cos(120° - \varphi)} = -\frac{3}{2}$$

(3-15)

（4）错误接线图如图 3-15 所示。

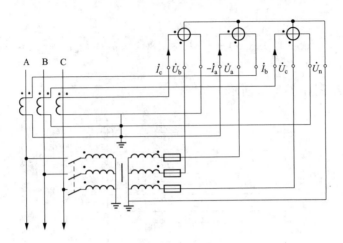

图 3-15 错误接线图

（四）错误接线结论表

三种错误接线结论表见表 3-2。

表 3-2 错误接线结论表

参数	电压接入相别			电流接入相别		
	$\dot{U}_1$	$\dot{U}_2$	$\dot{U}_3$	$\dot{I}_1$	$\dot{I}_2$	$\dot{I}_3$
第一种	$\dot{U}_a$	$\dot{U}_c$	$\dot{U}_b$	$\dot{I}_b$	$-\dot{I}_c$	$\dot{I}_a$
第二种	$\dot{U}_c$	$\dot{U}_b$	$\dot{U}_a$	$\dot{I}_a$	$-\dot{I}_b$	$\dot{I}_c$
第三种	$\dot{U}_b$	$\dot{U}_a$	$\dot{U}_c$	$\dot{I}_c$	$-\dot{I}_a$	$\dot{I}_b$

三、实例三

110kV 专用供电线路用电客户，在 110kV 变电站 110kV 线路出线处设置计量点，采用三相四线电能计量装置，电流互感器变比为 500A/5A，电能表为 $3\times57.7/100V$、3×1.5 (6)A 的三相四线智能电能表，现场在表尾端测量数据如下，$U_{12}=58.2V$，$U_{13}=58.1V$，$U_{32}=100.9V$，$U_1=57.9V$，$U_2=58.3V$，$U_3=58.2V$，$U_n=0V$，$I_1=1.61A$，$I_2=1.63A$，$I_3=1.62A$，$\dot{U}_1\hat{}\dot{U}_2=60.2°$，$\dot{U}_1\hat{}\dot{I}_1=320.2°$，$\dot{U}_1\hat{}\dot{I}_2=200.1°$，$\dot{U}_1\hat{}\dot{I}_3=80.2°$，$\dot{U}_3\hat{}\dot{I}_1=20.2°$，负载功率因数角为感性 $0\sim30°$（负荷潮流状态为 $+P$，$+Q$），分析错误接线并计算更正系数。

解析： 三组线电压中，仅一组线电压 U_{32} 为 100.9V，其他两组线电压 U_{12}、U_{13} 分别为 58.2V、58.1V，三组相电压基本对称，接近于额定值，但是电压互感器二次绕组极性反接；三相电流基本对称，有一定大小。

（一）绘制错误接线相量图

以 $\dot{U}_1$ 为参考相量，确定 $\dot{U}_2$、$\dot{U}_3$、$\dot{I}_1$、$\dot{I}_2$、$\dot{I}_3$ 的位置，绘制错误接线相量图如图 3-16 所示。

（二）判断电压相序

假定 $\dot{U}_1$ 反相后为 $-\dot{U}_1$，$-\dot{U}_1 \rightarrow \dot{U}_2 \rightarrow \dot{U}_3$ 为逆时针方向，电压为逆相序。

（三）确定错误接线和计算更正系数

$\dot{U_1}\hat{\dot{U_2}}=60.2°$，证明电压互感器二次绕组极性反接。由于在110kV变电站110kV线路出线处设置计量点，负荷潮流状态为$+P$、$+Q$，本侧线路向用电客户输送有功功率、无功功率，电能表应运行在Ⅰ象限状态，电流滞后于同相电压的角度约为20°。

1. 第一种错误接线

假定$-\dot{U_1}$为a相电压，则$\dot{U_1}$为$-\dot{U_a}$，$\dot{U_3}$为b相电压，$\dot{U_2}$为c相电压。

（1）分析过程。从图3-17可知，$\dot{I_1}$滞后$\dot{U_3}$约20°，判断$\dot{I_1}$和$\dot{U_3}$为同一相电流电压，$\dot{I_1}$为$\dot{I_b}$；$\dot{I_2}$滞后$-\dot{U_1}$约20°，判断$\dot{I_2}$和$-\dot{U_1}$为同一相电流电压，$\dot{I_2}$为$\dot{I_a}$；$\dot{I_3}$滞后$\dot{U_2}$约20°，判断$\dot{I_3}$和$\dot{U_2}$为同一相电流电压，$\dot{I_3}$为$\dot{I_c}$。

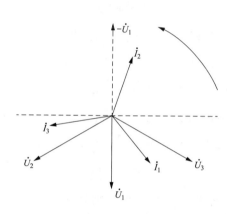

图3-16　错误接线相量图（一）

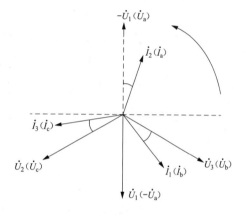

图3-17　错误接线相量图（二）

（2）结论。第一组元件接入$-\dot{U_a}$、$\dot{I_b}$，第二组元件接入$\dot{U_c}$、$\dot{I_a}$，第三组元件接入$\dot{U_b}$、$\dot{I_c}$。

（3）计算更正系数。

错误功率表达式

$$P' = U_a I_b \cos(60° - \varphi_b) + U_c I_a \cos(120° + \varphi_a) + U_b I_c \cos(120° + \varphi_c) \quad (3\text{-}16)$$

按照三相对称计算更正系数

$$K_g = \frac{P}{P'} = \frac{3U_p I \cos\varphi}{U_p I \cos(60° - \varphi) + U_p I \cos(120° + \varphi) + U_p I \cos(120° + \varphi)}$$

$$= \frac{6}{-1 - \sqrt{3}\tan\varphi} \quad (3\text{-}17)$$

（4）错误接线图如图3-18所示。

2. 第二种错误接线

假定$\dot{U_3}$为a相电压，则$\dot{U_2}$为b相电压，$-\dot{U_1}$为c相电压，$\dot{U_1}$为$-\dot{U_c}$。

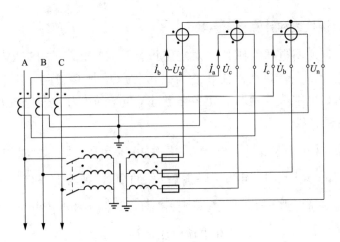

图 3-18 错误接线图

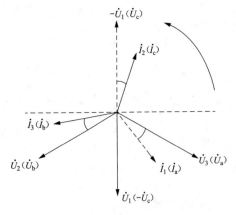

图 3-19 错误接线相量图

（1）分析过程。从图 3-19 可知，$\dot{I}_1$ 滞后 $\dot{U}_3$ 约 20°，判断 $\dot{I}_1$ 和 $\dot{U}_3$ 为同一相电流电压，$\dot{I}_1$ 为 $\dot{I}_a$；$\dot{I}_2$ 滞后 $-\dot{U}_1$ 约 20°，$\dot{I}_2$ 和 $-\dot{U}_1$ 为同一相电流电压，$\dot{I}_2$ 为 $\dot{I}_c$；$\dot{I}_3$ 滞后 $\dot{U}_2$ 约 20°，判断 $\dot{I}_3$ 和 $\dot{U}_2$ 为同一相电流电压，$\dot{I}_3$ 为 $\dot{I}_b$。

（2）结论。第一组元件接入 $-\dot{U}_c$、$\dot{I}_a$，第二组元件接入 $\dot{U}_b$、$\dot{I}_c$，第三组元件接入 $\dot{U}_a$、$\dot{I}_b$。

（3）计算更正系数。

错误功率表达式

$$P' = U_c I_a \cos(60° - \varphi_a) + U_b I_c \cos(120° + \varphi_c)$$
$$+ U_a I_b \cos(120° + \varphi_b) \tag{3-18}$$

按照三相对称计算更正系数

$$K_g = \frac{P}{P'} = \frac{3U_p I \cos\varphi}{U_p I \cos(60° - \varphi) + U_p I \cos(120° + \varphi) + U_p I \cos(120° + \varphi)}$$
$$= \frac{6}{-1 - \sqrt{3}\tan\varphi} \tag{3-19}$$

（4）错误接线图如图 3-20 所示。

3. 第三种错误接线

假定 $\dot{U}_2$ 为 a 相电压，则 $-\dot{U}_1$ 为 b 相电压，$\dot{U}_1$ 为 $-\dot{U}_b$，$\dot{U}_3$ 为 c 相电压。

（1）分析过程。从图 3-21 可知，$\dot{I}_1$ 滞后 $\dot{U}_3$ 约 20°，判断 $\dot{I}_1$ 和 $\dot{U}_3$ 为同一相电流电压，$\dot{I}_1$ 为 $\dot{I}_c$；$\dot{I}_2$ 滞后 $-\dot{U}_1$ 约 20°，$\dot{I}_2$ 和 $-\dot{U}_1$ 为同一相电流电压，$\dot{I}_2$ 为 $\dot{I}_b$；$\dot{I}_3$ 滞后 $\dot{U}_2$

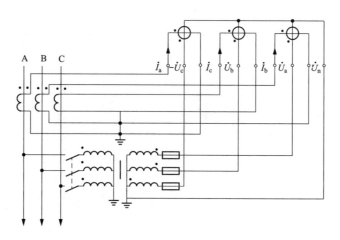

图 3-20 错误接线图

约 $20°$，判断 $\dot{I}_3$ 和 $\dot{U}_2$ 为同一相电流电压，$\dot{I}_3$ 为 $\dot{I}_a$。

（2）结论。第一组元件接入 $-\dot{U}_b$、$\dot{I}_c$，第二组元件接入 $\dot{U}_a$、$\dot{I}_b$，第三组元件接入 $\dot{U}_c$、$\dot{I}_a$。

（3）计算更正系数。

错误功率表达式

$$P' = U_b I_c \cos(60°-\varphi_c) + U_a I_b \cos(120°+\varphi_b)$$
$$+ U_c I_a \cos(120°+\varphi_a) \qquad (3\text{-}20)$$

按照三相对称计算更正系数

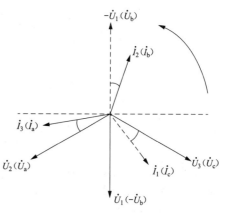

图 3-21 错误接线相量图

$$K_g = \frac{P}{P'} = \frac{3U_p I\cos\varphi}{U_p I\cos(60°-\varphi) + U_p I\cos(120°+\varphi) + U_p I\cos(120°+\varphi)}$$

$$= \frac{6}{-1-\sqrt{3}\tan\varphi} \qquad (3\text{-}21)$$

（4）错误接线图如图 3-22 所示。

（四）错误接线结论表

错误接线结论表见表 3-3。

表 3-3   错 误 接 线 结 论 表

参数	电压接入相别			电流接入相别		
	$\dot{U}_1$	$\dot{U}_2$	$\dot{U}_3$	$\dot{I}_1$	$\dot{I}_2$	$\dot{I}_3$
第一种	$-\dot{U}_a$	$\dot{U}_c$	$\dot{U}_b$	$\dot{I}_b$	$\dot{I}_a$	$\dot{I}_c$
第二种	$-\dot{U}_c$	$\dot{U}_b$	$\dot{U}_a$	$\dot{I}_a$	$\dot{I}_c$	$\dot{I}_b$
第三种	$-\dot{U}_b$	$\dot{U}_a$	$\dot{U}_c$	$\dot{I}_c$	$\dot{I}_b$	$\dot{I}_a$

参数	电压接入相别			电流接入相别		
	$\dot{U}_1$	$\dot{U}_2$	$\dot{U}_3$	$\dot{I}_1$	$\dot{I}_2$	$\dot{I}_3$
第四种	$\dot{U}_a$	$-\dot{U}_c$	$-\dot{U}_b$	$-\dot{I}_b$	$-\dot{I}_a$	$-\dot{I}_c$
第五种	$\dot{U}_c$	$-\dot{U}_b$	$-\dot{U}_a$	$-\dot{I}_a$	$-\dot{I}_c$	$-\dot{I}_b$
第六种	$\dot{U}_b$	$-\dot{U}_a$	$-\dot{U}_c$	$-\dot{I}_c$	$-\dot{I}_b$	$-\dot{I}_a$

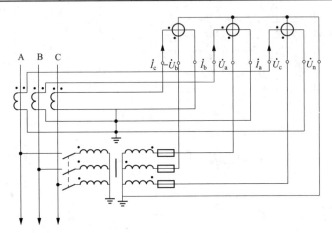

图 3-22　错误接线图

表 3-3 中，第一种、第二种、第三种是假定 $\dot{U}_1$ 反相。如果假定 $\dot{U}_2$ 和 $\dot{U}_3$ 均反相，其对应的错误接线结论为第四种、第五种、第六种，分析方法一致，过程略。六种假定分别对应六种不同的错误接线，现场接线是六种错误结论中的一种，六种错误接线结论不一致，但是功率表达式一致，更正系数一致，理论上根据六种错误接线结论更正均可正确计量。实际工作中，必须按照安全管理规定，严格履行保证安全的组织措施和技术措施后，再更正接线，更正时应核查接入电能表的实际二次电压和二次电流，根据现场实际的错误接线，按照正确接线方式更正。

四、实例四

220kV 跨省输电关口，在 220kV 变电站 220kV 线路出线处设置计量点，采用三相四线电能计量装置，电流互感器变比为 600A/5A，电能表为 $3\times57.7/100\mathrm{V}$、$3\times1.5(6)\mathrm{A}$ 的三相四线多功能电能表，现场在表尾端测量数据如下，$U_{12}=101.2\mathrm{V}$，$U_{13}=101.5\mathrm{V}$，$U_{32}=100.9\mathrm{V}$，$U_1=57.9\mathrm{V}$，$U_2=58.3\mathrm{V}$，$U_3=58.2\mathrm{V}$，$U_n=0\mathrm{V}$，$I_1=1.51\mathrm{A}$，$I_2=1.53\mathrm{A}$，$I_3=1.52\mathrm{A}$，$\dot{U}_1\hat{}\dot{I}_1=100.2°$，$\dot{U}_1\hat{}\dot{I}_2=40.1°$，$\dot{U}_1\hat{}\dot{I}_3=160.2°$，$\dot{U}_2\hat{}\dot{I}_1=340.1°$，$\dot{U}_3\hat{}\dot{I}_1=220.7°$，负载功率因数角为容性 $0\sim30°$（负荷潮流状态为 $-P$，$+Q$），试分析错误接线并计算更正系数。

解析： 三组线电压和相电压基本对称，接近于额定值，三相电流基本对称，有一定大小，说明未失压、未失流。

（一）绘制错误接线相量图

以 $\dot{U}_1$ 为参考相量，确定 $\dot{U}_2$、$\dot{U}_3$、$\dot{I}_1$、$\dot{I}_2$、$\dot{I}_3$ 的位置，绘制错误接线相量图如

图 3-23 所示。

(二) 判断电压相序

$\dot{U}_1 \rightarrow \dot{U}_2 \rightarrow \dot{U}_3$ 为顺时针方向，电压为正相序。

(三) 确定错误接线和计算更正系数

由于在 220kV 变电站 220kV 线路出线处设置计量点，负荷潮流状态为 $-P$、$+Q$，对侧线路向本侧线路输送有功功率，本侧线路向对侧线路输送无功功率，容性负荷时电能表应运行在 Ⅱ象限状态，电流滞后于同相电压的角度约为 $160°$（功率因数角约为 $20°$）。

1. 第一种错误接线

假定 $\dot{U}_1$ 为 a 相电压，则 $\dot{U}_2$ 为 b 相电压，$\dot{U}_3$ 为 c 相电压。

(1) 分析过程。从图 3-24 可知，$\dot{I}_1$ 反相后 $-\dot{I}_1$ 滞后 $\dot{U}_2$ 约 $160°$，判断 $-\dot{I}_1$ 和 $\dot{U}_2$ 为同一相电流电压，$\dot{I}_1$ 为 $-\dot{I}_b$；$\dot{I}_2$ 滞后 $\dot{U}_3$ 约 $160°$，判断 $\dot{I}_2$ 和 $\dot{U}_3$ 为同一相电流电压，$\dot{I}_2$ 为 $\dot{I}_c$；$\dot{I}_3$ 滞后 $\dot{U}_1$ 约 $160°$，判断 $\dot{I}_3$ 和 $\dot{U}_1$ 为同一相电流电压，$\dot{I}_3$ 为 $\dot{I}_a$。

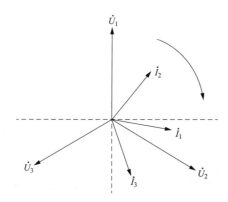
图 3-23 错误接线相量图（一）

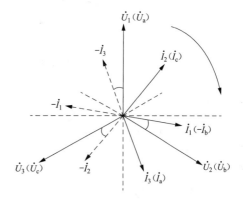
图 3-24 错误接线相量图（二）

(2) 结论。第一组元件接入 $\dot{U}_a$、$-\dot{I}_b$，第二组元件接入 $\dot{U}_b$、$\dot{I}_c$，第三组元件接入 $\dot{U}_c$、$\dot{I}_a$。

(3) 计算更正系数。

错误功率表达式

$$P' = U_a I_b \cos(120° - \varphi_b) + U_b I_c \cos(60° + \varphi_c) + U_c I_a \cos(60° + \varphi_a) \qquad (3-22)$$

按照三相对称计算更正系数

$$K_g = \frac{P}{P'} = \frac{-3U_p I \cos\varphi}{U_p I \cos(120° - \varphi) + U_p I \cos(60° + \varphi) + U_p I \cos(60° + \varphi)}$$

$$= \frac{6}{-1 + \sqrt{3}\tan\varphi} \qquad (3-23)$$

说明：此种潮流状态下，正确功率 $P = -3U_p I \cos\varphi$，有功功率为负值，应计入电能表的反向。

因此错误接线功率

$$P' = U_a I_b \cos(120° - \varphi_b) + U_b I_c \cos(60° + \varphi_c) + U_c I_a \cos(60° + \varphi_a) = 15.82(W)$$

(3-24)

错误接线功率为正值，计入了电能表正向，抄见电量为负值，更正系数 $K_g = -16.23$，$\Delta W = W'(K_g - 1)$ 为正值，表明少计量了。

（4）错误接线图如图 3-25 所示。

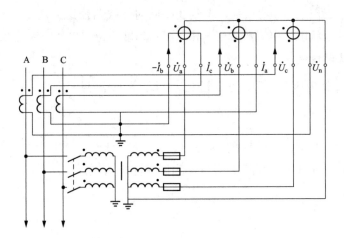

图 3-25　错误接线图

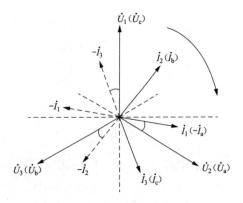

图 3-26　错误接线相量图

2. 第二种错误接线

假定 $\dot{U}_2$ 为 a 相电压，则 $\dot{U}_3$ 为 b 相电压，$\dot{U}_1$ 为 c 相电压。

（1）分析过程。从图 3-26 可知，$\dot{I}_1$ 反相后 $-\dot{I}_1$ 滞后 $\dot{U}_2$ 约 160°，判断 $-\dot{I}_1$ 和 $\dot{U}_2$ 为同一相电流电压，$\dot{I}_1$ 为 $-\dot{I}_a$；$\dot{I}_2$ 滞后 $\dot{U}_3$ 约 160°，判断 $\dot{I}_2$ 和 $\dot{U}_3$ 为同一相电流电压，$\dot{I}_2$ 为 $\dot{I}_b$；$\dot{I}_3$ 滞后 $\dot{U}_1$ 约 160°，判断 $\dot{I}_3$ 和 $\dot{U}_1$ 为同一相电流电压，$\dot{I}_3$ 为 $\dot{I}_c$。

（2）结论。第一组元件接入 $\dot{U}_c$、$-\dot{I}_a$，第二组元件接入 $\dot{U}_a$、$\dot{I}_b$，第三组元件接入 $\dot{U}_b$、$\dot{I}_c$。

（3）计算更正系数。

错误功率表达式

$$P' = U_c I_a \cos(120° - \varphi_a) + U_a I_b \cos(60° + \varphi_b) + U_b I_c \cos(60° + \varphi_c) \quad (3-25)$$

按照三相对称计算更正系数

$$K_g = \frac{P}{P'} = \frac{-3U_p I \cos\varphi}{U_p I \cos(120° - \varphi) + U_p I \cos(60° + \varphi) + U_p I \cos(60° + \varphi)}$$

$$= \frac{6}{-1+\sqrt{3}\tan\varphi} \tag{3-26}$$

（4）错误接线图如图 3-27 所示。

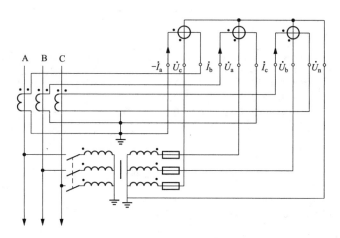

图 3-27　错误接线图

3. 第三种错误接线

假定 $\dot{U}_3$ 为 a 相电压，则 $\dot{U}_1$ 为 b 相电压，$\dot{U}_2$ 为 c 相电压。

（1）分析过程。从图 3-28 可知，$\dot{I}_1$ 反相后 $-\dot{I}_1$ 滞后 $\dot{U}_2$ 约 160°，判断 $-\dot{I}_1$ 和 $\dot{U}_2$ 为同一相电流电压，$\dot{I}_1$ 为 $-\dot{I}_c$；$\dot{I}_2$ 滞后 $\dot{U}_3$ 约 160°，判断 $\dot{I}_2$ 和 $\dot{U}_3$ 为同一相电流电压，$\dot{I}_2$ 为 $\dot{I}_a$；$\dot{I}_3$ 滞后 $\dot{U}_1$ 约 160°，判断 $\dot{I}_3$ 和 $\dot{U}_1$ 为同一相电流电压，$\dot{I}_3$ 为 $\dot{I}_b$。

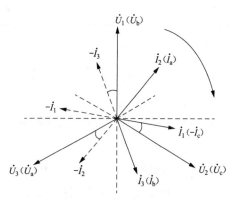

图 3-28　错误接线相量图

（2）结论。第一组元件接入 $\dot{U}_b$、$-\dot{I}_c$，第二组元件接入 $\dot{U}_c$、$\dot{I}_a$，第三组元件接入 $\dot{U}_a$、$\dot{I}_b$。

（3）计算更正系数。

错误功率表达式

$$P' = U_b I_c \cos(120° - \varphi_c) + U_c I_a \cos(60° + \varphi_a) + U_a I_b \cos(60° + \varphi_b) \tag{3-27}$$

按照三相对称计算更正系数

$$K_g = \frac{P}{P'} = \frac{-3U_p I \cos\varphi}{U_p I \cos(120° - \varphi) + U_p I \cos(60° + \varphi) + U_p I \cos(60° + \varphi)}$$

$$= \frac{6}{-1 + \sqrt{3}\tan\varphi} \tag{3-28}$$

（4）错误接线图如图 3-29 所示。

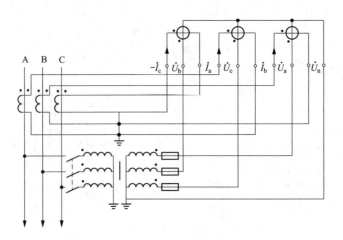

图 3-29　错误接线图

(四）错误接线结论表

错误接线结论表见表 3-4。

表 3-4　　　　　　　　　　　错 误 接 线 结 论 表

参数	电压接入相别			电流接入相别		
	$\dot{U}_1$	$\dot{U}_2$	$\dot{U}_3$	$\dot{I}_1$	$\dot{I}_2$	$\dot{I}_3$
第一种	$\dot{U}_a$	$\dot{U}_b$	$\dot{U}_c$	$-\dot{I}_b$	$\dot{I}_c$	$\dot{I}_a$
第二种	$\dot{U}_c$	$\dot{U}_a$	$\dot{U}_b$	$-\dot{I}_a$	$\dot{I}_b$	$\dot{I}_c$
第三种	$\dot{U}_b$	$\dot{U}_c$	$\dot{U}_a$	$-\dot{I}_c$	$\dot{I}_a$	$\dot{I}_b$

五、实例五

500kV 跨区输电关口，在 500kV 变电站 500kV 线路出线处设置计量点，采用三相四线电能计量装置，电流互感器变比为 1600A/5A，电能表为 $3\times57.7/100\text{V}$、3×1.5 (6)A 的三相四线多功能电能表，现场在表尾端测量数据如下，$U_{12}=101.2\text{V}$，$U_{13}=101.5\text{V}$，$U_{32}=100.9\text{V}$，$U_1=57.9\text{V}$，$U_2=58.3\text{V}$，$U_3=58.2\text{V}$，$U_n=0\text{V}$，$I_1=1.51\text{A}$，$I_2=1.53\text{A}$，$I_3=1.52\text{A}$，$\dot{U}_1\hat{}\dot{I}_1=30.2°$，$\dot{U}_1\hat{}\dot{I}_2=330.1°$，$\dot{U}_1\hat{}\dot{I}_3=90.2°$，$\dot{U}_2\hat{}\dot{I}_1=270.1°$，$\dot{U}_3\hat{}\dot{I}_1=150.7°$，负载功率因数角为感性 $0\sim30°$（负荷潮流状态为 $-P$，$-Q$），试分析错误接线并计算更正系数。

解析： 三组线电压和相电压基本对称，接近于额定值，三相电流基本对称，有一定大小，说明未失压、未失流。

（一）绘制错误接线相量图

以 $\dot{U}_1$ 为参考相量，确定 $\dot{U}_2$、$\dot{U}_3$、$\dot{I}_1$、$\dot{I}_2$、$\dot{I}_3$ 的位置，绘制错误接线相量图如图 3-30 所示。

（二）判断电压相序

$\dot{U}_1 \rightarrow \dot{U}_2 \rightarrow \dot{U}_3$ 为顺时针方向，电压为正相序。

（三）确定错误接线和计算更正系数

由于在 500kV 变电站 500kV 线路出线处设置计量点，负荷潮流状态为 $-P$、$-Q$，对侧线路向本侧线路输送有功功率和无功功率，电能表应运行在Ⅲ象限状态，电流滞后于同相电压的角度约 210°（功率因数角约为 30°）。

1. 第一种错误接线

假定 $\dot{U}_1$ 为 a 相电压，则 $\dot{U}_2$ 为 b 相电压，$\dot{U}_3$ 为 c 相电压。

（1）分析过程。从图 3-31 可知，$\dot{I}_1$ 反相后 $-\dot{I}_1$ 滞后 $\dot{U}_1$ 约 210°，判断 $-\dot{I}_1$ 和 $\dot{U}_1$ 为同一相电流电压，$\dot{I}_1$ 为 $-\dot{I}_a$；$\dot{I}_2$ 滞后 $\dot{U}_2$ 约 210°，判断 $\dot{I}_2$ 和 $\dot{U}_2$ 为同一相电流电压，$\dot{I}_2$ 为 $\dot{I}_b$；$\dot{I}_3$ 滞后 $\dot{U}_3$ 约 210°，判断 $\dot{I}_3$ 和 $\dot{U}_3$ 为同一相电流电压，$\dot{I}_3$ 为 $\dot{I}_c$。

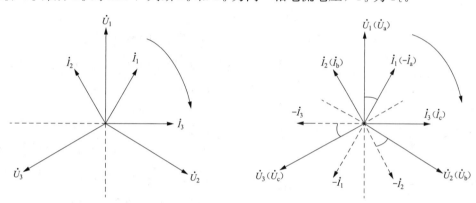

图 3-30　错误接线相量图（一）　　　图 3-31　错误接线相量图（二）

（2）结论。第一组元件接入 $\dot{U}_a$、$-\dot{I}_a$，第二组元件接入 $\dot{U}_b$、$\dot{I}_b$，第三组元件接入 $\dot{U}_c$、$\dot{I}_c$。

（3）计算更正系数。

错误功率表达式

$$P' = U_a I_a \cos\varphi_a + U_b I_b \cos(180° + \varphi_b) + U_c I_c \cos(180° + \varphi_c) \qquad (3\text{-}29)$$

按照三相对称计算更正系数

$$K_g = \frac{P}{P'} = \frac{-3U_p I\cos\varphi}{U_p I\cos\varphi + U_p I\cos(180° + \varphi) + U_p I\cos(180° + \varphi)} = 3 \qquad (3\text{-}30)$$

说明：此种潮流状态下，正确功率 $P = -3U_p I\cos\varphi$，有功功率为负值，应计入电能表的反向。

因此错误接线功率

$$P' = U_a I_a \cos\varphi_a + U_b I_b \cos(180° + \varphi_b) + U_c I_c \cos(180° + \varphi_c) = -78.07(\text{W})$$

$$(3\text{-}31)$$

错误接线功率为负值，计入了电能表反向，抄见电量为正值，更正系数 $K_g = 3$，$\Delta W = W'(K_g - 1)$ 为正值，表明少计量了。

（4）错误接线图如图 3-32 所示。

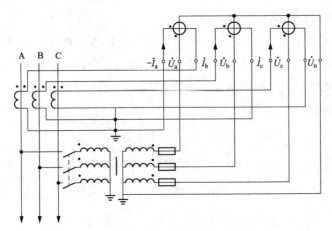

图 3-32　错误接线图

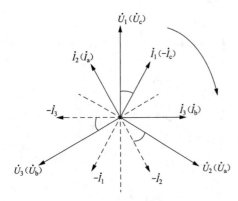

图 3-33　错误接线相量图

2. 第二种错误接线

假定 $\dot{U}_2$ 为 a 相电压，则 $\dot{U}_3$ 为 b 相电压，$\dot{U}_1$ 为 c 相电压。

（1）分析过程。从图 3-33 可知，$\dot{I}_1$ 反相后 $-\dot{I}_1$ 滞后 $\dot{U}_1$ 约 210°，判断 $-\dot{I}_1$ 和 $\dot{U}_1$ 为同一相电流电压，$\dot{I}_1$ 为 $-\dot{I}_c$；$\dot{I}_2$ 滞后 $\dot{U}_2$ 约 210°，判断 $\dot{I}_2$ 和 $\dot{U}_2$ 为同一相电流电压，$\dot{I}_2$ 为 $\dot{I}_a$；$\dot{I}_3$ 滞后 $\dot{U}_3$ 约 210°，判断 $\dot{I}_3$ 和 $\dot{U}_3$ 为同一相电流电压，$\dot{I}_3$ 为 $\dot{I}_b$。

（2）结论。第一组元件接入 $\dot{U}_c$、$-\dot{I}_c$，第二组元件接入 $\dot{U}_a$、$\dot{I}_a$，第三组元件接入 $\dot{U}_b$、$\dot{I}_b$。

（3）计算更正系数。

错误功率表达式

$$P' = U_c I_c \cos\varphi_c + U_a I_a \cos(180° + \varphi_a) + U_b I_b \cos(180° + \varphi_b) \tag{3-32}$$

按照三相对称计算更正系数

$$K_g = \frac{P}{P'} = \frac{-3U_p I \cos\varphi}{U_p I \cos\varphi + U_p I \cos(180° + \varphi) + U_p I \cos(180° + \varphi)} = 3 \tag{3-33}$$

（4）错误接线图如图 3-34 所示。

3. 第三种错误接线

假定 $\dot{U}_3$ 为 a 相电压，则 $\dot{U}_1$ 为 b 相电压，$\dot{U}_2$ 为 c 相电压。

（1）分析过程。从图 3-35 可知，$\dot{I}_1$ 反相后 $-\dot{I}_1$ 滞后 $\dot{U}_1$ 约 210°，判断 $-\dot{I}_1$ 和 $\dot{U}_1$ 为同一相电流电压，$\dot{I}_1$ 为 $-\dot{I}_b$；$\dot{I}_2$ 滞后 $\dot{U}_2$ 约 210°，判断 $\dot{I}_2$ 和 $\dot{U}_2$ 为同一相电流电压，$\dot{I}_2$ 为 $\dot{I}_c$；$\dot{I}_3$ 滞后 $\dot{U}_3$ 约 210°，判断 $\dot{I}_3$ 和 $\dot{U}_3$ 为同一相电流电压，$\dot{I}_3$ 为 $\dot{I}_a$。

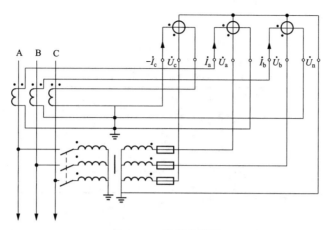

图 3-34 错误接线图

（2）结论。第一组元件接入 $\dot{U}_{\mathrm{b}}$、$-\dot{I}_{\mathrm{b}}$，第二组元件接入 $\dot{U}_{\mathrm{c}}$、$\dot{I}_{\mathrm{c}}$，第三组元件接入 $\dot{U}_{\mathrm{a}}$、$\dot{I}_{\mathrm{a}}$。

（3）计算更正系数。

错误功率表达式

$$P' = U_{\mathrm{b}}I_{\mathrm{b}}\cos\varphi_{\mathrm{b}} + U_{\mathrm{c}}I_{\mathrm{c}}\cos(180° + \varphi_{\mathrm{c}}) \\ + U_{\mathrm{a}}I_{\mathrm{a}}\cos(180° + \varphi_{\mathrm{a}}) \qquad (3\text{-}34)$$

按照三相对称计算更正系数

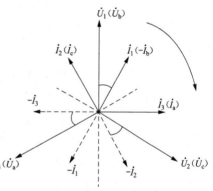

图 3-35 错误接线相量图

$$K_{\mathrm{g}} = \frac{P}{P'} = \frac{-3U_{\mathrm{p}}I\cos\varphi}{U_{\mathrm{p}}I\cos\varphi + U_{\mathrm{p}}I\cos(180° + \varphi) + U_{\mathrm{p}}I\cos(180° + \varphi)} = 3 \qquad (3\text{-}35)$$

（4）错误接线图如图 3-36 所示。

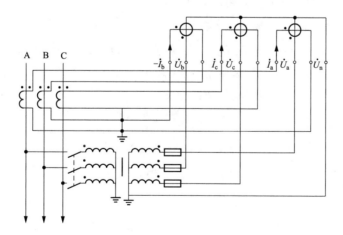

图 3-36 错误接线图

（四）错误接线结论表

错误接线结论表见表 3-5。

表 3-5　　　　　　　　　　　　错 误 接 线 结 论 表

参数	电压接入相别			电流接入相别		
	$\dot{U}_1$	$\dot{U}_2$	$\dot{U}_3$	$\dot{I}_1$	$\dot{I}_2$	$\dot{I}_3$
第一种	$\dot{U}_a$	$\dot{U}_b$	$\dot{U}_c$	$-\dot{I}_a$	$\dot{I}_b$	$\dot{I}_c$
第二种	$\dot{U}_c$	$\dot{U}_a$	$\dot{U}_b$	$-\dot{I}_c$	$\dot{I}_a$	$\dot{I}_b$
第三种	$\dot{U}_b$	$\dot{U}_c$	$\dot{U}_a$	$-\dot{I}_b$	$\dot{I}_c$	$\dot{I}_a$

六、实例六

220kV 跨省输电关口，在 220kV 变电站 220kV 线路出线处设置计量点，采用三相四线电能计量装置，电流互感器变比为 800A/5A，电能表为 $3\times57.7/100V$、$3\times1.5(6)A$ 的三相四线多功能电能表，现场在表尾端测量数据如下，$U_{12}=101.2V$，$U_{13}=101.5V$，$U_{32}=100.9V$，$U_1=57.9V$，$U_2=58.3V$，$U_3=58.2V$，$U_n=0V$，$I_1=1.21A$，$I_2=1.23A$，$I_3=1.22A$，$\dot{U}_1\hat{}\dot{I}_1=50.2°$，$\dot{U}_1\hat{}\dot{I}_2=110.1°$，$\dot{U}_1\hat{}\dot{I}_3=350.2°$，$\dot{U}_2\hat{}\dot{I}_1=290.1°$，$\dot{U}_3\hat{}\dot{I}_1=170.2°$，负载功率因数角为感性 30°～60°（负荷潮流状态为 $-P$，$-Q$），试分析错误接线并计算更正系数。

解析： 三组线电压和相电压基本对称，接近于额定值，三相电流基本对称，有一定大小，说明未失压、未失流。

（一）绘制错误接线相量图

以 $\dot{U}_1$ 为参考相量，确定 $\dot{U}_2$、$\dot{U}_3$、$\dot{I}_1$、$\dot{I}_2$、$\dot{I}_3$ 的位置，绘制错误接线相量图如图 3-37 所示。

（二）判断电压相序

$\dot{U}_1\rightarrow\dot{U}_2\rightarrow\dot{U}_3$ 为顺时针方向，电压为正相序。

（三）确定错误接线和计算更正系数

由于在 220kV 变电站 220kV 线路出线处设置计量点，负荷潮流状态为 $-P$、$-Q$，对侧线路向本侧线路输送有功功率和无功功率，电能表应运行在 Ⅲ 象限状态，电流滞后于同相电压的角度约 230°（功率因数角约为 50°）。

1. 第一种错误接线

假定 $\dot{U}_1$ 为 a 相电压，则 $\dot{U}_2$ 为 b 相电压，$\dot{U}_3$ 为 c 相电压。

（1）分析过程。从图 3-38 可知，$\dot{I}_1$ 反相后 $-\dot{I}_1$ 滞后 $\dot{U}_1$ 约 230°，判断 $-\dot{I}_1$ 和 $\dot{U}_1$ 为同一相电流电压，$\dot{I}_1$ 为 $-\dot{I}_a$；$\dot{I}_2$ 滞后 $\dot{U}_3$ 约 230°，判断 $\dot{I}_2$ 和 $\dot{U}_3$ 为同一相电流电压，$\dot{I}_2$ 为 $\dot{I}_c$；$\dot{I}_3$ 滞后 $\dot{U}_2$ 约 230°，判断 $\dot{I}_3$ 和 $\dot{U}_2$ 为同一相电流电压，$\dot{I}_3$ 为 $\dot{I}_b$。

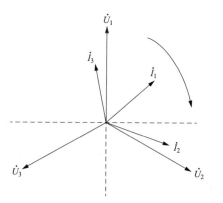

图 3-37 错误接线相量图（一）

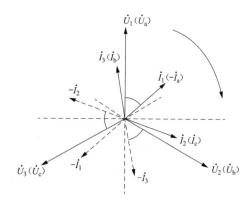

图 3-38 错误接线相量图（二）

（2）结论。第一组元件接入 $\dot{U}_a$、$-\dot{I}_a$，第二组元件接入 $\dot{U}_b$、$\dot{I}_c$，第三组元件接入 $\dot{U}_c$、$\dot{I}_b$。

（3）计算更正系数。

错误功率表达式

$$P' = U_a I_a \cos\varphi_a + U_b I_c \cos(60° - \varphi_c) + U_c I_b \cos(60° + \varphi_b) \tag{3-36}$$

按照三相对称计算更正系数

$$K_g = \frac{P}{P'} = \frac{-3U_p I \cos\varphi}{U_p I \cos\varphi + U_p I \cos(60° - \varphi) + U_p I \cos(60° + \varphi)} = -\frac{3}{2} \tag{3-37}$$

说明：此种潮流状态下，正确功率 $P = -3U_p I \cos\varphi$，有功功率为负值，应计入电能表的反向。

因此错误接线功率

$$P' = U_a I_a \cos\varphi_a + U_b I_c \cos(60° - \varphi_c) + U_c I_b \cos(60° + \varphi_b) = 113.28(\text{W}) \tag{3-38}$$

错误接线功率为正值，计入了电能表正向，抄见电量为负值，更正系数 $K_g = -\frac{3}{2}$，$\Delta W = W'(K_g - 1)$ 为正值，表明少计量了。

（4）错误接线图如图 3-39 所示。

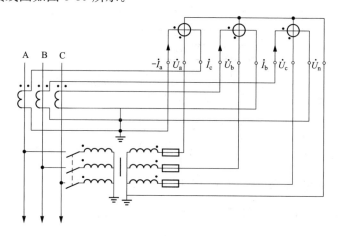

图 3-39 错误接线图

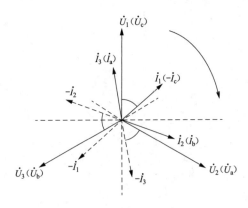

图 3-40 错误接线相量图

2. 第二种错误接线

假定 $\dot{U}_2$ 为 a 相电压，则 $\dot{U}_3$ 为 b 相电压，$\dot{U}_1$ 为 c 相电压。

（1）解析过程。从图 3-40 可知，$\dot{I}_1$ 反相后 $-\dot{I}_1$ 滞后 $\dot{U}_1$ 约 230°，判断 $-\dot{I}_1$ 和 $\dot{U}_1$ 为同一相电流电压，$\dot{I}_1$ 为 $-\dot{I}_c$；$\dot{I}_2$ 滞后 $\dot{U}_3$ 约 230°，判断 $\dot{I}_2$ 和 $\dot{U}_3$ 为同一相电流电压，$\dot{I}_2$ 为 $\dot{I}_b$；$\dot{I}_3$ 滞后 $\dot{U}_2$ 约 230°，判断 $\dot{I}_3$ 和 $\dot{U}_2$ 为同一相电流电压，$\dot{I}_3$ 为 $\dot{I}_a$。

（2）结论。第一组元件接入 $\dot{U}_c$、$-\dot{I}_c$，第二组元件接入 $\dot{U}_a$、$\dot{I}_b$，第三组元件接入 $\dot{U}_b$、$\dot{I}_a$。

（3）计算更正系数。

错误功率表达式

$$P' = U_c I_c \cos\varphi_c + U_a I_b \cos(60° - \varphi_b) + U_b I_a \cos(60° + \varphi_a) \tag{3-39}$$

按照三相对称计算更正系数

$$K_g = \frac{P}{P'} = \frac{-3U_p I \cos\varphi}{U_p I \cos\varphi + U_p I \cos(60° - \varphi) + U_p I \cos(60° + \varphi)} = -\frac{3}{2} \tag{3-40}$$

（4）错误接线图如图 3-41 所示。

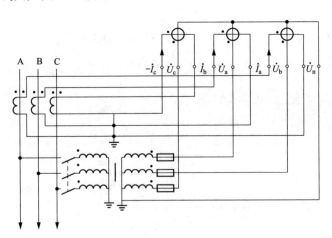

图 3-41 错误接线图

3. 第三种错误接线

假定 $\dot{U}_3$ 为 a 相电压，则 $\dot{U}_1$ 为 b 相电压，$\dot{U}_2$ 为 c 相电压。

（1）分析过程。从图 3-42 可知，$\dot{I}_1$ 反相后 $-\dot{I}_1$ 滞后 $\dot{U}_1$ 约 230°，判断 $-\dot{I}_1$ 和 $\dot{U}_1$ 为同一相电流电压，$\dot{I}_1$ 为 $-\dot{I}_b$；$\dot{I}_2$ 滞后 $\dot{U}_3$ 约 230°，判断 $\dot{I}_2$ 和 $\dot{U}_3$ 为同一相电流电压，$\dot{I}_2$

为 $\dot{I}_a$；$\dot{I}_3$ 滞后 $\dot{U}_2$ 约 230°，判断 $\dot{I}_3$ 和 $\dot{U}_2$ 为同一相电流电压，$\dot{I}_3$ 为 $\dot{I}_c$。

（2）结论。第一组元件接入 $\dot{U}_b$、$-\dot{I}_b$，第二组元件接入 $\dot{U}_c$、$\dot{I}_a$，第三组元件接入 $\dot{U}_a$、$\dot{I}_c$。

图 3-42　错误接线相量图

（3）计算更正系数。

错误功率表达式

$$P' = U_b I_b \cos\varphi_b + U_c I_a \cos(60° - \varphi_a)$$
$$+ U_a I_c \cos(60° + \varphi_c) \qquad (3\text{-}41)$$

按照三相对称计算更正系数

$$K_g = \frac{P}{P'} = \frac{-3U_p I \cos\varphi}{U_p I \cos\varphi + U_p I \cos(60° - \varphi) + U_p I \cos(60° + \varphi)} = -\frac{3}{2} \qquad (3\text{-}42)$$

（4）错误接线图如图 3-43 所示。

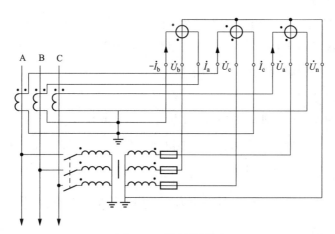

图 3-43　错误接线图

（四）错误接线结论表

三种错误接线结论表见表 3-6。

表 3-6　　　　　　　　　　　　　　　错 误 接 线 结 论 表

参数	电压接入相别			电流接入相别		
	$\dot{U}_1$	$\dot{U}_2$	$\dot{U}_3$	$\dot{I}_1$	$\dot{I}_2$	$\dot{I}_3$
第一种	$\dot{U}_a$	$\dot{U}_b$	$\dot{U}_c$	$-\dot{I}_a$	$\dot{I}_c$	$\dot{I}_b$
第二种	$\dot{U}_c$	$\dot{U}_a$	$\dot{U}_b$	$-\dot{I}_c$	$\dot{I}_b$	$\dot{I}_a$
第三种	$\dot{U}_b$	$\dot{U}_c$	$\dot{U}_a$	$-\dot{I}_b$	$\dot{I}_a$	$\dot{I}_c$

七、实例七

220kV 专用供电线路用电客户，在 220kV 变电站 220kV 线路出线处设置计量点，采用三相四线电能计量装置，电流互感器变比为 300A/5A，电能表为 3×57.7/100V、3×1.5

(6)A 的三相四线智能电能表，现场在表尾端测量数据如下，$U_{12}=101.2$V，$U_{13}=101.5$V，$U_{32}=100.9$V，$U_1=57.9$V，$U_2=58.3$V，$U_3=58.2$V，$U_n=0$V，$I_1=1.12$A，$I_2=1.13$A，$I_3=1.12$A，$\dot{U}_1\hat{\dot{I}}_1=30.2°$，$\dot{U}_1\hat{\dot{I}}_2=330.1°$，$\dot{U}_1\hat{\dot{I}}_3=90.2°$，$\dot{U}_2\hat{\dot{I}}_1=150.1°$，$\dot{U}_3\hat{\dot{I}}_1=270.1°$，负载功率因数角为容性 $0\sim30°$（负荷潮流状态为 $+P$、$-Q$），试分析错误接线并计算更正系数。

解析： 三组线电压和相电压基本对称，接近于额定值，三相电流基本对称，有一定大小，说明未失压、未失流。

（一）绘制错误接线相量图

以 $\dot{U}_1$ 为参考相量，确定 $\dot{U}_2$、$\dot{U}_3$、$\dot{I}_1$、$\dot{I}_2$、$\dot{I}_3$ 的位置，绘制错误接线相量图如图 3-44 所示。

（二）判断电压相序

$\dot{U}_1\rightarrow\dot{U}_2\rightarrow\dot{U}_3$ 为逆时针方向，电压为逆相序。

（三）确定错误接线和计算更正系数

由于在 220kV 变电站 220kV 线路出线处设置计量点，负荷潮流状态为 $+P$、$-Q$，本侧线路向用电客户输送有功功率，用电客户向本侧线路倒送无功功率，电能表应运行在Ⅳ象限状态，电流超前同相电压的角度约 $30°$。

1. 第一种错误接线

假定 $\dot{U}_1$ 为 a 相电压，则 $\dot{U}_3$ 为 b 相电压，$\dot{U}_2$ 为 c 相电压。

（1）分析过程。从图 3-45 可知，$\dot{I}_1$ 反相后 $-\dot{I}_1$ 超前 $\dot{U}_2$ 约 $30°$，判断 $-\dot{I}_1$ 和 $\dot{U}_2$ 为同一相电流电压，$\dot{I}_1$ 为 $-\dot{I}_c$；$\dot{I}_2$ 超前 $\dot{U}_1$ 约 $30°$，判断 $\dot{I}_2$ 和 $\dot{U}_1$ 同一相电流电压，$\dot{I}_2$ 为 $\dot{I}_a$；$\dot{I}_3$ 超前 $\dot{U}_3$ 约 $30°$，判断 $\dot{I}_3$ 和 $\dot{U}_3$ 为同一相电流电压，$\dot{I}_3$ 为 $\dot{I}_b$。

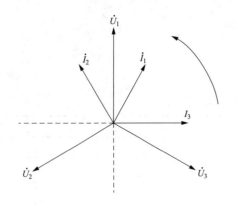

图 3-44 错误接线相量图（一）

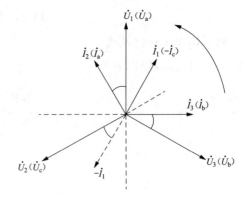

图 3-45 错误接线相量图（二）

（2）结论。第一组元件接入 $\dot{U}_a$、$-\dot{I}_c$，第二组元件接入 $\dot{U}_c$、$\dot{I}_a$，第三组元件接入 $\dot{U}_b$、$\dot{I}_b$。

（3）计算更正系数。

错误功率表达式

$$P' = U_a I_c \cos(60° - \varphi_c) + U_c I_a \cos(120° - \varphi_a) + U_b I_b \cos\varphi_b \qquad (3\text{-}43)$$

按照三相对称计算更正系数

$$K_g = \frac{P}{P'} = \frac{3U_p I \cos\varphi}{U_p I \cos(60° - \varphi) + U_p I \cos(120° - \varphi) + U_p I \cos\varphi}$$

$$= \frac{3}{1 + \sqrt{3}\tan\varphi} \qquad (3\text{-}44)$$

（4）错误接线图如图 3-46 所示。

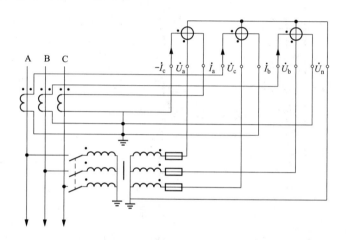

图 3-46　错误接线图

2. 第二种错误接线

假定 $\dot{U}_3$ 为 a 相，则 $\dot{U}_2$ 为 b 相电压，$\dot{U}_1$ 为 c 相电压。

（1）分析过程。从图 3-47 可知，$\dot{I}_1$ 反相后 $-\dot{I}_1$ 超前 $\dot{U}_2$ 约 30°，判断 $-\dot{I}_1$ 和 $\dot{U}_2$ 为同一相电流电压，$\dot{I}_1$ 为 $-\dot{I}_b$；$\dot{I}_2$ 超前 $\dot{U}_1$ 约 30°，判断 $\dot{I}_2$ 和 $\dot{U}_1$ 为同一相电流电压，$\dot{I}_2$ 为 $\dot{I}_c$；$\dot{I}_3$ 超前 $\dot{U}_3$ 约 30°，判断 $\dot{I}_3$ 和 $\dot{U}_3$ 为同一相电流电压，$\dot{I}_3$ 为 $\dot{I}_a$。

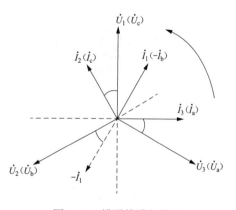

图 3-47　错误接线相量图

（2）结论。第一组元件接入 $\dot{U}_c$、$-\dot{I}_b$，第二组元件接入 $\dot{U}_b$、$\dot{I}_c$，第三组元件接入 $\dot{U}_a$、$\dot{I}_a$。

（3）计算更正系数。

错误功率表达式

$$P' = U_c I_b \cos(60° - \varphi_b) + U_b I_c \cos(120° - \varphi_c) + U_a I_a \cos\varphi_a \qquad (3\text{-}45)$$

按照三相对称计算更正系数

$$K_g = \frac{P}{P'} = \frac{3U_p I \cos\varphi}{U_p I \cos(60° - \varphi) + U_p I \cos(120° - \varphi) + U_p I \cos\varphi}$$

$$= \frac{3}{1 + \sqrt{3}\tan\varphi} \tag{3-46}$$

（4）错误接线图如图 3-48 所示。

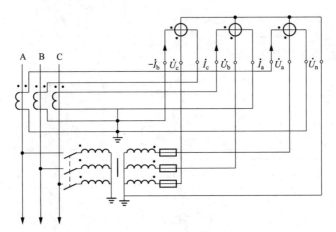

图 3-48　错误接线图

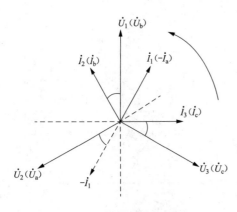

图 3-49　错误接线相量图

3. 第三种错误接线

假定 $\dot{U}_2$ 为 a 相，则 $\dot{U}_1$ 为 b 相电压，$\dot{U}_3$ 为 c 相电压。

（1）分析过程。从图 3-49 可知，$\dot{I}_1$ 反相后$-\dot{I}_1$ 超前 $\dot{U}_2$ 约 30°，判断$-\dot{I}_1$ 和 $\dot{U}_2$ 为同一相电流电压，$\dot{I}_1$ 为 $-\dot{I}_a$；$\dot{I}_2$ 超前 $\dot{U}_1$ 约 30°，判断 $\dot{I}_2$ 和 $\dot{U}_1$ 为同一相电流电压，$\dot{I}_2$ 为 $\dot{I}_b$；$\dot{I}_3$ 超前 $\dot{U}_3$ 约 30°，判断 $\dot{I}_3$ 和 $\dot{U}_3$ 为同一相电流电压，$\dot{I}_3$ 为 $\dot{I}_c$。

（2）结论。第一组元件接入 $\dot{U}_b$、$-\dot{I}_a$，第二组元件接入 $\dot{U}_a$、$\dot{I}_b$，第三组元件接入 $\dot{U}_c$、$\dot{I}_c$。

（3）计算更正系数。

错误功率表达式

$$P' = U_b I_a \cos(60° - \varphi_a) + U_a I_b \cos(120° - \varphi_b) + U_c I_c \cos\varphi_c \tag{3-47}$$

按照三相对称计算更正系数

$$K_g = \frac{P}{P'} = \frac{3U_p I \cos\varphi}{U_p I \cos(60° - \varphi) + U_p I \cos(120° - \varphi) + U_p I \cos\varphi}$$

$$=\frac{3}{1+\sqrt{3}\tan\varphi} \tag{3-48}$$

（4）错误接线图如图 3-50 所示。

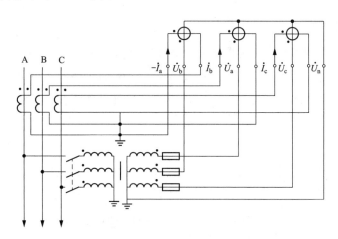

图 3-50　错误接线图

（四）错误接线结论表

三种错误接线结论表见表 3-7。

表 3-7　　　　　　　　　　错 误 接 线 结 论 表

参数	电压接入相别			电流接入相别		
	$\dot{U}_1$	$\dot{U}_2$	$\dot{U}_3$	$\dot{I}_1$	$\dot{I}_2$	$\dot{I}_3$
第一种	$\dot{U}_a$	$\dot{U}_c$	$\dot{U}_b$	$-\dot{I}_c$	$\dot{I}_a$	$\dot{I}_b$
第二种	$\dot{U}_c$	$\dot{U}_b$	$\dot{U}_a$	$-\dot{I}_b$	$\dot{I}_c$	$\dot{I}_a$
第三种	$\dot{U}_b$	$\dot{U}_a$	$\dot{U}_c$	$-\dot{I}_a$	$\dot{I}_b$	$\dot{I}_c$

八、实例八

110kV 专用供电线路用电客户，在 110kV 变电站 110kV 线路出线处设置计量点，采用三相四线电能计量装置，电流互感器变比为 200A/5A，电能表为 $3\times 57.7/100$V、$3\times 1.5(6)$A 的三相四线智能电能表，现场在表尾端测量数据如下，$U_{12}=101.2$V，$U_{13}=58.5$V，$U_{32}=57.9$V，$U_1=57.9$V，$U_2=58.3$V，$U_3=58.2$V，$U_n=0$V，$I_1=1.01$A，$I_2=1.03$A，$I_3=1.02$A，$\dot{U}_1\hat{~}\dot{I}_1=20.2°$，$\dot{U}_1\hat{~}\dot{I}_2=80.1°$，$\dot{U}_1\hat{~}\dot{I}_3=320.2°$，$\dot{U}_2\hat{~}\dot{I}_1=140.1°$，$\dot{U}_3\hat{~}\dot{I}_1=80.1°$，负载功率因数角为容性 $30°\sim 60°$（负荷潮流状态为 $+P$，$-Q$），试分析错误接线并计算更正系数。

解析：三组线电压中，仅一组线电压 U_{12} 为 101.2V，其他两组线电压 U_{13}、U_{32} 分别为 58.5V、57.9V，三组相电压基本对称，接近于额定值，但是电压互感器二次绕组极性反接；三相电流基本对称，有一定大小。

（一）绘制错误接线相量图

以 $\dot{U}_1$ 为参考相量，确定 $\dot{U}_2$、$\dot{U}_3$、$\dot{I}_1$、$\dot{I}_2$、$\dot{I}_3$ 的位置，绘制错误接线相量图如

图 3-51 所示。

（二）判断电压相序

假定 $\dot{U}_3$ 反相，反相后为 $-\dot{U}_3$，$\dot{U}_1 \rightarrow \dot{U}_2 \rightarrow -\dot{U}_3$ 为逆时针方向，电压为逆相序。

（三）确定错误接线和计算更正系数

$\hat{\dot{U}_3\dot{U}_1} = 60.2°$，证明电压互感器二次绕组极性反接。由于在 110kV 变电站 110kV 线路出线处设置计量点，负荷潮流状态为 $+P$、$-Q$，本侧线路向用电客户输送有功功率，用电客户向本侧线路倒送无功功率，电能表应运行在Ⅳ象限状态，电流超前同相电压的角度约 40°。

1. 第一种错误接线

$\dot{U}_3$ 反相后为 $-\dot{U}_3$，假定 $\dot{U}_1$ 为 a 相电压，则 $-\dot{U}_3$ 为 b 相电压，$\dot{U}_3$ 为 $-\dot{U}_b$，$\dot{U}_2$ 为 c 相电压。

（1）分析过程。从图 3-52 可知，$\dot{I}_1$ 反相后 $-\dot{I}_1$ 超前 $\dot{U}_2$ 约 40°，判断 $-\dot{I}_1$ 和 $\dot{U}_2$ 为同一相电流电压，$\dot{I}_1$ 为 $-\dot{I}_c$；$\dot{I}_2$ 超前 $-\dot{U}_3$ 约 40°，判断 $\dot{I}_2$ 和 $-\dot{U}_3$ 为同一相电流电压，$\dot{I}_2$ 为 $\dot{I}_b$；$\dot{I}_3$ 超前 $\dot{U}_1$ 约 40°，判断 $\dot{I}_3$ 和 $\dot{U}_1$ 为同一相电流电压，$\dot{I}_3$ 为 $\dot{I}_a$。

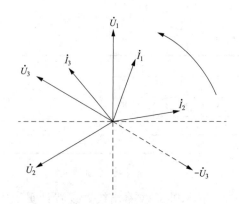
图 3-51　错误接线相量图（一）

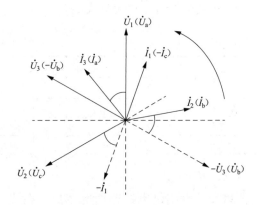
图 3-52　错误接线相量图（二）

（2）结论。第一组元件接入 $\dot{U}_a$、$-\dot{I}_c$，第二组元件接入 $\dot{U}_c$、$\dot{I}_b$，第三组元件接入 $-\dot{U}_b$、$\dot{I}_a$。

（3）计算更正系数。

错误功率表达式

$$P' = U_a I_c \cos(60° - \varphi_c) + U_c I_b \cos(120° + \varphi_b) + U_b I_a \cos(60° - \varphi_a) \quad (3-49)$$

按照三相对称计算更正系数

$$K_g = \frac{P}{P'} = \frac{3U_p I \cos\varphi}{U_p I \cos(60° - \varphi) + U_p I \cos(120° + \varphi) + U_p I \cos(60° - \varphi)}$$

$$= \frac{6}{1 + \sqrt{3}\tan\varphi} \quad (3-50)$$

（4）错误接线图如图 3-53 所示。

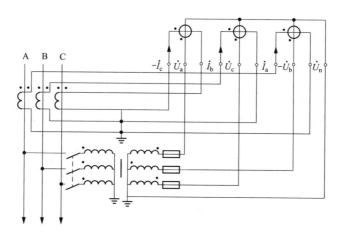

图 3-53　错误接线图

2. 第二种错误接线

$\dot{U}_3$ 反相后为 $-\dot{U}_3$，假定 $-\dot{U}_3$ 为 a 相电压，$\dot{U}_3$ 为 $-\dot{U}_a$，则 $\dot{U}_2$ 为 b 相电压，$\dot{U}_1$ 为 c 相电压。

（1）分析过程。从图 3-54 可知，$\dot{I}_1$ 反相后 $-\dot{I}_1$ 超前 $\dot{U}_2$ 约 40°，判断 $-\dot{I}_1$ 和 $\dot{U}_2$ 为同一相电流电压，$\dot{I}_1$ 为 $-\dot{I}_b$；$\dot{I}_2$ 超前 $-\dot{U}_3$ 约 40°，判断 $\dot{I}_2$ 和 $-\dot{U}_3$ 为同一相电流电压，$\dot{I}_2$ 为 $\dot{I}_a$；$\dot{I}_3$ 超前 $\dot{U}_1$ 约 40°，判断 $\dot{I}_3$ 和 $\dot{U}_1$ 为同一相电流电压，$\dot{I}_3$ 为 $\dot{I}_c$。

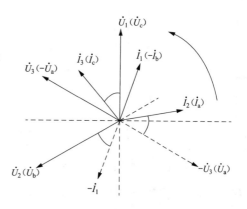

图 3-54　错误接线相量图

（2）结论。第一组元件接入 $\dot{U}_c$、$-\dot{I}_b$，第二组元件接入 $\dot{U}_b$、$\dot{I}_a$，第三组元件接入 $-\dot{U}_a$、$\dot{I}_c$。

（3）计算更正系数。

错误功率表达式

$$P' = U_c I_b \cos(60° - \varphi_b) + U_b I_a \cos(120° + \varphi_a) + U_a I_c \cos(60° - \varphi_c) \tag{3-51}$$

按照三相对称计算更正系数

$$K_g = \frac{P}{P'} = \frac{3U_p I \cos\varphi}{U_p I \cos(60° - \varphi) + U_p I \cos(120° + \varphi) + U_p I \cos(60° - \varphi)}$$

$$= \frac{6}{1 + \sqrt{3}\tan\varphi} \tag{3-52}$$

（4）错误接线图如图 3-55 所示。

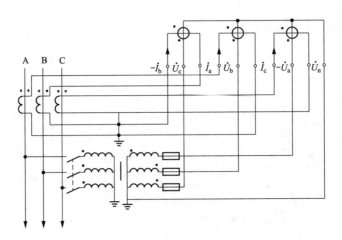

图 3-55 错误接线图

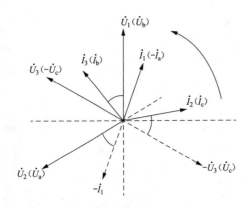

图 3-56 错误接线相量图

3. 第三种错误接线

$\dot{U}_3$ 反相后为 $-\dot{U}_3$，假定 $\dot{U}_2$ 为 a 相电压，则 $\dot{U}_1$ 为 b 相电压，$-\dot{U}_3$ 为 c 相电压，$\dot{U}_3$ 为 $-\dot{U}_c$。

（1）分析过程。从图 3-56 可知，$\dot{I}_1$ 反相后 $-\dot{I}_1$ 超前 $\dot{U}_2$ 约 40°，判断 $-\dot{I}_1$ 和 $\dot{U}_2$ 为同一相电流电压，$\dot{I}_1$ 为 $-\dot{I}_a$；$\dot{I}_2$ 超前 $-\dot{U}_3$ 约 40°，判断 $\dot{I}_2$ 和 $-\dot{U}_3$ 为同一相电流电压，$\dot{I}_2$ 为 $\dot{I}_c$；$\dot{I}_3$ 超前 $\dot{U}_1$ 约 40°，判断 $\dot{I}_3$ 和 $\dot{U}_1$ 为同一相电流电压，$\dot{I}_3$ 为 $\dot{I}_b$。

（2）结论。第一组元件接入 $\dot{U}_b$、$-\dot{I}_a$，第二组元件接入 $\dot{U}_a$、$\dot{I}_c$，第三组元件接入 $-\dot{U}_c$、$\dot{I}_b$。

（3）计算更正系数。

错误功率表达式

$$P' = U_b I_a \cos(60° - \varphi_a) + U_a I_c \cos(120° + \varphi_c) + U_c I_b \cos(60° - \varphi_b) \tag{3-53}$$

按照三相对称计算更正系数

$$K_g = \frac{P}{P'} = \frac{3U_p I \cos\varphi}{U_p I \cos(60° - \varphi) + U_p I \cos(120° + \varphi) + U_p I \cos(60° - \varphi)}$$

$$= \frac{6}{1 + \sqrt{3}\tan\varphi} \tag{3-54}$$

（4）错误接线图如图 3-57 所示。

（四）错误接线结论表

错误接线结论表见表 3-8。

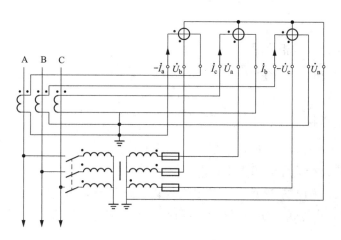

图 3-57 错误接线图

表 3-8 错误接线结论表

参数	电压接入相别			电流接入相别		
	$\dot{U}_1$	$\dot{U}_2$	$\dot{U}_3$	$\dot{I}_1$	$\dot{I}_2$	$\dot{I}_3$
第一种	$\dot{U}_a$	$\dot{U}_c$	$-\dot{U}_b$	$-\dot{I}_c$	$\dot{I}_b$	$\dot{I}_a$
第二种	$\dot{U}_c$	$\dot{U}_b$	$-\dot{U}_a$	$-\dot{I}_b$	$\dot{I}_a$	$\dot{I}_c$
第三种	$\dot{U}_b$	$\dot{U}_a$	$-\dot{U}_c$	$-\dot{I}_a$	$\dot{I}_c$	$\dot{I}_b$
第四种	$-\dot{U}_a$	$-\dot{U}_c$	$\dot{U}_b$	$\dot{I}_c$	$-\dot{I}_b$	$-\dot{I}_a$
第五种	$-\dot{U}_c$	$-\dot{U}_b$	$\dot{U}_a$	$\dot{I}_b$	$-\dot{I}_a$	$-\dot{I}_c$
第六种	$-\dot{U}_b$	$-\dot{U}_a$	$\dot{U}_c$	$\dot{I}_a$	$-\dot{I}_c$	$-\dot{I}_b$

第一种、第二种、第三种是假定 $\dot{U}_3$ 反相错误接线结论。如果假定 $\dot{U}_1$ 和 $\dot{U}_2$ 均反相，其对应的错误接线结论为第四种、第五种、第六种，分析方法一致，过程略。6 种假定分别对应 6 种不同的错误接线，现场实际接线是 6 种错误结论中的一种，6 种错误接线结论不一致，但是错误接线功率表达式一致，更正系数一致，理论上根据 6 种错误接线结论更正均可正确计量。实际生产中，必须按照安全管理规定，严格履行保证安全的组织措施和技术措施后，再更正接线，更正时应核查接入电能表的实际二次电压和二次电流，根据现场实际的错误接线，按照正确接线方式更正。

九、实例九

220kV 专用供电线路用电客户，在 220kV 变电站 220kV 线路出线处设置计量点，采用三相四线电能计量装置，电流互感器变比为 300A/5A，电能表为 3×57.7/100V、3×1.5(6)A 的三相四线智能电能表，现场在表尾端测量数据如下，$U_{12}=101.2$V，$U_{13}=101.9$V，$U_{32}=101.3$V，$U_1=57.8$V，$U_2=57.9$V，$U_3=57.9$V，$U_n=0$V，$I_1=0.68$A，$I_2=0.69$A，$I_3=0.69$A，$\dot{U}_1\widehat{\dot{U}_2}=240.1°$，$\dot{U}_1\widehat{\dot{I}_1}=20.2°$，$\dot{U}_1\widehat{\dot{I}_2}=140.1°$，$\dot{U}_1\widehat{\dot{I}_3}=80.2°$，$\dot{U}_3\widehat{\dot{I}_1}=260.1°$，负载功率因数角为感性 60°~90°（负荷潮流状态为 $+P$，$+Q$），分析错误接线并计算更正系数。

解析： 三组线电压和相电压基本对称，接近于额定值，三相电流基本对称，有一定大小，说明未失压、未失流。

（一）绘制错误接线相量图

以 $\dot{U}_1$ 为参考相量，确定 $\dot{I}_1$、$\dot{I}_2$、$\dot{I}_3$、$\dot{U}_2$、$\dot{U}_3$ 的位置，绘制错误接线相量图如图 3-58 所示。

（二）判断电压相序

$\dot{U}_1 \rightarrow \dot{U}_2 \rightarrow \dot{U}_3$ 为逆时针方向，电压为逆相序。

（三）确定错误接线和计算更正系数

由于在 220kV 变电站 220kV 线路出线处设置计量点，负荷潮流状态为 $+P$、$+Q$，本侧线路向用电客户输送有功功率和无功功率，电能表应运行在 I 象限状态，电流滞后于同相电压的角度约 80°。

1. 第一种错误接线

假定 $\dot{U}_1$ 为 a 相电压，则 $\dot{U}_3$ 为 b 相电压，$\dot{U}_2$ 为 c 相电压。

（1）分析过程。从图 3-59 可知，$\dot{I}_1$ 反相后 $-\dot{I}_1$ 滞后 $\dot{U}_3$ 约 80°，判断 $-\dot{I}_1$ 和 $\dot{U}_3$ 为同一相电流电压，$\dot{I}_1$ 为 $-\dot{I}_b$；$\dot{I}_2$ 反相后 $-\dot{I}_2$ 滞后 $\dot{U}_2$ 约 80°，判断 $-\dot{I}_2$ 和 $\dot{U}_2$ 为同一相电流电压，$\dot{I}_2$ 为 $-\dot{I}_c$；$\dot{I}_3$ 滞后 $\dot{U}_1$ 约 80°，判断 $\dot{I}_3$ 和 $\dot{U}_1$ 为同一相电流电压，$\dot{I}_3$ 为 $\dot{I}_a$。

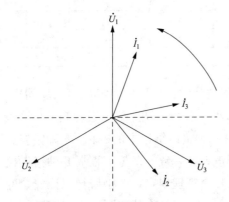 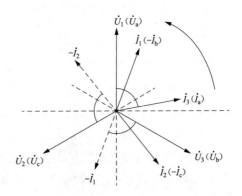

图 3-58　错误接线相量图（一）　　　　图 3-59　错误接线相量图（二）

（2）结论。第一组元件接入 $\dot{U}_a$、$-\dot{I}_b$，第二组元件接入 $\dot{U}_c$、$-\dot{I}_c$，第三组元件接入 $\dot{U}_b$、$\dot{I}_a$。

（3）计算更正系数。

错误功率表达式

$$P' = U_a I_b \cos(\varphi_b - 60°) + U_c I_c \cos(180° + \varphi_c) + U_b I_a \cos(120° - \varphi_a) \quad (3\text{-}55)$$

按照三相对称计算更正系数

$$K_g = \frac{P}{P'} = \frac{3U_p I \cos\varphi}{U_p I \cos(\varphi - 60°) + U_p I \cos(180° + \varphi) + U_p I \cos(120° - \varphi)}$$

$$= \frac{3}{-1 + \sqrt{3}\tan\varphi} \quad (3\text{-}56)$$

（4）错误接线图如图 3-60 所示。

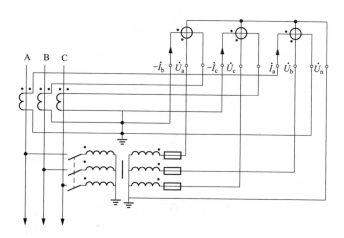

图 3-60　错误接线图

2. 第二种错误接线

假定 $\dot{U}_3$ 为 a 相电压，则 $\dot{U}_2$ 为 b 相电压，$\dot{U}_1$ 为 c 相电压。

（1）分析过程。从图 3-61 可知，$\dot{I}_1$ 反相后 $-\dot{I}_1$ 滞后 $\dot{U}_3$ 约 80°，判断 $-\dot{I}_1$ 和 $\dot{U}_3$ 为同一相电流电压，$\dot{I}_1$ 为 $-\dot{I}_a$；$\dot{I}_2$ 反相后 $-\dot{I}_2$ 滞后 $\dot{U}_2$ 约 80°，判断 $-\dot{I}_2$ 和 $\dot{U}_2$ 为同一相电流电压，$\dot{I}_2$ 为 $-\dot{I}_b$；$\dot{I}_3$ 滞后 $\dot{U}_1$ 约 80°，判断 $\dot{I}_3$ 和 $\dot{U}_1$ 为同一相电流电压，$\dot{I}_3$ 为 $\dot{I}_c$。

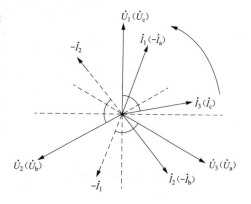

图 3-61　错误接线相量图

（2）结论。第一组元件接入 $\dot{U}_c$、$-\dot{I}_a$，第二组元件接入 $\dot{U}_b$、$-\dot{I}_b$，第三组元件接入 $\dot{U}_a$、$\dot{I}_c$。

（3）计算更正系数。

错误功率表达式

$$P' = U_c I_a \cos(\varphi_a - 60°) + U_b I_b \cos(180° + \varphi_b) + U_a I_c \cos(120° - \varphi_c) \qquad (3\text{-}57)$$

按照三相对称计算更正系数

$$K_g = \frac{P}{P'} = \frac{3U_p I \cos\varphi}{U_p I \cos(\varphi - 60°) + U_p I \cos(180° + \varphi) + U_p I \cos(120° - \varphi)}$$

$$= \frac{3}{-1 + \sqrt{3}\tan\varphi} \qquad (3\text{-}58)$$

（4）错误接线图如图 3-62 所示。

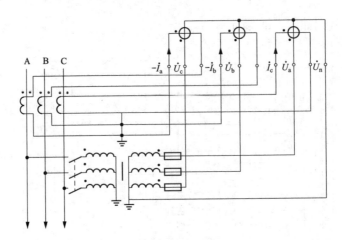

图 3-62 错误接线图

3. 第三种错误接线

假定 $\dot{U}_2$ 为 a 相电压，则 $\dot{U}_1$ 为 b 相电压，$\dot{U}_3$ 为 c 相电压。

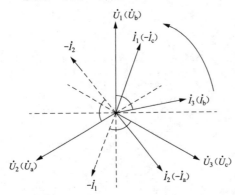

图 3-63 错误接线相量图

（1）分析过程。从图 3-63 可知，$\dot{I}_1$ 反相后 $-\dot{I}_1$ 滞后 $\dot{U}_3$ 约 80°，判断 $-\dot{I}_1$ 和 $\dot{U}_3$ 为同一相电流电压，$\dot{I}_1$ 为 $-\dot{I}_c$；$\dot{I}_2$ 反相后 $-\dot{I}_2$ 滞后 $\dot{U}_2$ 约 80°，判断 $-\dot{I}_2$ 和 $\dot{U}_2$ 为同一相电流电压，$\dot{I}_2$ 为 $-\dot{I}_a$；$\dot{I}_3$ 滞后 $\dot{U}_1$ 约 80°，判断 $\dot{I}_3$ 和 $\dot{U}_1$ 为同一相电流电压，$\dot{I}_3$ 为 $\dot{I}_b$。

（2）结论。第一组元件接入 $\dot{U}_b$、$-\dot{I}_c$，第二组元件接入 $\dot{U}_a$、$-\dot{I}_a$，第三组元件接入 $\dot{U}_c$、$\dot{I}_b$。

（3）计算更正系数。

错误功率表达式

$$P' = U_b I_c \cos(\varphi_c - 60°) + U_a I_a \cos(180° + \varphi_a) + U_c I_b \cos(120° - \varphi_b) \tag{3-59}$$

按照三相对称计算更正系数

$$K_g = \frac{P}{P'} = \frac{3U_p I \cos\varphi}{U_p I \cos(\varphi - 60°) + U_p I \cos(180° + \varphi) + U_p I \cos(120° - \varphi)}$$

$$= \frac{3}{-1 + \sqrt{3}\tan\varphi} \tag{3-60}$$

（4）错误接线图如图 3-64 所示。

（四）错误接线结论表

三种错误接线结论表见表 3-9。

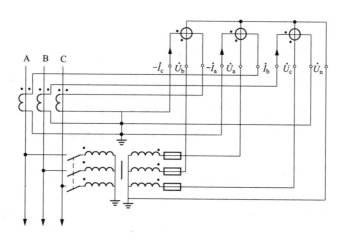

图 3-64　错误接线图

表 3-9　　　　　　　　　　错 误 接 线 结 论 表

参数	电压接入相别			电流接入相别		
	$\dot{U}_1$	$\dot{U}_2$	$\dot{U}_3$	$\dot{I}_1$	$\dot{I}_2$	$\dot{I}_3$
第一种	$\dot{U}_a$	$\dot{U}_c$	$\dot{U}_b$	$-\dot{I}_b$	$-\dot{I}_c$	$\dot{I}_a$
第二种	$\dot{U}_c$	$\dot{U}_b$	$\dot{U}_a$	$-\dot{I}_a$	$-\dot{I}_b$	$\dot{I}_c$
第三种	$\dot{U}_b$	$\dot{U}_a$	$\dot{U}_c$	$-\dot{I}_c$	$-\dot{I}_a$	$\dot{I}_b$

十、实例十

220kV 跨省输电关口，在 220kV 变电站 220kV 线路出线处设置计量点，采用三相四线电能计量装置，电流互感器变比为 800A/5A，电能表为 $3\times57.7/100\text{V}$、$3\times1.5(6)\text{A}$ 的三相四线多功能电能表，现场在表尾端测量数据如下，$U_{12}=101.2\text{V}$，$U_{13}=101.9\text{V}$，$U_{32}=101.3\text{V}$，$U_1=57.8\text{V}$，$U_2=57.9\text{V}$，$U_3=57.9\text{V}$，$U_n=0\text{V}$，$I_1=1.28\text{A}$，$I_2=1.29\text{A}$，$I_3=1.29\text{A}$，$\dot{U}_1\hat{}\dot{U}_2=240.1°$，$\dot{U}_1\hat{}\dot{I}_1=320.2°$，$\dot{U}_1\hat{}\dot{I}_2=80.1°$，$\dot{U}_1\hat{}\dot{I}_3=201.2°$，$\dot{U}_3\hat{}\dot{I}_1=200.1°$，负载功率因数角为感性 $0\sim30°$（负荷潮流状态为 $+P$，$+Q$），分析错误接线并计算更正系数。

解析： 三组线电压和相电压基本对称，接近于额定值，三相电流基本对称，有一定大小，说明未失压、未失流。

（一）绘制错误接线相量图

以 $\dot{U}_1$ 为参考相量，确定 $\dot{I}_1$、$\dot{I}_2$、$\dot{I}_3$、$\dot{U}_2$、$\dot{U}_3$ 的位置，绘制错误接线相量图如图 3-65 所示。

（二）判断电压相序

$\dot{U}_1 \rightarrow \dot{U}_2 \rightarrow \dot{U}_3$ 为逆时针方向，电压为逆相序。

（三）确定错误接线和计算更正系数

由于在 220kV 变电站 220kV 线路出线处设置计量点，负荷潮流状态为 $+P$、$+Q$，本侧线路向对侧线路输送有功功率和无功功率，电能表应运行在 I 象限状态，电流滞后于同相电压的角度约 20°。

1. 第一种错误接线

假定 $\dot{U}_1$ 为 a 相电压，则 $\dot{U}_3$ 为 b 相电压，$\dot{U}_2$ 为 c 相电压。

（1）分析过程。从图 3-66 可知，$\dot{I}_1$ 反相后 $-\dot{I}_1$ 滞后 $\dot{U}_3$ 约 20°，判断 $-\dot{I}_1$ 和 $\dot{U}_3$ 为同一相电流电压，$\dot{I}_1$ 为 $-\dot{I}_b$；$\dot{I}_2$ 反相后 $-\dot{I}_2$ 滞后 $\dot{U}_2$ 约 20°，判断 $-\dot{I}_2$ 和 $\dot{U}_2$ 为同一相电流电压，$\dot{I}_2$ 为 $-\dot{I}_c$；$\dot{I}_3$ 反相后 $-\dot{I}_3$ 滞后 $\dot{U}_1$ 约 20°，判断 $-\dot{I}_3$ 和 $\dot{U}_1$ 为同一相电流电压，$\dot{I}_3$ 为 $-\dot{I}_a$。

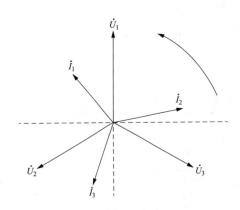 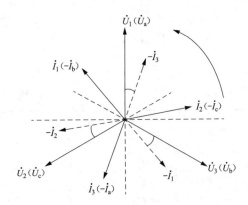

图 3-65　错误接线相量图（一）　　　　图 3-66　错误接线相量图（二）

（2）结论。第一组元件接入 $\dot{U}_a$、$-\dot{I}_b$，第二组元件接入 $\dot{U}_c$、$-\dot{I}_c$，第三组元件接入 $\dot{U}_b$、$-\dot{I}_a$。

（3）计算更正系数。

错误功率表达式

$$P' = U_aI_b\cos(60°-\varphi_b) + U_cI_c\cos(180°+\varphi_c) + U_bI_a\cos(60°+\varphi_a) \qquad (3\text{-}61)$$

按照三相对称计算更正系数

$$K_g = \frac{P}{P'} = \frac{3U_pI\cos\varphi}{U_pI\cos(60°-\varphi)+U_pI\cos(180°+\varphi)+U_pI\cos(60°+\varphi)} = \infty \qquad (3\text{-}62)$$

由于错误接线状态下功率表达式为 0，三相负载完全对称的状态下，电能表不计量，三相负载不对称的状态下，电能表计量少许电量。

（4）错误接线图如图 3-67 所示。

2. 第二种错误接线

假定 $\dot{U}_3$ 为 a 相电压，则 $\dot{U}_2$ 为 b 相电压，$\dot{U}_1$ 为 c 相电压。

（1）分析过程。从图 3-68 可知，$\dot{I}_1$ 反相后 $-\dot{I}_1$ 滞后 $\dot{U}_3$ 约 20°，判断 $-\dot{I}_1$ 和 $\dot{U}_3$ 为同一相电流电压，$\dot{I}_1$ 为 $-\dot{I}_a$；$\dot{I}_2$ 反相后 $-\dot{I}_2$ 滞后 $\dot{U}_2$ 约 20°，判断 $-\dot{I}_2$ 和 $\dot{U}_2$ 为同一相电流电压，$\dot{I}_2$ 为 $-\dot{I}_b$；$\dot{I}_3$ 反相后 $-\dot{I}_3$ 滞后 $\dot{U}_1$ 约 20°，判断 $-\dot{I}_3$ 和 $\dot{U}_1$ 为同一相电流电压，$\dot{I}_3$ 为 $-\dot{I}_c$。

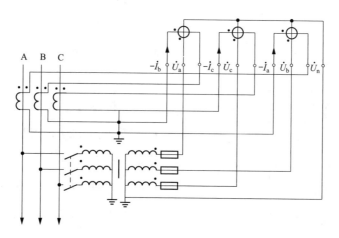

图 3-67　错误接线图

（2）结论。第一组元件接入 $\dot{U}_c$、$-\dot{I}_a$，第二组元件接入 $\dot{U}_b$、$-\dot{I}_b$，第三组元件接入 $\dot{U}_a$、$-\dot{I}_c$。

（3）计算更正系数。

错误功率表达式

$$P' = U_c I_a \cos(60° - \varphi_a) + U_b I_b \cos(180° + \varphi_b)$$
$$+ U_a I_c \cos(60° + \varphi_c) \quad (3\text{-}63)$$

按照三相对称计算更正系数

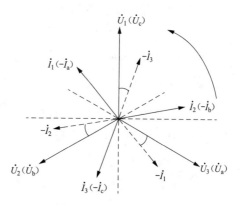

图 3-68　错误接线相量图

$$K_g = \frac{P}{P'} = \frac{3U_p I \cos\varphi}{U_p I \cos(60° - \varphi) + U_p I \cos(180° + \varphi) + U_p I \cos(60° + \varphi)} = \infty \quad (3\text{-}64)$$

（4）错误接线图如图 3-69 所示。

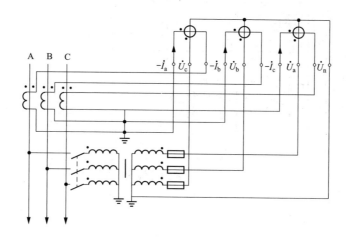

图 3-69　错误接线图

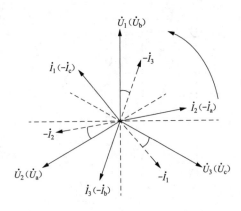

图 3-70 错误接线相量图

3. 第三种错误接线

假定 $\dot{U}_2$ 为 a 相电压，则 $\dot{U}_1$ 为 b 相电压，$\dot{U}_3$ 为 c 相电压。

（1）分析过程。从图 3-70 可知，$\dot{I}_1$ 反相后 $-\dot{I}_1$ 滞后 $\dot{U}_3$ 约 20°，判断 $-\dot{I}_1$ 和 $\dot{U}_3$ 为同一相电流电压，$\dot{I}_1$ 为 $-\dot{I}_c$；$\dot{I}_2$ 反相后 $-\dot{I}_2$ 滞后 $\dot{U}_2$ 约 20°，判断 $-\dot{I}_2$ 和 $\dot{U}_2$ 为同一相电流电压，$\dot{I}_2$ 为 $-\dot{I}_a$；$\dot{I}_3$ 反相后 $-\dot{I}_3$ 滞后 $\dot{U}_1$ 约 20°，判断 $-\dot{I}_3$ 和 $\dot{U}_1$ 为同一相电流电压，$\dot{I}_3$ 为 $-\dot{I}_b$。

（2）结论。第一组元件接入 $\dot{U}_b$、$-\dot{I}_c$，第二组元件接入 $\dot{U}_a$、$-\dot{I}_a$，第三组元件接入 $\dot{U}_c$、$-\dot{I}_b$。

（3）计算更正系数。

错误功率表达式

$$P' = U_b I_c \cos(60° - \varphi_c) + U_a I_a \cos(180° + \varphi_a) + U_c I_b \cos(60° + \varphi_b) \tag{3-65}$$

按照三相对称计算更正系数

$$K_g = \frac{P}{P'} = \frac{3U_p I \cos\varphi}{U_p I \cos(60° - \varphi) + U_p I \cos(180° + \varphi) + U_p I \cos(60° + \varphi)} = \infty \tag{3-66}$$

（4）错误接线图如图 3-71 所示。

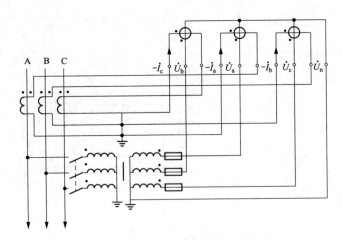

图 3-71　错误接线图

（四）错误接线结论表

三种错误接线结论表见表 3-10。

表 3-10 错误接线结论表

参数	电压接入相别			电流接入相别		
	$\dot{U}_1$	$\dot{U}_2$	$\dot{U}_3$	$\dot{I}_1$	$\dot{I}_2$	$\dot{I}_3$
第一种	$\dot{U}_a$	$\dot{U}_c$	$\dot{U}_b$	$-\dot{I}_b$	$-\dot{I}_c$	$-\dot{I}_a$
第二种	$\dot{U}_c$	$\dot{U}_b$	$\dot{U}_a$	$-\dot{I}_a$	$-\dot{I}_b$	$-\dot{I}_c$
第三种	$\dot{U}_b$	$\dot{U}_a$	$\dot{U}_c$	$-\dot{I}_c$	$-\dot{I}_a$	$-\dot{I}_b$

十一、实例十一

220kV 跨省输电关口，在 220kV 变电站 220kV 线路出线处设置计量点，采用三相四线电能计量装置，电流互感器变比为 800A/5A，电能表为 $3\times57.7/100V$、$3\times1.5(6)$ A 的三相四线多功能电能表，现场在表尾端测量数据如下，$U_{12}=101.2V$，$U_{13}=101.5V$，$U_{32}=100.9V$，$U_1=57.9V$，$U_2=58.3V$，$U_3=58.2V$，$U_n=0V$，$I_1=1.11A$，$I_2=1.13A$，$I_3=1.12A$，$\dot{U}_1\hat{}\dot{I}_1=10.2°$，$\dot{U}_1\hat{}\dot{I}_2=310.1°$，$\dot{U}_1\hat{}\dot{I}_3=250.2°$，$\dot{U}_2\hat{}\dot{I}_1=250.1°$，$\dot{U}_3\hat{}\dot{I}_1=130.7°$，负载功率因数角为容性 $30°\sim60°$（负荷潮流状态为 $-P$，$+Q$），试分析错误接线并计算更正系数。

解析： 三组线电压和相电压基本对称，接近于额定值，三相电流基本对称，有一定大小，说明未失压、未失流。

（一）绘制错误接线相量图

以 $\dot{U}_1$ 为参考相量，确定 $\dot{U}_2$、$\dot{U}_3$、$\dot{I}_1$、$\dot{I}_2$、$\dot{I}_3$ 的位置，绘制错误接线相量图如图 3-72 所示。

（二）判断电压相序

$\dot{U}_1\rightarrow\dot{U}_2\rightarrow\dot{U}_3$ 为顺时针方向，电压为正相序。

（三）确定错误接线和计算更正系数

由于在 220kV 变电站 220kV 线路出线处设置计量点，负荷潮流状态为 $-P$、$+Q$，对侧线路向本侧线路输送有功功率，本侧线路向对侧线路输送无功功率，容性负荷时电能表应运行在 Ⅱ 象限状态，电流滞后于同相电压的角度约为 $130°$（功率因数角约为 $50°$）。

1. 第一种错误接线

假定 $\dot{U}_1$ 为 a 相电压，则 $\dot{U}_2$ 为 b 相电压，$\dot{U}_3$ 为 c 相电压。

（1）分析过程。从图 3-73 可知，$\dot{I}_1$ 滞后 $\dot{U}_3$ 约 $130°$，判断 $\dot{I}_1$ 和 $\dot{U}_3$ 为同一相电流电压，$\dot{I}_1$ 为 $\dot{I}_c$；$\dot{I}_2$ 反相后 $-\dot{I}_2$ 滞后 $\dot{U}_1$ 约 $130°$，判断 $-\dot{I}_2$ 和 $\dot{U}_1$ 为同一相电流电压，$\dot{I}_2$ 为 $-\dot{I}_a$；$\dot{I}_3$ 滞后 $\dot{U}_2$ 约 $130°$，判断 $\dot{I}_3$ 和 $\dot{U}_2$ 为同一相电流电压，$\dot{I}_3$ 为 $\dot{I}_b$。

（2）结论。第一组元件接入 $\dot{U}_a$、$\dot{I}_c$，第二组元件接入 $\dot{U}_b$、$-\dot{I}_a$，第三组元件接入 $\dot{U}_c$、$\dot{I}_b$。

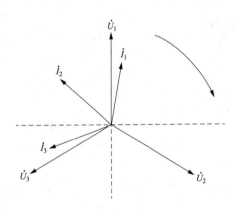

图 3-72 错误接线相量图（一）

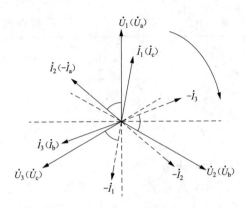

图 3-73 错误接线相量图（二）

（3）计算更正系数。

错误功率表达式

$$P' = U_a I_c \cos(60° - \varphi_c) + U_b I_a \cos(120° + \varphi_a) + U_c I_b \cos(60° - \varphi_b) \quad (3-67)$$

按照三相对称计算更正系数

$$K_g = \frac{P}{P'} = \frac{-3U_p I \cos\varphi}{U_p I \cos(60° - \varphi) + U_p I \cos(120° + \varphi) + U_p I \cos(60° - \varphi)}$$

$$= -\frac{6}{1 + \sqrt{3}\tan\varphi} \quad (3-68)$$

说明：此种潮流状态下，正确功率 $P = -3U_p I \cos\varphi$，有功功率为负值，应计入电能表的反向。

因此错误接线功率

$$P' = U_a I_c \cos(60° - \varphi_c) + U_b I_a \cos(120° + \varphi_a) + U_c I_b \cos(60° - \varphi_b) = 62.45(\text{W})$$

$$(3-69)$$

错误接线功率为正值，计入了电能表正向，抄见电量则为负值，更正系数 $K_g = -1.96$，$\Delta W = W'(K_g - 1)$ 为正值，表明少计量了。

（4）错误接线图如图 3-74 所示。

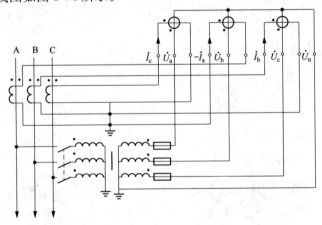

图 3-74 错误接线图

2. 第二种错误接线

假定 $\dot{U}_2$ 为 a 相电压，则 $\dot{U}_3$ 为 b 相电压，$\dot{U}_1$ 为 c 相电压。

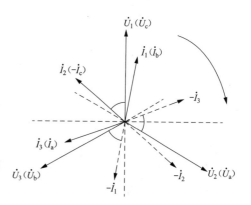

图 3-75 错误接线相量图

（1）分析过程。从图 3-75 可知，$\dot{I}_1$ 滞后 $\dot{U}_3$ 约 130°，判断 $\dot{I}_1$ 和 $\dot{U}_3$ 为同一相电流电压，$\dot{I}_1$ 为 $\dot{I}_b$；$\dot{I}_2$ 反相后 $-\dot{I}_2$ 滞后 $\dot{U}_1$ 约 130°，判断 $-\dot{I}_2$ 和 $\dot{U}_1$ 为同一相电流电压，$\dot{I}_2$ 为 $-\dot{I}_c$；$\dot{I}_3$ 滞后 $\dot{U}_2$ 约 130°，判断 $\dot{I}_3$ 和 $\dot{U}_2$ 为同一相电流电压，$\dot{I}_3$ 为 $\dot{I}_a$。

（2）结论。第一组元件接入 $\dot{U}_c$、$\dot{I}_b$，第二组元件接入 $\dot{U}_a$、$-\dot{I}_c$，第三组元件接入 $\dot{U}_b$、$\dot{I}_a$。

（3）计算更正系数。

错误功率表达式

$$P' = U_c I_b \cos(60° - \varphi_b) + U_a I_c \cos(120° + \varphi_c) + U_b I_a \cos(60° - \varphi_a) \quad (3-70)$$

按照三相对称计算更正系数

$$K_g = \frac{P}{P'} = \frac{-3U_p I \cos\varphi}{U_p I \cos(60° - \varphi) + U_p I \cos(120° + \varphi) + U_p I \cos(60° - \varphi)}$$

$$= -\frac{6}{1 + \sqrt{3}\tan\varphi} \quad (3-71)$$

（4）错误接线图如图 3-76 所示。

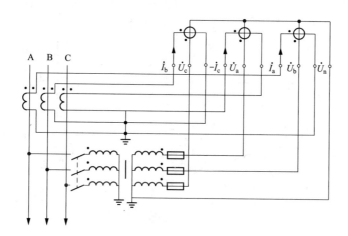

图 3-76 错误接线图

3. 第三种错误接线

假定 $\dot{U}_3$ 为 a 相电压，则 $\dot{U}_1$ 为 b 相电压，$\dot{U}_2$ 为 c 相电压。

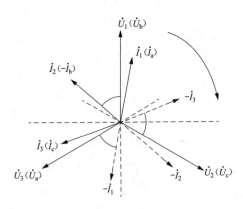

图 3-77 错误接线相量图

（1）分析过程。从图 3-77 可知，$\dot{I}_1$ 滞后 $\dot{U}_3$ 约 130°，判断 $\dot{I}_1$ 和 $\dot{I}_3$ 为同一相电流电压，$\dot{I}_1$ 为 $\dot{I}_a$；$\dot{I}_2$ 反相后 $-\dot{I}_2$ 滞后 $\dot{U}_1$ 约 130°，判断 $-\dot{I}_2$ 和 $\dot{U}_1$ 为同一相电流电压，$\dot{I}_2$ 为 $-\dot{I}_b$；$\dot{I}_3$ 滞后 $\dot{U}_2$ 约 130°，判断 $\dot{I}_3$ 和 $\dot{U}_2$ 为同一相电流电压，$\dot{I}_3$ 为 $\dot{I}_c$。

（2）结论。第一组元件接入 $\dot{U}_b$、$\dot{I}_a$，第二组元件接入 $\dot{U}_c$、$-\dot{I}_b$，第三组元件接入 $\dot{U}_a$、$\dot{I}_c$。

（3）计算更正系数。

错误功率表达式

$$P' = U_b I_a \cos(60° - \varphi_a) + U_c I_b \cos(120° + \varphi_b) + U_a I_c \cos(60° - \varphi_c) \tag{3-72}$$

按照三相对称计算更正系数

$$K_g = \frac{P}{P'} = \frac{-3U_p I \cos\varphi}{U_p I \cos(60° - \varphi) + U_p I \cos(120° + \varphi) + U_p I \cos(60° - \varphi)}$$

$$= -\frac{6}{1 + \sqrt{3}\tan\varphi} \tag{3-73}$$

（4）错误接线图如图 3-78 所示。

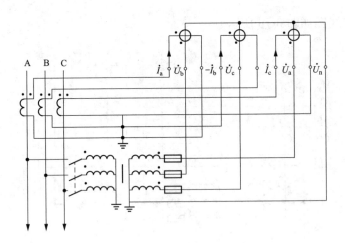

图 3-78 错误接线图

（四）错误接线结论表

错误接线结论表见表 3-11。

表 3-11　　　　　　　　　　　　错误接线结论表

参数	电压接入相别			电流接入相别		
	$\dot{U}_1$	$\dot{U}_2$	$\dot{U}_3$	$\dot{I}_1$	$\dot{I}_2$	$\dot{I}_3$
第一种	$\dot{U}_a$	$\dot{U}_b$	$\dot{U}_c$	$\dot{I}_c$	$-\dot{I}_a$	$\dot{I}_b$
第二种	$\dot{U}_c$	$\dot{U}_a$	$\dot{U}_b$	$\dot{I}_b$	$-\dot{I}_c$	$\dot{I}_a$
第三种	$\dot{U}_b$	$\dot{U}_c$	$\dot{U}_a$	$\dot{I}_a$	$-\dot{I}_b$	$\dot{I}_c$

十二、实例十二

220kV 专用供电线路用电客户，在 220kV 变电站 220kV 线路出线处设置计量点，采用三相四线电能计量装置，电流互感器变比为 300A/5A，电能表为 $3 \times 57.7/100\text{V}$、$3 \times 1.5$ (6)A 的三相四线智能电能表，现场在表尾端测量数据如下，$U_{12}=101.2\text{V}$，$U_{13}=101.5\text{V}$，$U_{32}=100.9\text{V}$，$U_1=57.9\text{V}$，$U_2=58.3\text{V}$，$U_3=58.2\text{V}$，$U_n=0\text{V}$，$I_1=1.06\text{A}$，$I_2=1.08\text{A}$，$I_3=1.07\text{A}$，$\widehat{\dot{U}_1\dot{I}_1}=210.2°$，$\widehat{\dot{U}_1\dot{I}_2}=330.1°$，$\widehat{\dot{U}_1\dot{I}_3}=90.2°$，$\widehat{\dot{U}_2\dot{I}_1}=330.1°$，$\widehat{\dot{U}_3\dot{I}_1}=90.1°$，负载功率因数角为容性 $0\sim30°$（负荷潮流状态为 $+P$，$-Q$），试分析错误接线并计算更正系数。

解析： 三组线电压和相电压基本对称，接近于额定值，三相电流基本对称，有一定大小，说明未失压、未失流。

（一）绘制错误接线相量图

以 $\dot{U}_1$ 为参考相量，确定 $\dot{U}_2$、$\dot{U}_3$、$\dot{I}_1$、$\dot{I}_2$、$\dot{I}_3$ 的位置，绘制错误接线相量图如图 3-79 所示。

（二）判断电压相序

$\dot{U}_1 \rightarrow \dot{U}_2 \rightarrow \dot{U}_3$ 为逆时针方向，电压为逆相序。

（三）确定错误接线和计算更正系数

由于在 220kV 变电站 220kV 线路出线处设置计量点，负荷潮流状态为 $+P$、$-Q$，本侧线路向用电客户输送有功功率，用电客户向本侧线路倒送无功功率，电能表应运行在Ⅳ象限状态，电流超前同相电压的角度约 $30°$。

1. 第一种错误接线

假定 $\dot{U}_1$ 为 a 相电压，则 $\dot{U}_3$ 为 b 相电压，$\dot{U}_2$ 为 c 相电压。

（1）分析过程。从图 3-80 可知，$\dot{I}_1$ 超前 $\dot{U}_2$ 约 $30°$，判断 $\dot{I}_1$ 和 $\dot{U}_2$ 为同一相电流电

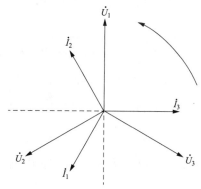

图 3-79　错误接线相量图（一）

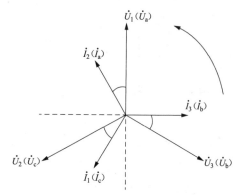

图 3-80　错误接线相量图（二）

压，$\dot{I}_1$ 为 $\dot{I}_c$；$\dot{I}_2$ 超前 $\dot{U}_1$ 约 $30°$，判断 $\dot{I}_2$ 和 $\dot{U}_1$ 为同一相电流电压，$\dot{I}_2$ 为 $\dot{I}_a$；$\dot{I}_3$ 超前 $\dot{U}_3$ 约 $30°$，判断 $\dot{I}_3$ 和 $\dot{U}_3$ 为同一相电流电压，$\dot{I}_3$ 为 $\dot{I}_b$。

（2）结论。第一组元件接入 $\dot{U}_a$、$\dot{I}_c$，第二组元件接入 $\dot{U}_c$、$\dot{I}_a$，第三组元件接入 $\dot{U}_b$、$\dot{I}_b$。

（3）计算更正系数。

错误功率表达式

$$P' = U_a I_c \cos(120° + \varphi_c) + U_c I_a \cos(120° - \varphi_a) + U_b I_b \cos\varphi_b \qquad (3\text{-}74)$$

按照三相对称计算更正系数

$$K_g = \frac{P}{P'} = \frac{3U_p I \cos\varphi}{U_p I \cos(120° + \varphi) + U_p I \cos(120° - \varphi) + U_p I \cos\varphi} = \infty \qquad (3\text{-}75)$$

由于错误接线状态下功率表达式为 0，三相负载完全对称的状态下，电能表不计量，三相负载不对称的状态下，电能表计量少许电量。

（4）错误接线图如图 3-81 所示。

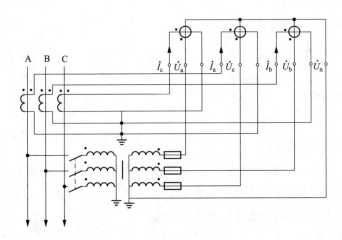

图 3-81　错误接线图

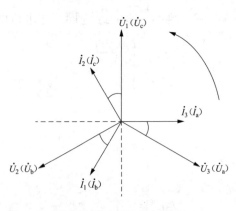

图 3-82　错误接线相量图

2. 第二种错误接线

假定 $\dot{U}_3$ 为 a 相，则 $\dot{U}_2$ 为 b 相电压，$\dot{U}_1$ 为 c 相电压。

（1）分析过程。从图 3-82 可知，$\dot{I}_1$ 超前 $\dot{U}_2$ 约 $30°$，判断 $\dot{I}_1$ 和 $\dot{U}_2$ 为同一相电流电压，$\dot{I}_1$ 为 $\dot{I}_b$；$\dot{I}_2$ 超前 $\dot{U}_1$ 约 $30°$，判断 $\dot{I}_2$ 和 $\dot{U}_1$ 为同一相电流电压，$\dot{I}_2$ 为 $\dot{I}_c$；$\dot{I}_3$ 超前 $\dot{U}_3$ 约 $30°$，判断 $\dot{I}_3$ 和 $\dot{U}_3$ 为同一相电流电压，$\dot{I}_3$ 为 $\dot{I}_a$。

（2）结论。第一组元件接入 $\dot{U}_c$、$\dot{I}_b$，第二组元件接入 $\dot{U}_b$、$\dot{I}_c$，第三组元件接入 $\dot{U}_a$、$\dot{I}_a$。

（3）计算更正系数。

错误功率表达式

$$P' = U_c I_b \cos(120° + \varphi_b) + U_b I_c \cos(120° - \varphi_c) + U_a I_a \cos\varphi_a \qquad (3\text{-}76)$$

按照三相对称计算更正系数

$$K_g = \frac{P}{P'} = \frac{3U_p I \cos\varphi}{U_p I \cos(120° + \varphi) + U_p I \cos(120° - \varphi) + U_p I \cos\varphi} = \infty \qquad (3\text{-}77)$$

（4）错误接线图如图 3-83 所示。

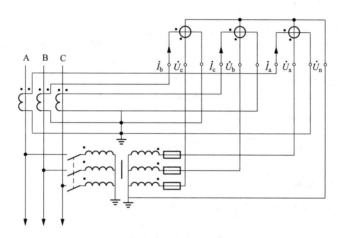

图 3-83　错误接线图

3. 第三种错误接线

假定 $\dot{U}_2$ 为 a 相，则 $\dot{U}_1$ 为 b 相电压，$\dot{U}_3$ 为 c 相电压。

（1）分析过程。从图 3-84 可知，$\dot{I}_1$ 超前 $\dot{U}_2$ 约 30°，判断 $\dot{I}_1$ 和 $\dot{U}_2$ 为同一相电流电压，$\dot{I}_1$ 为 $\dot{I}_a$；$\dot{I}_2$ 超前 $\dot{U}_1$ 约 30°，判断 $\dot{I}_2$ 和 $\dot{U}_1$ 为同一相电流电压，$\dot{I}_2$ 为 $\dot{I}_b$；$\dot{I}_3$ 超前 $\dot{U}_3$ 约 30°，判断 $\dot{I}_3$ 和 $\dot{U}_3$ 为同一相电流电压，$\dot{I}_3$ 为 $\dot{I}_c$。

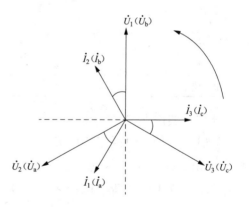

图 3-84　错误接线相量图

（2）结论。第一组元件接入 $\dot{U}_b$、$\dot{I}_a$，第二组元件接入 $\dot{U}_a$、$\dot{I}_b$，第三组元件接入 $\dot{U}_c$、$\dot{I}_c$。

（3）计算更正系数。

错误功率表达式

$$P' = U_bI_a\cos(120° + \varphi_a) + U_aI_b\cos(120° - \varphi_b) + U_cI_c\cos\varphi_c \qquad (3-78)$$

按照三相对称计算更正系数

$$K_g = \frac{P}{P'} = \frac{3U_pI\cos\varphi}{U_pI\cos(120° + \varphi) + U_pI\cos(120° - \varphi) + U_pI\cos\varphi} = \infty \qquad (3-79)$$

（4）错误接线图如图 3-85 所示。

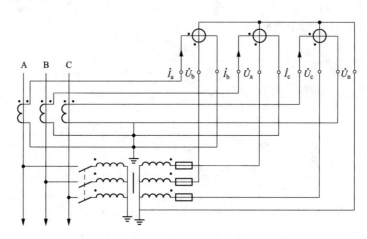

图 3-85　错误接线图

（四）错误接线结论表

三种错误接线结论表见表 3-12。

表 3-12　　　　　　　　　　　　　　　错 误 接 线 结 论 表

参数	电压接入相别			电流接入相别		
	$\dot{U}_1$	$\dot{U}_2$	$\dot{U}_3$	$\dot{I}_1$	$\dot{I}_2$	$\dot{I}_3$
第一种	$\dot{U}_a$	$\dot{U}_c$	$\dot{U}_b$	$\dot{I}_c$	$\dot{I}_a$	$\dot{I}_b$
第二种	$\dot{U}_c$	$\dot{U}_b$	$\dot{U}_a$	$\dot{I}_b$	$\dot{I}_c$	$\dot{I}_a$
第三种	$\dot{U}_b$	$\dot{U}_a$	$\dot{U}_c$	$\dot{I}_a$	$\dot{I}_b$	$\dot{I}_c$

十三、实例十三

110kV 专用供电线路用电客户，在 110kV 变电站 110kV 线路出线处设置计量点，采用三相四线电能计量装置，电流互感器变比为 200A/5A，电能表为 $3×57.7/100V$、$3×1.5(6)A$ 的三相四线智能电能表，现场在表尾端测量数据如下，$U_{12} = 101.2V$，$U_{13} = 101.5V$，$U_{32} = 100.9V$，$U_1 = 57.9V$，$U_2 = 58.3V$，$U_3 = 58.2V$，$U_n = 0V$，$I_1 = 1.01A$，$I_2 = 1.03A$，$I_3 = 1.02A$，$\dot{U}_1\hat{}\dot{I}_1 = 68.2°$，$\dot{U}_1\hat{}\dot{I}_2 = 129.1°$，$\dot{U}_1\hat{}\dot{I}_3 = 188.2°$，$\dot{U}_2\hat{}\dot{I}_1 = 308.6°$，$\dot{U}_3\hat{}\dot{I}_1 = 188.7°$，负载功率因数角为容性 $30°\sim60°$（负荷潮流状态为 $+P$，$-Q$），试分析错误接线并计算更正系数。

解析：三组线电压和相电压基本对称，接近于额定值，三相电流基本对称，有一定大小，说明未失压、未失流。

（一）绘制错误接线相量图

以 $\dot{U}_1$ 为参考相量，确定 $\dot{U}_2$、$\dot{U}_3$、$\dot{I}_1$、$\dot{I}_2$、$\dot{I}_3$ 的位置，绘制错误接线相量图如图 3-86 所示。

（二）判断电压相序

$\dot{U}_1 \rightarrow \dot{U}_2 \rightarrow \dot{U}_3$ 为顺时针方向，电压为正相序。

（三）确定错误接线和计算更正系数

由于在 110kV 变电站 110kV 线路出线处设置计量点，负荷潮流状态为 $+P$、$-Q$，本侧线路向用电客户输送有功功率，用电客户向本侧线路倒送无功功率，属于容性负荷，电能表应运行在 IV 象限状态，电流超前于同相电压的角度约为 52°。

1. 第一种错误接线

假定 $\dot{U}_1$ 为 a 相电压，则 $\dot{U}_2$ 为 b 相电压，$\dot{U}_3$ 为 c 相电压。

（1）分析过程。从图 3-87 可知，$\dot{I}_1$ 超前 $\dot{U}_2$ 约 52°，判断 $\dot{I}_1$ 和 $\dot{U}_2$ 为同一相电流电压，$\dot{I}_1$ 为 $\dot{I}_b$；$\dot{I}_2$ 反相后 $-\dot{I}_2$ 超前 $\dot{U}_1$ 约 52°，判断 $-\dot{I}_2$ 和 $\dot{U}_1$ 为同一相电流电压，$\dot{I}_2$ 为 $-\dot{I}_a$；$\dot{I}_3$ 超前 $\dot{U}_3$ 约 52°，判断 $\dot{I}_3$ 和 $\dot{U}_3$ 为同一相电流电压，$\dot{I}_3$ 为 $\dot{I}_c$。

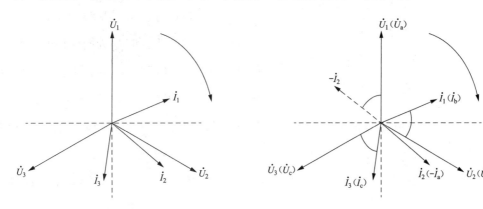

图 3-86 错误接线相量图（一）　　　　　图 3-87 错误接线相量图（二）

（2）结论。第一组元件接入 $\dot{U}_a$、$\dot{I}_b$，第二组元件接入 $\dot{U}_b$、$-\dot{I}_a$，第三组元件接入 $\dot{U}_c$、$\dot{I}_c$。

（3）计算更正系数。

错误功率表达式

$$P' = U_a I_b \cos(120° - \varphi_b) + U_b I_a \cos(60° - \varphi_a) + U_c I_c \cos\varphi_c \tag{3-80}$$

按照三相对称计算更正系数

$$K_g = \frac{P}{P'} = \frac{3U_p I \cos\varphi}{U_p I \cos(120° - \varphi) + U_p I \cos(60° - \varphi) + U_p I \cos\varphi}$$

$$= \frac{3}{1 + \sqrt{3}\tan\varphi} \tag{3-81}$$

（4）错误接线图如图 3-88 所示。

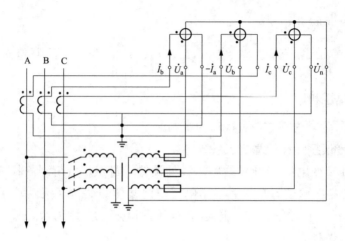

图 3-88　错误接线图

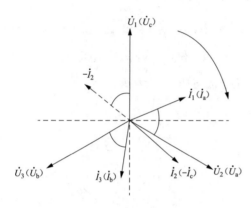

图 3-89　错误接线相量图

2. 第二种错误接线

假定 $\dot{U}_2$ 为 a 相电压，则 $\dot{U}_3$ 为 b 相电压，$\dot{U}_1$ 为 c 相电压。

（1）分析过程。从图 3-89 可知，$\dot{I}_1$ 超前 $\dot{U}_2$ 约 52°，判断 $\dot{I}_1$ 和 $\dot{U}_2$ 为同一相电流电压，$\dot{I}_1$ 为 $\dot{I}_a$；$\dot{I}_2$ 反相后 $-\dot{I}_2$ 超前 $\dot{U}_1$ 约 52°，判断 $-\dot{I}_2$ 和 $\dot{U}_1$ 为同一相电流电压，$\dot{I}_2$ 为 $-\dot{I}_c$；$\dot{I}_3$ 超前 $\dot{U}_3$ 约 52°，判断 $\dot{I}_3$ 和 $\dot{U}_3$ 为同一相电流电压，$\dot{I}_3$ 为 $\dot{I}_b$。

（2）结论。第一组元件接入 $\dot{U}_c$、$\dot{I}_a$，第二组元件接入 $\dot{U}_a$、$-\dot{I}_c$，第三组元件接入 $\dot{U}_b$、$\dot{I}_b$。

（3）计算更正系数。

错误功率表达式

$$P' = U_c I_a \cos(120° - \varphi_a) + U_a I_c \cos(60° - \varphi_c) + U_b I_b \cos\varphi_b \tag{3-82}$$

按照三相对称计算更正系数

$$K_g = \frac{P}{P'} = \frac{3U_p I \cos\varphi}{U_p I \cos(120° - \varphi) + U_p I \cos(60° - \varphi) + U_p I \cos\varphi}$$

$$= \frac{3}{1 + \sqrt{3}\tan\varphi} \tag{3-83}$$

（4）错误接线图如图 3-90 所示。

3. 第三种错误接线

假定 $\dot{U}_3$ 为 a 相电压，则 $\dot{U}_1$ 为 b 相电压，$\dot{U}_2$ 为 c 相电压。

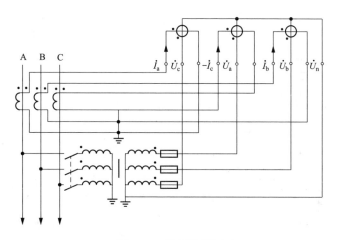

图 3-90　错误接线图

（1）分析过程。从图 3-91 可知，$\dot{I}_1$ 超前 $\dot{U}_2$ 约 52°，判断 $\dot{I}_1$ 和 $\dot{U}_2$ 为同一相电流电压，$\dot{I}_1$ 为 $\dot{I}_c$；$\dot{I}_2$ 反相后 $-\dot{I}_2$ 超前 $\dot{U}_1$ 约 52°，判断 $-\dot{I}_2$ 和 $\dot{U}_1$ 为同一相电流电压，$\dot{I}_2$ 为 $-\dot{I}_b$；$\dot{I}_3$ 超前 $\dot{U}_3$ 约 52°，判断 $\dot{I}_3$ 和 $\dot{U}_3$ 为同一相电流电压，$\dot{I}_3$ 为 $\dot{I}_a$。

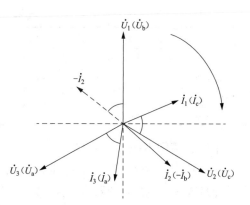

图 3-91　错误接线相量图

（2）结论。第一组元件接入 $\dot{U}_b$、$\dot{I}_c$，第二组元件接入 $\dot{U}_c$、$-\dot{I}_b$，第三组元件接入 $\dot{U}_a$、$\dot{I}_a$。

（3）计算更正系数。

错误功率表达式

$$P' = U_b I_c \cos(120° - \varphi_c) + U_c I_b \cos(60° - \varphi_b) + U_a I_a \cos\varphi_a \qquad (3-84)$$

按照三相对称计算更正系数

$$K_g = \frac{P}{P'} = \frac{3U_p I \cos\varphi}{U_p I \cos(120° - \varphi) + U_p I \cos(60° - \varphi) + U_p I \cos\varphi}$$

$$= \frac{3}{1 + \sqrt{3}\tan\varphi} \qquad (3-85)$$

（4）错误接线图如图 3-92 所示。

（四）错误接线结论表

三种错误接线结论表见表 3-13。

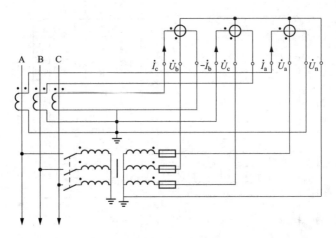

图 3-92　错误接线图

表 3-13　　　　　错误接线结论表

参数	电压接入相别			电流接入相别		
	$\dot{U}_1$	$\dot{U}_2$	$\dot{U}_3$	$\dot{I}_1$	$\dot{I}_2$	$\dot{I}_3$
第一种	$\dot{U}_a$	$\dot{U}_b$	$\dot{U}_c$	$\dot{I}_b$	$-\dot{I}_a$	$\dot{I}_c$
第二种	$\dot{U}_c$	$\dot{U}_a$	$\dot{U}_b$	$\dot{I}_a$	$-\dot{I}_c$	$\dot{I}_b$
第三种	$\dot{U}_b$	$\dot{U}_c$	$\dot{U}_a$	$\dot{I}_c$	$-\dot{I}_b$	$\dot{I}_a$

十四、实例十四

220kV 跨省输电关口，在 220kV 变电站 220kV 线路出线处设置计量点，采用三相四线电能计量装置，电流互感器变比为 1200A/5A，电能表为 $3\times57.7/100V$、$3\times1.5(6)A$ 的三相四线多功能电能表，现场在表尾端测量数据如下，$U_{12}=101.2V$，$U_{13}=101.5V$，$U_{32}=100.9V$，$U_1=57.9V$，$U_2=58.3V$，$U_3=58.2V$，$U_n=0V$，$I_1=0.81A$，$I_2=0.83A$，$I_3=0.82A$，$\dot{U}_1\hat{}\dot{I}_1=233.2°$，$\dot{U}_1\hat{}\dot{I}_2=353.1°$，$\dot{U}_1\hat{}\dot{I}_3=292.9°$，$\dot{U}_2\hat{}\dot{I}_1=353.6°$，$\dot{U}_3\hat{}\dot{I}_1=112.9°$，负载功率因数角为感性 $30°\sim60°$（负荷潮流状态为 $-P$，$-Q$），试分析错误接线并计算更正系数。

解析： 三组线电压和相电压基本对称，接近于额定值，三相电流基本对称，有一定大小，说明未失压、未失流。

（一）绘制错误接线相量图

以 $\dot{U}_1$ 为参考相量，确定 $\dot{U}_2$、$\dot{U}_3$、$\dot{I}_1$、$\dot{I}_2$、$\dot{I}_3$ 的位置，绘制错误接线相量图如图 3-93 所示。

（二）判断电压相序

$\dot{U}_1\rightarrow\dot{U}_2\rightarrow\dot{U}_3$ 为逆时针方向，电压为逆相序。

（三）确定错误接线和计算更正系数

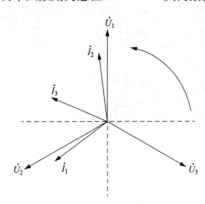

图 3-93　错误接线相量图

由于在 220kV 变电站 220kV 线路出线处设置计量点，负荷潮流状态为 $-P$、$-Q$，对侧线路向本侧线路输送有功功率和无功功率，电能表应运行在 Ⅲ 象限状态，电流滞后同相电压的角度约 233°（负载功率因数角约 53°）。

1. 第一种错误接线

假定 $\dot{U}_1$ 为 a 相电压，则 $\dot{U}_3$ 为 b 相电压，$\dot{U}_2$ 为 c 相电压。

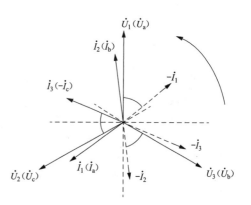

图 3-94　错误接线相量图

（1）分析过程。从图 3-94 可知，$\dot{I}_1$ 滞后 $\dot{U}_1$ 约 233°，判断 $\dot{I}_1$ 和 $\dot{U}_1$ 为同一相电流电压，$\dot{I}_1$ 为 $\dot{I}_a$；$\dot{I}_2$ 滞后 $\dot{U}_3$ 约 233°，判断 $\dot{I}_2$ 和 $\dot{U}_3$ 为同一相电流电压，$\dot{I}_2$ 为 $\dot{I}_b$；$\dot{I}_3$ 反相后 $-\dot{I}_3$ 滞后 $\dot{U}_2$ 约 233°，判断 $-\dot{I}_3$ 和 $\dot{U}_2$ 为同一相电流电压，$\dot{I}_3$ 为 $-\dot{I}_c$。

（2）结论。第一组元件接入 $\dot{U}_a$、$\dot{I}_a$，第二组元件接入 $\dot{U}_c$、$\dot{I}_b$，第三组元件接入 $\dot{U}_b$、$-\dot{I}_c$。

（3）计算更正系数。

错误功率表达式

$$P' = U_a I_a \cos(180° + \varphi_a) + U_c I_b \cos(60° + \varphi_b) + U_b I_c \cos\varphi(120° + \varphi_c) \quad (3\text{-}86)$$

按照三相对称计算更正系数

$$K_g = \frac{P}{P'} = \frac{-3U_p I\cos\varphi}{U_p I\cos(180° + \varphi) + U_p I\cos(60° + \varphi) + U_p I\cos(120° + \varphi)}$$

$$= \frac{3}{1 + \sqrt{3}\tan\varphi} \quad (3\text{-}87)$$

说明：此种潮流状态下，正确功率 $P = -3U_p I\cos\varphi$，有功功率为负值，应计入电能表的反向。

（4）错误接线图如图 3-95 所示。

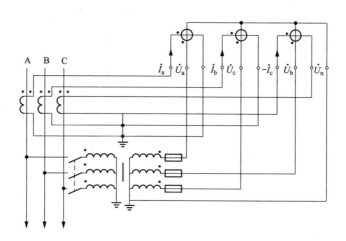

图 3-95　错误接线图

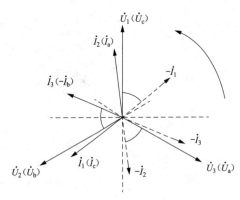

图 3-96 错误接线相量图

2. 第二种错误接线

假定 $\dot{U}_3$ 为 a 相电压，则 $\dot{U}_2$ 为 b 相电压，$\dot{U}_1$ 为 c 相电压。

（1）分析过程。从图 3-96 可知，$\dot{I}_1$ 滞后 $\dot{U}_1$ 约 233°，判断 $\dot{I}_1$ 和 $\dot{U}_1$ 为同一相电流电压，$\dot{I}_1$ 为 $\dot{I}_c$；$\dot{I}_2$ 滞后 $\dot{U}_3$ 约 233°，判断 $\dot{I}_2$ 和 $\dot{U}_3$ 为同一相电流电压，$\dot{I}_2$ 为 $\dot{I}_a$；$\dot{I}_3$ 反相后 $-\dot{I}_3$ 滞后 $\dot{U}_2$ 约 233°，判断 $-\dot{I}_3$ 和 $\dot{U}_2$ 为同一相电流电压，$\dot{I}_3$ 为 $-\dot{I}_b$。

（2）结论。第一组元件接入 $\dot{U}_c$、$\dot{I}_c$，第二组元件接入 $\dot{U}_b$、$\dot{I}_a$，第三组元件接入 $\dot{U}_a$、$-\dot{I}_b$。

（3）计算更正系数。

错误功率表达式

$$P' = U_c I_c \cos(180° + \varphi_c) + U_b I_a \cos(60° + \varphi_a) + U_a I_b \cos\varphi(120° + \varphi_b) \quad (3\text{-}88)$$

按照三相对称计算更正系数

$$K_g = \frac{P}{P'} = \frac{-3U_p I\cos\varphi}{U_p I\cos(180° + \varphi) + U_p I\cos(60° + \varphi) + U_p I\cos(120° + \varphi)}$$

$$= \frac{3}{1 + \sqrt{3}\tan\varphi} \quad (3\text{-}89)$$

（4）错误接线图如图 3-97 所示。

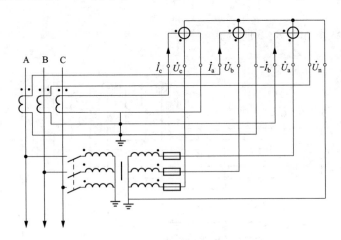

图 3-97 错误接线图

3. 第三种错误接线

假定 $\dot{U}_2$ 为 a 相电压，则 $\dot{U}_1$ 为 b 相电压，$\dot{U}_3$ 为 c 相电压。

（1）分析过程。从图 3-98 可知，$\dot{I}_1$ 滞后 $\dot{U}_1$ 约 233°，判断 $\dot{I}_1$ 和 $\dot{U}_1$ 为同一相电流电压，$\dot{I}_1$ 为 $\dot{I}_b$；$\dot{I}_2$ 滞后 $\dot{U}_3$ 约 233°，判断 $\dot{I}_2$ 和 $\dot{U}_3$ 为同一相电流电压，$\dot{I}_2$ 为 $\dot{I}_c$；$\dot{I}_3$ 反相后 $-\dot{I}_3$ 滞后 $\dot{U}_2$ 约 233°，判断 $-\dot{I}_3$ 和 $\dot{U}_2$ 为同一相电流电压，$\dot{I}_3$ 为 $-\dot{I}_a$。

（2）结论。第一组元件接入 $\dot{U}_b$、$\dot{I}_b$，第二组元件接入 $\dot{U}_a$、$\dot{I}_c$，第三组元件接入 $\dot{U}_c$、$-\dot{I}_a$。

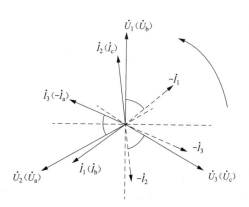

图 3-98　错误接线相量图

（3）计算更正系数。

错误功率表达式

$$P' = U_b I_b \cos(180° + \varphi_b) + U_a I_c \cos(60° + \varphi_c) + U_c I_a \cos\varphi(120° + \varphi_a) \quad (3\text{-}90)$$

按照三相对称计算更正系数

$$K_g = \frac{P}{P'} = \frac{-3U_p I\cos\varphi}{U_p I\cos(180° + \varphi) + U_p I\cos(60° + \varphi) + U_p I\cos(120° + \varphi)}$$

$$= \frac{3}{1 + \sqrt{3}\tan\varphi} \quad (3\text{-}91)$$

（4）错误接线图如图 3-99 所示。

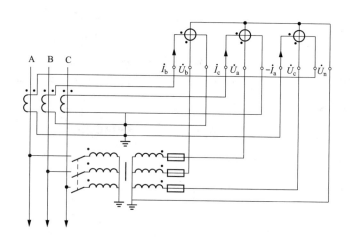

图 3-99　错误接线图

（四）错误接线结论表

三种错误接线结论表见表 3-14。

表 3-14			错误接线结论表			
参数	电压接入相别			电流接入相别		
	$\dot{U}_1$	$\dot{U}_2$	$\dot{U}_3$	$\dot{I}_1$	$\dot{I}_2$	$\dot{I}_3$
第一种	$\dot{U}_a$	$\dot{U}_c$	$\dot{U}_b$	$\dot{I}_a$	$\dot{I}_b$	$-\dot{I}_c$
第二种	$\dot{U}_c$	$\dot{U}_b$	$\dot{U}_a$	$\dot{I}_c$	$\dot{I}_a$	$-\dot{I}_b$
第三种	$\dot{U}_b$	$\dot{U}_a$	$\dot{U}_c$	$\dot{I}_b$	$\dot{I}_c$	$-\dot{I}_a$

十五、实例十五

220kV跨省输电关口，在220kV变电站220kV线路出线处设置计量点，采用三相四线电能计量装置，电流互感器变比为600A/5A，电能表为3×57.7/100V、3×1.5(6)A的三相四线多功能电能表，现场在表尾端测量数据如下，$U_{12}=101.2\text{V}$，$U_{13}=101.5\text{V}$，$U_{32}=100.9\text{V}$，$U_1=57.9\text{V}$，$U_2=58.3\text{V}$，$U_3=58.2\text{V}$，$U_n=0\text{V}$，$I_1=0.96\text{A}$，$I_2=0.97\text{A}$，$I_3=0.97\text{A}$，$\dot{U}_1\hat{\dot{I}}_1=219.2°$，$\dot{U}_1\hat{\dot{I}}_2=279.3°$，$\dot{U}_1\hat{\dot{I}}_3=339.2°$，$\dot{U}_2\hat{\dot{I}}_1=98.9°$，$\dot{U}_3\hat{\dot{I}}_1=339.6°$，负载功率因数角为感性30°~60°（负荷潮流状态为$-P$、$-Q$），试分析错误接线并计算更正系数。

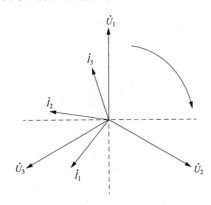

图 3-100　错误接线相量图（一）

解析： 三组线电压和相电压基本对称，接近于额定值，三相电流基本对称，有一定大小，说明未失压、未失流。

（一）绘制错误接线相量图

以 $\dot{U}_1$ 为参考相量，确定 $\dot{U}_2$、$\dot{U}_3$、$\dot{I}_1$、$\dot{I}_2$、$\dot{I}_3$ 的位置，绘制错误接线相量图如图 3-100 所示。

（二）判断电压相序

$\dot{U}_1 \rightarrow \dot{U}_2 \rightarrow \dot{U}_3$ 为顺时针方向，电压为正相序。

（三）确定错误接线和计算更正系数

由于在 220kV 变电站 220kV 线路出线处设置计量点，负荷潮流状态为$-P$、$-Q$，对侧线路向本侧线路输送有功功率和无功功率，电能表应运行在Ⅲ象限状态，电流滞后于同相电压的角度约 219°（功率因数角约为 39°）。

1. 第一种错误接线

假定 $\dot{U}_1$ 为 a 相电压，则 $\dot{U}_2$ 为 b 相电压，$\dot{U}_3$ 为 c 相电压。

（1）分析过程。从图 3-101 可知，$\dot{I}_1$ 滞后 $\dot{U}_1$ 约 219°，判断 $\dot{I}_1$ 和 $\dot{U}_1$ 为同一相电流电压，$\dot{I}_1$ 为 $\dot{I}_a$；$\dot{I}_2$ 反相后 $-\dot{I}_2$ 滞后 $\dot{U}_3$ 约 219°，判断 $-\dot{I}_2$ 和 $\dot{U}_3$ 为同一相电流电压，$\dot{I}_2$ 为 $-\dot{I}_c$；$\dot{I}_3$ 滞后 $\dot{U}_2$ 约 219°，判断 $\dot{I}_3$ 和 $\dot{U}_2$ 为同一相电流电压，$\dot{I}_3$ 为 $\dot{I}_b$。

（2）结论。第一组元件接入 $\dot{U}_a$、$\dot{I}_a$，第

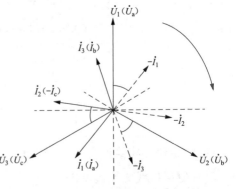

图 3-101　错误接线相量图（二）

二组元件接入 $\dot{U}_b$、$-\dot{I}_c$，第三组元件接入 $\dot{U}_c$、$\dot{I}_b$。

（3）计算更正系数。

错误功率表达式

$$P' = U_aI_a\cos(180° + \varphi_a) + U_bI_c\cos(120° + \varphi_c) + U_cI_b\cos(60° + \varphi_b) \quad (3\text{-}92)$$

按照三相对称计算更正系数

$$K_g = \frac{P}{P'} = \frac{-3U_pI\cos\varphi}{U_pI\cos(180 + \varphi) + U_pI\cos(120 + \varphi) + U_pI\cos(60 + \varphi)}$$

$$= \frac{3}{1 + \sqrt{3}\tan\varphi} \quad (3\text{-}93)$$

说明：此种潮流状态下，正确功率 $P = -3U_pI\cos\varphi$，有功功率为负值，应计入电能表的反向。

（4）错误接线图如图 3-102 所示。

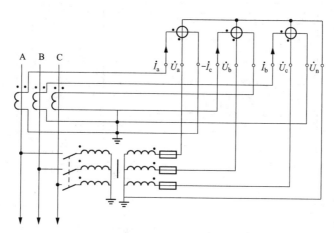

图 3-102　错误接线图

2. 第二种错误接线

假定 $\dot{U}_2$ 为 a 相电压，则 $\dot{U}_3$ 为 b 相电压，$\dot{U}_1$ 为 c 相电压。

（1）解析过程。从图 3-103 可知，$\dot{I}_1$ 滞后 $\dot{U}_1$ 约 219°，判断 $\dot{I}_1$ 和 $\dot{U}_1$ 为同一相电流电压，$\dot{I}_1$ 为 $\dot{I}_c$；$\dot{I}_2$ 反相后 $-\dot{I}_2$ 滞后 $\dot{U}_3$ 约 219°，判断 $-\dot{I}_2$ 和 $\dot{U}_3$ 为同一相电流电压，$\dot{I}_2$ 为 $-\dot{I}_b$；$\dot{I}_3$ 滞后 $\dot{U}_2$ 约 219°，判断 $\dot{I}_3$ 和 $\dot{U}_2$ 为同一相电流电压，$\dot{I}_3$ 为 $\dot{I}_a$。

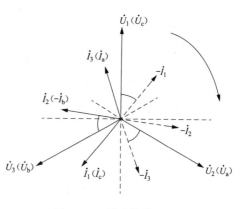

图 3-103　错误接线相量图

（2）结论。第一组元件接入 $\dot{U}_c$、$\dot{I}_c$，第二组元件接入 $\dot{U}_a$、$-\dot{I}_b$，第三组元件接入 $\dot{U}_b$、$\dot{I}_a$。

（3）计算更正系数。

错误功率表达式

$$P' = U_c I_c \cos(180° + \varphi_c) + U_a I_b \cos(120° + \varphi_b) + U_b I_a \cos(60° + \varphi_a) \quad (3-94)$$

按照三相对称计算更正系数

$$K_g = \frac{P}{P'} = \frac{-3U_p I \cos\varphi}{U_p I \cos(180 + \varphi) + U_p I \cos(120° + \varphi) + U_p I \cos(60° + \varphi)}$$

$$= \frac{3}{1 + \sqrt{3}\tan\varphi} \quad (3-95)$$

（4）错误接线图如图 3-104 所示。

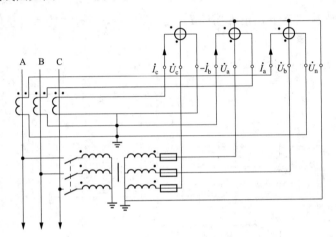

图 3-104　错误接线图

3. 第三种错误接线

假定 $\dot{U}_3$ 为 a 相电压，则 $\dot{U}_1$ 为 b 相电压，$\dot{U}_2$ 为 c 相电压。

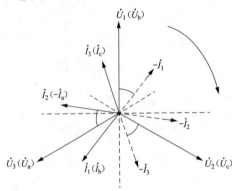

图 3-105　错误接线相量图

（1）分析过程。从图 3-105 可知，$\dot{I}_1$ 滞后 $\dot{U}_1$ 约 219°，判断 $\dot{I}_1$ 和 $\dot{U}_1$ 为同一相电流电压，$\dot{I}_1$ 为 $\dot{I}_b$；$\dot{I}_2$ 反相后 $-\dot{I}_2$ 滞后 $\dot{U}_3$ 约 219°，判断 $-\dot{I}_2$ 和 $\dot{U}_3$ 为同一相电流电压，$\dot{I}_2$ 为 $-\dot{I}_a$；$\dot{I}_3$ 滞后 $\dot{U}_2$ 约 219°，判断 $\dot{I}_3$ 和 $\dot{U}_2$ 为同一相电流电压，$\dot{I}_3$ 为 $\dot{I}_c$。

（2）结论。第一组元件接入 $\dot{U}_b$、$\dot{I}_b$，第二组元件接入 $\dot{U}_c$、$-\dot{I}_a$，第三组元件接入 $\dot{U}_a$、$\dot{I}_c$。

（3）计算更正系数。

错误功率表达式

$$P' = U_b I_b \cos(180° + \varphi_b) + U_c I_a \cos(120° + \varphi_a) + U_a I_c \cos(60° + \varphi_c) \quad (3-96)$$

按照三相对称计算更正系数

$$K_g = \frac{P}{P'} = \frac{-3U_p I \cos\varphi}{U_p I \cos(180+\varphi) + U_p I \cos(120°+\varphi) + U_p I \cos(60°+\varphi)}$$

$$= \frac{3}{1+\sqrt{3}\tan\varphi} \tag{3-97}$$

(4) 错误接线图如图 3-106 所示。

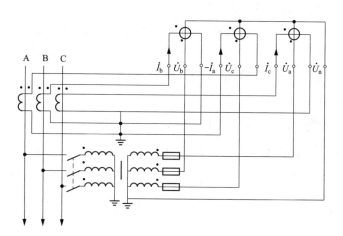

图 3-106 错误接线图

(四) 错误接线结论表

三种错误接线结论表见表 3-15。

表 3-15

错误接线结论表

参数	电压接入相别			电流接入相别		
	$\dot{U}_1$	$\dot{U}_2$	$\dot{U}_3$	$\dot{I}_1$	$\dot{I}_2$	$\dot{I}_3$
第一种	$\dot{U}_a$	$\dot{U}_b$	$\dot{U}_c$	$\dot{I}_a$	$-\dot{I}_c$	$\dot{I}_b$
第二种	$\dot{U}_c$	$\dot{U}_a$	$\dot{U}_b$	$\dot{I}_c$	$-\dot{I}_b$	$\dot{I}_a$
第三种	$\dot{U}_b$	$\dot{U}_c$	$\dot{U}_a$	$\dot{I}_b$	$-\dot{I}_a$	$\dot{I}_c$

十六、实例十六

220kV 发电上网输电关口，在发电厂 220kV 升压变电站 220kV 线路出线处设置计量点，采用三相四线电能计量装置，电流互感器变比为 800A/5A，电能表为 $3 \times 57.7/100V$、$3 \times 1.5(6)A$ 三相四线多功能电能表，在表尾端测量数据如下，$U_{12} = 101.2V$，$U_{13} = 101.5V$，$U_{32} = 100.9V$，$U_1 = 57.9V$，$U_2 = 58.3V$，$U_3 = 58.2V$，$U_n = 0V$，$I_1 = 1.11A$，$I_2 = 1.13A$，$I_3 = 1.12A$，$\dot{U}_1\hat{}\dot{I}_1 = 99.2°$，$\dot{U}_1\hat{}\dot{I}_2 = 39.1°$，$\dot{U}_1\hat{}\dot{I}_3 = 159.6°$，$\dot{U}_2\hat{}\dot{I}_1 = 339.6°$，$\dot{U}_3\hat{}\dot{I}_1 = 219.7°$，负载功率因数角为感性 $30° \sim 60°$（负荷潮流状态为 $+P$，$+Q$），试分析错误接线并计算更正系数。

解析： 三组线电压和相电压基本对称，接近于额定值，三相电流基本对称，有一定大小，说明未失压、未失流。

（一）绘制错误接线相量图

以 $\dot{U}_1$ 为参考相量，确定 $\dot{U}_2$、$\dot{U}_3$、$\dot{I}_1$、$\dot{I}_2$、$\dot{I}_3$ 的位置，绘制错误接线相量图如图 3-107 所示。

（二）判断电压相序

$\dot{U}_1 \rightarrow \dot{U}_2 \rightarrow \dot{U}_3$ 为顺时针方向，电压为正相序。

（三）确定错误接线和计算更正系数

由于在发电厂 220kV 升压变电站 220kV 线路出线处，设置发电上网关口计量点，负荷潮流状态为 $+P$、$+Q$，本侧线路向对侧线路输送有功功率和无功功率，电能表应运行在 I 象限状态，电流滞后于同相电压的角度约为 39°。

1. 第一种错误接线

假定 $\dot{U}_1$ 为 a 相电压，则 $\dot{U}_2$ 为 b 相电压，$\dot{U}_3$ 为 c 相电压。

（1）分析过程。从图 3-108 可知，$\dot{I}_1$ 反相后 $-\dot{I}_1$ 滞后 $\dot{U}_3$ 约 39°，判断 $-\dot{I}_1$ 和 $\dot{U}_3$ 为同一相电流电压，$\dot{I}_1$ 为 $-\dot{I}_c$；$\dot{I}_2$ 滞后 $\dot{U}_1$ 约 39°，判断 $\dot{I}_2$ 和 $\dot{U}_1$ 为同一相电流电压，$\dot{I}_2$ 为 $\dot{I}_a$；$\dot{I}_3$ 滞后 $\dot{U}_2$ 约 46°，判断 $\dot{I}_3$ 和 $\dot{U}_2$ 为同一相电流电压，$\dot{I}_3$ 为 $\dot{I}_b$。

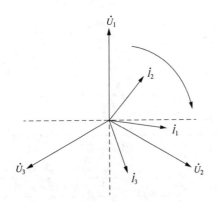 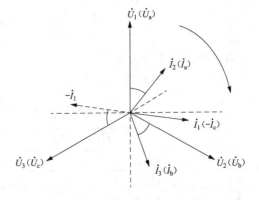

图 3-107　错误接线相量图（一）　　　　图 3-108　错误接线相量图（二）

（2）结论。第一组元件接入 $\dot{U}_a$、$-\dot{I}_c$，第二组元件接入 $\dot{U}_b$、$\dot{I}_a$，第三组元件接入 $\dot{U}_c$、$\dot{I}_b$。

（3）计算更正系数。

错误功率表达式

$$P' = U_a I_c \cos(60° + \varphi_c) + U_b I_a \cos(120° - \varphi_a) + U_c I_b \cos(120° - \varphi_b) \quad (3\text{-}98)$$

按照三相对称计算更正系数

$$K_g = \frac{P}{P'} = \frac{3U_p I \cos\varphi}{U_p I \cos(60° + \varphi) + U_p I \cos(120° - \varphi) + U_p I \cos(120° - \varphi)}$$

$$= \frac{6}{-1 + \sqrt{3}\tan\varphi} \quad (3\text{-}99)$$

（4）错误接线图如图 3-109 所示。

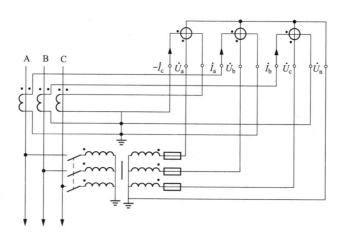

图 3-109　错误接线图

2. 第二种错误接线

假定 $\dot{U}_2$ 为 a 相电压，则 $\dot{U}_3$ 为 b 相电压，$\dot{U}_1$ 为 c 相电压。

（1）分析过程。从图 3-110 可知，$\dot{I}_1$ 反相后 $-\dot{I}_1$ 滞后 $\dot{U}_3$ 约 39°，判断 $-\dot{I}_1$ 和 $\dot{U}_3$ 为同一相电流电压，$\dot{I}_1$ 为 $-\dot{I}_b$；$\dot{I}_2$ 滞后 $\dot{U}_1$ 约 39°，判断 $\dot{I}_2$ 和 $\dot{U}_1$ 为同一相电流电压，$\dot{I}_2$ 为 $\dot{I}_c$；$\dot{I}_3$ 滞后 $\dot{U}_2$ 约 46°，判断 $\dot{I}_3$ 和 $\dot{U}_2$ 为同一相电流电压，$\dot{I}_3$ 为 $\dot{I}_a$。

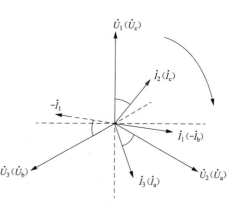

图 3-110　错误接线相量图

（2）结论。第一组元件接入 $\dot{U}_c$、$-\dot{I}_b$，第二组元件接入 $\dot{U}_a$、$\dot{I}_c$，第三组元件接入 $\dot{U}_b$、$\dot{I}_a$。

（3）计算更正系数。

错误功率表达式

$$P' = U_c I_b \cos(60° + \varphi_b) + U_a I_c \cos(120° - \varphi_c) + U_b I_a \cos(120° - \varphi_a) \quad (3\text{-}100)$$

按照三相对称计算更正系数

$$K_g = \frac{P}{P'} = \frac{3U_p I \cos\varphi}{U_p I \cos(60° + \varphi) + U_p I \cos(120° - \varphi) + U_p I \cos(120° - \varphi)}$$

$$= \frac{6}{-1 + \sqrt{3}\tan\varphi} \quad (3\text{-}101)$$

（4）错误接线图如图 3-111 所示。

3. 第三种错误接线

假定 $\dot{U}_3$ 为 a 相电压，则 $\dot{U}_1$ 为 b 相电压，$\dot{U}_2$ 为 c 相电压。

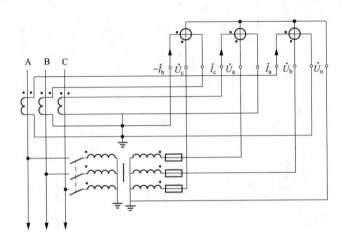

图 3-111　错误接线图

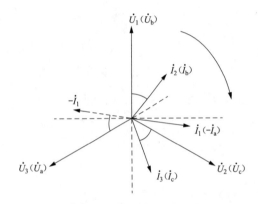

图 3-112　错误接线相量图

(1) 分析过程。从图 3-112 可知，$\dot{I}_1$ 反相后 $-\dot{I}_1$ 滞后 $\dot{U}_3$ 约 $39°$，判断 $-\dot{I}_1$ 和 $\dot{U}_3$ 为同一相电流电压，$\dot{I}_1$ 为 $-\dot{I}_a$；$\dot{I}_2$ 滞后 $\dot{U}_1$ 约 $39°$，判断 $\dot{I}_2$ 和 $\dot{U}_1$ 为同一相电流电压，$\dot{I}_2$ 为 $\dot{I}_b$；$\dot{I}_3$ 滞后 $\dot{U}_2$ 约 $46°$，判断 $\dot{I}_3$ 和 $\dot{U}_2$ 为同一相电流电压，$\dot{I}_3$ 为 $\dot{I}_c$。

(2) 结论。第一组元件接入 $\dot{U}_b$、$-\dot{I}_a$，第二组元件接入 $\dot{U}_c$、$\dot{I}_b$，第三组元件接入 $\dot{U}_a$、$\dot{I}_c$。

(3) 计算更正系数。

错误功率表达式

$$P' = U_b I_a \cos(60° + \varphi_a) + U_c I_b \cos(120° - \varphi_b) + U_a I_c \cos(120° - \varphi_c) \quad (3\text{-}102)$$

按照三相对称计算更正系数

$$K_g = \frac{P}{P'} = \frac{3U_p I \cos\varphi}{U_p I \cos(60° + \varphi) + U_p I \cos(120° - \varphi) + U_p I \cos(120° - \varphi)}$$

$$= \frac{6}{-1 + \sqrt{3}\tan\varphi} \quad (3\text{-}103)$$

(4) 错误接线图如图 3-113 所示。

(四) 错误接线结论表

错误接线结论表见表 3-16。

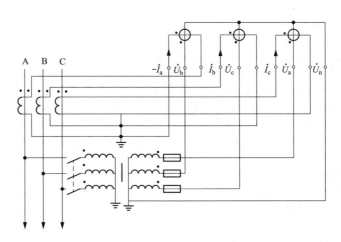

图 3-113　错误接线图

表 3-16　　　　　　　　　　　　错 误 接 线 结 论 表

参数	电压接入相别			电流接入相别		
	$\dot U_1$	$\dot U_2$	$\dot U_3$	$\dot I_1$	$\dot I_2$	$\dot I_3$
第一种	$\dot U_a$	$\dot U_b$	$\dot U_c$	$-\dot I_c$	$\dot I_a$	$\dot I_b$
第二种	$\dot U_c$	$\dot U_a$	$\dot U_b$	$-\dot I_b$	$\dot I_c$	$\dot I_a$
第三种	$\dot U_b$	$\dot U_c$	$\dot U_a$	$-\dot I_a$	$\dot I_b$	$\dot I_c$

第四章 牵引变压器电能计量装置
错误接线解析

第一节 牵 引 供 电 系 统

一、牵引供电系统概述

电气化铁路因其具有节能、环保、动力性能强等优点，近年来得到快速的发展。电气化铁路用电量大，且分布极为广泛，需由专门的牵引供电系统对其供电。牵引供电系统主要由电力网、牵引变电站等组成，牵引供电系统示意图如图 4-1 所示。

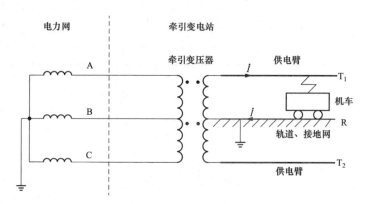

图 4-1 牵引供电系统示意图

牵引变压器是牵引变电站的重要电气设备，是一种特殊电力变压器。牵引变压器有三相 VV-0（6）接线牵引变压器、三相 VX 接线牵引变压器、YNd11 接线牵引变压器、Scott 接线牵引变压器、阻抗匹配平衡变压器等类型。其中三相 VV-0（6）接线牵引变压器、三相 VX 接线牵引变压器是一类利用率非常高的变压器，在牵引供电系统中得到非常广泛的运用，目前在电气化铁路和高速铁路运用比例非常大，在新建牵引变电站中比例高达 80% 以上。

本章将主要对三相 VV-0（6）接线牵引变压器、三相 VX 接线牵引变压器运行的负荷特性、电流特性、相量特性，以及电能计量装置错误接线进行分析。由于三相 VV-0（6）接线牵引变压器、三相 VX 接线牵引变压器的负荷特性基本一致，因此本节将先集中介绍三种牵引变压器运行时的负荷特性，三相 VV-0（6）接线牵引变压器的电流特性和相量特性将在第二节详细分析，三相 VX 接线牵引变压器的电流特性和相量特性将在第三节中详细分析，第四节、第五节、第六节、第七节主要解析三种牵引变压器计量装置的错误接线。

二、负荷特性

机车接入三相 VV-0（6）接线牵引变压器、三相 VX 接线牵引变压器运行时，负荷特性基本是一致的，呈现负荷变化大、机车吸收电能或机车反馈电能等特点，机车通常会运行在启动区、恒功区、制动区。

（1）启动区。启动区的特点是功率逐渐变大，电压、电流、相位、有功功率变化较大，启动区有功功率较小，功率因数较低。

（2）恒功区。恒功区的特点是机车按恒定速度运行，电压、电流、相位、功率相对恒定，恒功区有功功率较大，功率因数较高，电网向机车输入电能。现场检验应选择在恒功区，用现场校验仪测量电压、电流、有功功率、无功功率、相位角等参数数据，对接线分析判断。

（3）制动区。制动区的特点是机车变为发电机，机车向电网反馈电能。

第二节　三相 VV-0（6）接线牵引变压器运行特性

一、概述

三相 VV-0（6）接线牵引变压器是将两台容量相等或不等的单相变压器安装于同一油箱内，采用两台独立的铁芯和对应绕组通过电磁感应进行变换。原边接入电力网 110、220kV 和 330kV 等供电系统，副边分别接入牵引侧的两相供电臂 T_1、T_2，副边中相作为公共相与接地网、轨道 R 连接，T_1R 构成 α 臂，T_2R 构成 β 臂，副边额定电压为 27.5kV，即 T_1R 端、T_2R 端的电压为 27.5kV。

三相 VV 牵引变压器的接线组别分别为 VV-0、VV-6 两种，具体接线组别在牵引变压器铭牌参数通常有明显的标志。三相 VV-0 接线牵引变压器电气接线如图 4-2 所示，原边和副边采用顺极性连接，原边线电压和副边的同组线电压相位一致，即 $\dot{U}_{AB}\hat{\dot{U}}_{T_1R} = 0°$，$\dot{U}_{BC}\hat{\dot{U}}_{RT_2} = 0°$。

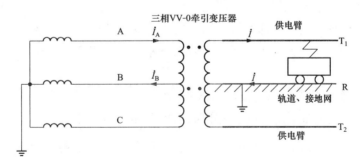

图 4-2　三相 VV-0 接线牵引变压器电气接线图

三相 VV-6 接线牵引变压器电气接线如图 4-3 所示，原边和副边采用反极性连接，原边线电压和副边的同组线电压相位反相，即 $\dot{U}_{AC}\hat{\dot{U}}_{T_1R} = 180°$，$\dot{U}_{CB}\hat{\dot{U}}_{RT_2} = 180°$。

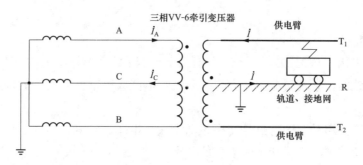

图 4-3　三相 VV-6 接线牵引变压器电气接线图

牵引变压器接入电力网有正相序、逆相序两种方式。牵引变压器原边接入正相序称为正相序接线，即接入 ABC、CAB、BCA 三种相序，正相序接线如图 4-2 所示。牵引变压器原边接入逆相序称为逆相序接线，即接入 ACB、CBA、BAC 三种相序，逆相序接线如图 4-3 所示。

二、电流特性

由 VV-0 接线牵引变压器原理可知，原边接入 ABC 相序时，原边、副边电流关系如下

$$\begin{bmatrix} \dot{I}_A \\ \dot{I}_B \\ \dot{I}_C \end{bmatrix} = \frac{1}{K} \begin{bmatrix} 1 & 0 \\ -1 & -1 \\ 0 & 1 \end{bmatrix} \begin{bmatrix} \dot{I}_\alpha \\ \dot{I}_\beta \end{bmatrix} \tag{4-1}$$

式中：K 为变压器变比；$\dot{I}_A$、$\dot{I}_B$、$\dot{I}_C$ 为牵引变压器原边电流[1]；$\dot{I}_\alpha$ 为副边的 α 臂电流；$\dot{I}_\beta$ 为副边的 β 臂电流，接入其他相序时可参照式（4-1）得出原边、副边电流之间的关系。

三、相量特性

牵引变电站计量点一般设置在牵引变压器原边，由于原边为中性点直接接地系统，因此采用三相四线接线方式计量。牵引机车经常单独接入牵引变压器副边的 α 臂运行，换相后再接入副边的 β 臂运行，出现两相不对称运行状态；牵引机车也会同时接入副边的 α 臂和 β 臂，出现三相不对称运行状态。从现场收集的运行信息来看，出现两相不对称运行状态比例较大，下面分别分析原边接入正相序和逆相序，出现两相不对称运行状态时的相量特性。

1. 正相序相量特性（以原边接入 ABC 为例）

（1）恒功区运行在 α 臂。原边三相四线电能计量装置相量特性如图 4-4 所示，此时 $\dot{I}_a = -\dot{I}_b$，$\dot{I}_c = 0$，负载电压为线电压 U_{ab}，有功功率为 $U_{ab}I_a\cos\varphi$，功率因数角是线电压 $\dot{U}_{ab}$ 超前于 $\dot{I}_a$ 的角度，而不是相电压与电流之间的夹角。

（2）制动区运行在 α 臂。原边三相四线电能计量装置相量特性如图 4-5 所示，此时

---

  ❶ 表达式和相量图中下标大写表示一次侧电参量，小写表示二次侧电参量。

$\dot{I}_a = -\dot{I}_b$，$\dot{I}_c = 0$，负载电压为线电压 U_{ab}，有功功率为 $U_{ab}I_a\cos(180°+\varphi)$，功率因数角是线电压 $\dot{U}_{ab}$ 超前于 $\dot{I}_b$ 的角度，而不是相电压与电流之间的夹角。

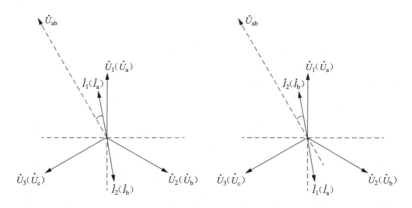

图 4-4 恒功区运行 α 臂相量图   图 4-5 制动区运行 α 臂相量图

（3）恒功区运行在 β 臂。原边三相四线电能计量装置相量特性如图 4-6 所示，此时 $\dot{I}_b = -\dot{I}_c$，$\dot{I}_a = 0$，负载电压为线电压 U_{bc}，有功功率为 $U_{bc}I_b\cos\varphi$，负载相位角是线电压 $\dot{U}_{bc}$ 超前于 $\dot{I}_b$ 的角度，而不是相电压与电流之间的夹角。

（4）制动区运行在 β 臂。原边三相四线电能计量装置相量特性如图 4-7 所示，此时 $\dot{I}_b = -\dot{I}_c$，$\dot{I}_a = 0$，负载电压为线电压 U_{bc}，有功功率为 $U_{bc}I_b\cos(180°+\varphi)$，负载相位角是线电压 $\dot{U}_{bc}$ 超前于 $\dot{I}_c$ 的角度，而不是相电压与电流之间的夹角。

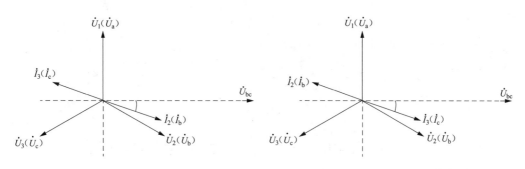

图 4-6 恒功区运行 β 臂相量图   图 4-7 制动区运行 β 臂相量图

2. 逆相序相量特性（以原边接入 ACB 为例分析）

（1）恒功区运行在 α 臂。原边三相四线电能计量装置相量特性如图 4-8 所示，此时 $\dot{I}_a = -\dot{I}_c$，$\dot{I}_b = 0$，负载电压为线电压 U_{ac}，有功功率为 $U_{ac}I_a\cos\varphi$，负载相位角是线电压 $\dot{U}_{ac}$ 超前于 $\dot{I}_a$ 的角度，而不是相电压与电流之间的夹角。

（2）制动区运行在 α 臂。原边三相四线电能计量装置相量特性如图 4-9 所示，此时 $\dot{I}_a = -\dot{I}_c$，$\dot{I}_b = 0$，负载电压为线电压 U_{ac}，有功功率为 $U_{ac}I_a\cos(180°+\varphi)$，负载相位角是线电压 $\dot{U}_{ac}$ 超前于 $\dot{I}_c$ 的角度，而不是相电压与电流之间的夹角。

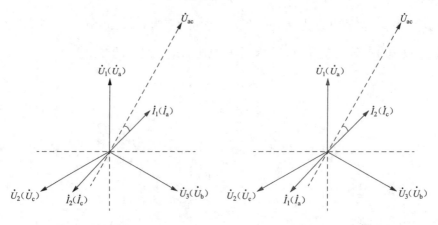

图 4-8　恒功区运行 α 臂相量图　　　图 4-9　制动区运行 α 臂相量图

（3）恒功区运行在 β 臂。原边三相四线电能计量装置相量特性如图 4-10 所示，此时 $\dot{I}_{b}=-\dot{I}_{c}$，$\dot{I}_{a}=0$，负载电压为线电压 U_{cb}，有功功率为 $U_{cb}I_{c}\cos\varphi$。负载相位角是线电压 $\dot{U}_{cb}$ 超前于 $\dot{I}_{c}$ 的角度，而不是相电压与电流之间的夹角。

（4）制动区运行在 β 臂。原边三相四线电能计量装置相量特性如图 4-11 所示，此时 $\dot{I}_{b}=-\dot{I}_{c}$，$\dot{I}_{a}=0$，负载电压为线电压 U_{cb}，有功功率为 $U_{cb}I_{c}\cos(180°+\varphi)$，负载相位角是线电压 $\dot{U}_{cb}$ 超前于 $\dot{I}_{b}$ 的角度，而不是相电压与电流之间的夹角。

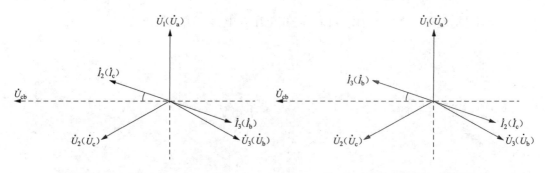

图 4-10　恒功区运行 β 臂相量图　　　图 4-11　制动区运行 β 臂相量图

四、原边额定电流计算

上面阐述了三相 VV-0（6）牵引变压器的接线组别、电流特性和相量特性，下面以一个计算原边额定电流的实例，介绍三相 VV-0 接线变压器原边额定电流的计算方法，以便根据牵引变压器的额定容量和接入电压等级，正确计算原边额定电流，合理配置计量电流互感器变比，提高计量准确性。

有一台三相 VV-0 接线变压器，$S_{1N}=16000kVA$，$S_{2N}=16000kVA$，S_{1N} 和 S_{2N} 分别为牵引变压器两台单相变压器的额定容量，$U_{1N}=110kV$（原边额定电压），$U_{2N}=27.5kV$（副边额定电压），原边接入正相序 ABC，原边三相额定电流 I_{AN}、I_{BN}、I_{CN} 计算如下

$$I_{AN} = \frac{S_{1N}}{U_{1N}} = \frac{16000}{110} = 145.45(A)$$

$$I_{CN} = \frac{S_{2N}}{U_{1N}} = \frac{16000}{110} = 145.45(A)$$

$$I_{BN} = \sqrt{I_{AN}^2 + I_{CN}^2 - 2I_{AN}I_{CN}\cos120°}$$

$$= \sqrt{145.45^2 + 145.45^2 - 2 \times -\frac{1}{2} \times 145.45 \times 145.45}$$

$$= 251.92(A)$$

式中 I_{BN} 是按照机车同时接入副边的 α 臂和 β 臂计算，此时 $\dot{I}_{BN}$ 为 $\dot{I}_{AN}$、$\dot{I}_{CN}$ 反相后 $-\dot{I}_{AN}$、$-\dot{I}_{CN}$ 的相量和，相量图如图 4-12 所示。牵引变压器原边额定电流应按照机车同时接入副边 α 臂和 β 臂计算。

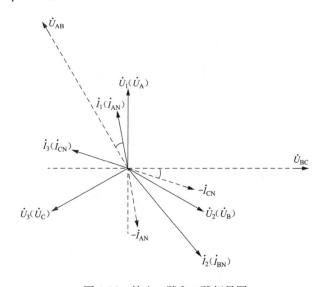

图 4-12　接入 α 臂和 β 臂相量图

第三节　三相 VX 接线牵引变压器运行特性

一、概述

三相 VX 接线牵引变压器是一种采用新型接线方式的牵引变压器，和其他牵引变压器相比，具有抑制负序影响、供电能力强、利用率高等方面的优势，目前在高速电气化铁路得到非常广泛的运用。三相 VX 接线牵引变压器由两台单相三绕组变压器组合而成，其原理接线图如图 4-13 所示。原边 AB 绕组和副边绕组 α_{T1}、α_{F1} 构成 α 臂，通过电磁感应变换；原边 BC 绕组和副边绕组 β_{T2}、β_{F2} 构成 β 臂，通过电磁感应变换。α 臂的中相 R_1 作为公共相与接地网、轨道连接，β 臂的中相 R_2 作为公共相与接地网、轨道连接。副边额定电压为 27.5kV，即 T_1R_1 端、F_1R_1 端、T_2R_2 端、F_2R_2 端的电压为 27.5kV。三相 VX 接线牵引变压器接线组别有 Ii-0 和 Ii-6 两种，图 4-13 所示为 Ii-0 接线，具体采用哪种接线组别，铭牌通常有明显的标志。

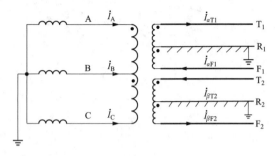

图 4-13　三相 VX 接线牵引变压器

VX 接线牵引变压器绕组容量常标注在铭牌上，如某单台变压器铭牌标注如下：原边为 20000kVA，副边 T_1R_1 为 12500kVA，F_1R_1 为 12500kVA。其中，20000kVA 为单相变压器原边额定容量，12500kVA 为副边绕组额定容量，VX 接线牵引变压器原边额定电流计算方法和 VV-0 接线类似，可参照第二节 VV-0 接线牵引变压器原边额定电流的计算方法。

二、电流特性

由三相 VX 接线牵引变压器原理可知，原边接入 ABC 时，原边、副边电流关系如下

$$\begin{bmatrix} \dot{I}_A \\ \dot{I}_B \\ \dot{I}_C \end{bmatrix} = \frac{1}{K} \begin{bmatrix} 1 & 1 & 0 & 0 \\ -1 & -1 & -1 & -1 \\ 0 & 0 & 1 & 1 \end{bmatrix} \begin{bmatrix} \dot{I}_{\alpha T1} \\ \dot{I}_{\alpha F1} \\ \dot{I}_{\beta T2} \\ \dot{I}_{\beta F2} \end{bmatrix} \tag{4-2}$$

式中：$\dot{I}_A$、$\dot{I}_B$、$\dot{I}_C$ 为牵引变压器原边电流；$\dot{I}_{\alpha T1}$ 为副边 α 臂 T_1R_1 回路的电流；$\dot{I}_{\alpha F1}$ 为副边 α 臂 R_1F_1 回路的电流；$\dot{I}_{\beta T2}$ 为副边 β 臂 T_2R_2 回路的电流；$\dot{I}_{\beta F2}$ 为副边 β 臂 R_2F_2 回路的电流。

原边接入其他相序也可参照式（4-2），同样得出原边、副边电流之间的关系。

三、相量特性

机车经常单独接入三相 VX 接线牵引变压器副边的 α 臂运行，换相后再接入副边的 β 臂运行，出现两相不对称运行状态；机车也会同时接入副边的 α 臂和 β 臂，出现三相不对称运行状态。三相 VX 接线牵引变压器原边接入正相序、逆相序，出现两相不对称运行状态时，恒功区、制动区的相量特性和三相 VV－0 接线牵引变压器基本一致。因此下面将主要分析机车同时接入 α 臂和 β 臂的相量特性，即三相不对称运行状态的相量特性。

1. 正相序相量特性（以原边接入 ABC 为例）

原边接入正相序 ABC，运行在恒功区时，相量特性可参考图 4-12。图 4-12 所示是一次侧的电参量相位关系，二次侧和一次侧的电参量相位关系是一致的。

此时，三相电压对称，电压相序为正相序，$\dot{I}_b = -\dot{I}_a - \dot{I}_c$，负载电压为线电压 U_{ab} 和 U_{bc}。负载相位角是线电压 $\dot{U}_{ab}$ 超前于 $\dot{I}_a$ 的角度，线电压 $\dot{U}_{bc}$ 超前于 $-\dot{I}_c$ 的角度，而不是相电压与电流之间的夹角。

由于有功功率 $p_0 = u_{ab}i_a + (u_{bc} \times -i_c)$，即 $p_0 = u_{ab}i_a + u_{cb}i_c$，而电能表测量功率 $p' =$

$u_a i_a + u_b i_b + u_c i_c$，由于 $i_b = -i_a - i_c$，故

$$p' = u_a i_a + u_b i_b + u_c i_c = u_{ab} i_a + u_{cb} i_c \qquad (4\text{-}3)$$

因此电能表正确测量了负载功率。

2. 逆相序相量特性（以原边接入 ACB 为例）

原边接入逆相序 ACB，运行在恒功区时，相量特性可参考图 4-15。

此时，三相电压对称，电压相序为逆相序，即 $\dot{I}_c = -\dot{I}_a - \dot{I}_b$，负载电压为线电压 U_{ac} 和 U_{cb}。负载相位角是线电压 $\dot{U}_{ac}$ 超前于 $\dot{I}_a$ 的角度，线电压 $\dot{U}_{cb}$ 超前于 $-\dot{I}_b$ 的角度，而不是相电压与电流之间的夹角。

由于有功功率 $p_0 = u_{ac} i_a + (u_{cb} \times -i_b)$，即 $p_0 = u_{ac} i_a + u_{bc} i_b$，而电能表测量功率 $p' = u_a i_a + u_b i_b + u_c i_c$，由于 $i_c = -i_a - i_b$，故

$$p' = u_a i_a + u_b i_b + u_c i_c = u_{ac} i_a + u_{bc} i_b \qquad (4\text{-}4)$$

因此电能表正确测量了负载功率。

三相 VX 接线牵引变压器原边接入其他四种相序（CAB、BCA、BAC、CBA），机车同时接入副边 α 臂和 β 臂，即三相不对称运行状态时，也可按照上述方法，结合负荷特性，对相量特性做出分析判断。需要说明的是，机车同时接入三相 VV-0（6）接线牵引变压器副边的 α 臂和 β 臂，三相不对称运行状态时，其相量特性和三相 VX 接线牵引变压器基本一致，现场实例的分析方法也一致。

四、三相不对称运行实例分析

下面以两次现场测量的三相 VX 接线牵引变压器电能表参数数据和相量图为例，详细分析三相不对称运行时的电压相序、负荷特性、电流特性、相量特性。

（一）原边接入正相序 ABC

某 220kV 高速铁路牵引变电站，牵引变压器为三相 VX 牵引变压器，在 220kV 侧采用三相四线计量装置，投运后现场检验电能表，现场校验仪测量参数为 $U_a = 60.78V$、$U_b = 61.19V$、$U_c = 60.32V$、$I_a = 0.111A$、$I_b = 0.134A$、$I_c = 0.185A$、$\varphi_a = 147.9°$、$\varphi_b = -53.9°$、$\varphi_c = 41.7°$、$P_a = -5.61W$、$P_b = 4.73W$、$P_c = 8.31W$、$P = 7.43W$、$Q_a = 3.52var$、$Q_b = -6.67var$、$Q_c = 7.32var$、$Q = 4.17var$，相量图如图 4-14 所示。

从测量的各项参数和图 4-14 可以看出，三相电压比较对称，三相电流大小不平衡，$\dot{I}_3$ 幅值明显比 $\dot{I}_1$、$\dot{I}_2$ 大。三相相位角大小不一致，第一元件相位角为 147.9°，运行在 II 象限，第二元件相位角为 -53.9°，运行在 IV 象限，第三元件相位角为 41.7°，运行在 I 象限，三组元件负荷特性完全不一致。

1. 电压相序

三相相电压比较对称，相序为正相序，符合牵引变压器原边接入正相序 ABC，初步

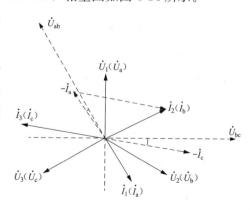

图 4-14　VX 接线三相负载相量图

判断电压接线无误。

2. 负荷、电流和相量特性

从电流相量可知，α臂和β臂同时接入负荷，导致原边三相均有电流。按照负载端电压为$\dot{U}_{ab}$、$\dot{U}_{bc}$接入负荷分析，α臂处于制动区，即图4-14中$-\dot{I}_a$超前于$\dot{U}_{ab}$的相位角为2.1°（180°−147.9°−30°＝2.1°），α臂为容性负载；β臂处于恒功区，即图4-14中$-\dot{I}_c$滞后于$\dot{U}_{bc}$的相位角为11.7°（41.7°−30°＝11.7°），β臂为感性负载。$\dot{I}_1$为$\dot{I}_a$，$\dot{I}_2＝-\dot{I}_a-\dot{I}_c$，导致$\dot{I}_2$超前于$\dot{U}_b$，$\dot{I}_2$为$\dot{I}_b$，$\dot{I}_3$为$\dot{I}_c$。按照负载端电压为$\dot{U}_{ab}$、$\dot{U}_{bc}$接入负荷，在对应的负荷特性下，电流特性、相量特性与之对应，判断接线无误。

（二）原边接入逆相序 ACB

某220kV高速铁路牵引变电站，牵引变压器为三相VX牵引变压器，在220kV侧采用三相四线计量装置，投运后现场检验电能表，现场校验仪测量参数为$U_a=$60.41V、$U_b=$60.85V、$U_c=$60.72V、$I_a=$0.213A、$I_b=$0.299A、$I_c=$0.123A、$\varphi_a=$38.8°、$\varphi_b=-$1.6°、$\varphi_c=-$25.1°、$P_a=$10.0W、$P_b=$18.15W、$P_c=$6.70W、$P=$34.85W、$Q_a=$8.01var、$Q_b=-$0.49var、$Q_c=-$3.15var、$Q=$4.38var，相量图如图4-15所示。

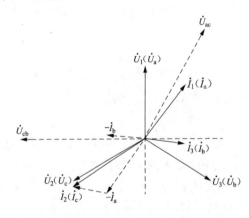

图4-15　VX接线牵引变压器相量图

从测量的各项参数和图4-15可以看出，三相电压比较对称，三相电流大小不平衡，$\dot{I}_2$幅值明显比$\dot{I}_1$、$\dot{I}_3$大。三相相位角大小不一致，第一元件相位角为38.8°，运行在Ⅰ象限，第二元件相位角为−1.6°，运行在Ⅳ象限，第三元件相位角为−25.1°，运行在Ⅳ象限，三组元件负荷特性完全不一致。

1. 电压相序

三相相电压比较对称，相序为逆相序，符合牵引变压器原边接入逆相序ACB，初步判断电压接线无误。

2. 负荷、电流和相量特性

从电流相量可知，α臂和β臂同时接入负荷，导致原边三相均有电流。按照负载端电压为$\dot{U}_{ac}$、$\dot{U}_{cb}$接入负荷分析，α臂处于恒功区，即图4-15中$\dot{I}_a$滞后于$\dot{U}_{ac}$的相位角为8.8°（38.8°−30°＝8.8°），α臂为感性负载；β臂处于恒功区，即图4-15中$-\dot{I}_b$滞后于$\dot{U}_{cb}$的相位角为4.9°（30°−25.1°＝4.9°），β臂为感性负载。$\dot{I}_1$为$\dot{I}_a$，$\dot{I}_2＝-\dot{I}_a-\dot{I}_b$，导致$\dot{I}_2$（$\dot{I}_c$）超前于$\dot{U}_c$，$\dot{I}_3$为$\dot{I}_b$。按照负载端电压为$\dot{U}_{ac}$、$\dot{U}_{cb}$接入负荷，在对应的负荷特性下，电流特性、相量特性与之对应，二次接线和牵引变压器原边的相序完全对应。

第四节　两相不对称运行错误接线解析方法

三相 VV-0（6）接线牵引变压器，三相 VX 接线牵引变压器出现两相不对称运行时（机车分别接入 α 臂、β 臂），电能计量装置接线的分析判断，按照以下步骤进行。

一、确定接入牵引变压器原边的相序和相别

即确定正相序或逆相序，及相别。

二、测量电参数及确定相量图

机车分别接入 α 臂、β 臂运行在恒功区时，用三相电能表现场校验仪测量电压、电流、有功功率、无功功率、相位角等参数数据，根据参数数据确定换相前后的两幅相量图。

三、根据相量图分析判断

根据接入相序和功率因数角判断接线，恒功区功率因数角一般为 $-30°\sim30°$。

（一）接入正相序 ABC

1. 定电流相别

第一幅相量图与相电压的角度为 $\varphi-30°$ 的相电流是 $\dot{I}_a$，另外一相电流为 $\dot{I}_b$；第二幅相量图与相电压的角度为 $\varphi-30°$ 的相电流是 $\dot{I}_b$，另外一相电流为 $\dot{I}_c$。

2. 定电压相别

第一幅相量图与电流角度为 $\varphi-30°$ 的相电压为 $\dot{U}_a$，按照接入正相序要求，依次判断第一幅相量图的 $\dot{U}_b$、$\dot{U}_c$，对照第一幅相量图确定第二幅相量图对应的 $\dot{U}_a$、$\dot{U}_b$、$\dot{U}_c$。

3. 比对相量图

根据判断结论，对两幅相量图进行比对。两幅相量图的三组相电压与相别均一致，两幅相量图公共相电流 $\dot{I}_b$ 对应的电流应一致。

（二）接入正相序 BCA

1. 定电流相别

第一幅相量图与相电压的角度为 $\varphi-30°$ 的相电流是 $\dot{I}_b$，另外一相电流为 $\dot{I}_c$；第二幅相量图与相电压的角度为 $\varphi-30°$ 的相电流是 $\dot{I}_c$，另外一相电流为 $\dot{I}_a$。

2. 定电压相别

第一幅相量图与电流角度为 $\varphi-30°$ 的相电压为 $\dot{U}_b$，按照接入正相序要求，依次判断第一幅相量图的 $\dot{U}_c$、$\dot{U}_a$，对照第一幅相量图确定第二幅相量图对应的 $\dot{U}_a$、$\dot{U}_b$、$\dot{U}_c$。

3. 比对相量图

根据判断结论，对两幅相量图进行比对。两幅相量图的三组相电压与相别均一致，两幅相量图公共相电流 $\dot{I}_c$ 对应的电流应一致。

（三）接入正相序 CAB

1. 定电流相别

第一幅相量图与相电压的角度为 $\varphi-30°$ 的相电流是 $\dot{I}_c$，另外一相电流为 $\dot{I}_a$；第二幅相量图与相电压的角度为 $\varphi-30°$ 的相电流是 $\dot{I}_a$，另外一相电流为 $\dot{I}_b$。

2. 定电压相别

第一幅相量图与电流角度为 $\varphi-30°$ 的相电压为 $\dot{U}_c$，按照接入正相序要求，依次判断第一幅相量图的 $\dot{U}_a$、$\dot{U}_b$，对照第一幅相量图确定第二幅相量图对应的 $\dot{U}_a$、$\dot{U}_b$、$\dot{U}_c$。

3. 比对相量图

根据判断结论，对两幅相量图进行比对。两幅相量图的三组相电压与相别均一致，两幅相量图公共相电流 $\dot{I}_a$ 对应的电流应一致。

（四）接入逆相序 ACB

1. 定电流相别

第一幅相量图与相电压的角度为 $\varphi+30°$ 的相电流是 $\dot{I}_a$，另外一相电流为 $\dot{I}_c$；第二幅相量图与相电压的角度为 $\varphi+30°$ 的相电流是 $\dot{I}_c$，另外一相电流为 $\dot{I}_b$。

2. 定电压相别

第一幅相量图与电流角度为 $\varphi+30°$ 的相电压为 $\dot{U}_a$，按照接入正相序要求，依次判断第一幅相量图的 $\dot{U}_b$、$\dot{U}_c$，对照第一幅相量图确定第二幅相量图对应的 $\dot{U}_a$、$\dot{U}_b$、$\dot{U}_c$。

3. 比对相量图

根据判断的结论，对两幅相量图进行比对。两幅相量图的三组相电压与相别均一致，两幅相量图公共相电流 $\dot{I}_c$ 对应的电流应一致。

（五）接入逆相序 BAC

1. 定电流相别

第一幅相量图与相电压的角度为 $\varphi+30°$ 的相电流是 $\dot{I}_b$，另外一相电流为 $\dot{I}_a$；第二幅相量图与相电压的角度为 $\varphi+30°$ 的相电流是 $\dot{I}_a$，另外一相电流为 $\dot{I}_c$。

2. 定电压相别

第一幅相量图与电流角度为 $\varphi+30°$ 的相电压为 $\dot{U}_b$，按照接入正相序要求，依次判断第一幅相量图的 $\dot{U}_c$、$\dot{U}_a$，对照第一幅相量图确定第二幅相量图对应的 $\dot{U}_a$、$\dot{U}_b$、$\dot{U}_c$。

3. 比对相量图

根据判断结论，对两幅相量图进行比对。两幅相量图的三组相电压与相别均一致，两幅相量图公共相电流 $\dot{I}_a$ 对应的电流应一致。

（六）接入逆相序 CBA

1. 定电流相别

第一幅相量图与相电压的角度为 $\varphi+30°$ 的相电流是 $\dot{I}_c$，另外一相电流为 $\dot{I}_b$；第二幅相量图与相电压的角度为 $\varphi+30°$ 的相电流是 $\dot{I}_b$，另外一相电流为 $\dot{I}_a$。

2. 定电压相别

第一幅相量图与电流角度为 $\varphi+30°$ 的相电压为 $\dot{U}_c$，按照接入正相序要求，依次判断第一幅相量图的 $\dot{U}_a$、$\dot{U}_b$，对照第一幅相量图确定第二幅相量图对应的 $\dot{U}_a$、$\dot{U}_b$、$\dot{U}_c$。

3. 比对相量图

根据判断结论，对两幅相量图进行比对。两幅相量图的三组相电压与相别均一致，两幅相量图公共相电流 $\dot{I}_b$ 对应的电流应一致。

四、更正接线

实际生产中，必须按照各项安全管理规定，严格履行保证安全的组织措施和技术措施，根据错误接线结论，检查接入电能表的实际二次电压和二次电流，根据现场实际的错误接线，按照正确接线方式更正。

第五节　两相不对称运行错误接线实例解析

电力机车这种特殊负载使牵引变压器经常运行于两相不对称状态，即机车分别接入 α 臂、β 臂，机车还会向电网输入电能运行于制动区。本节对三相 VV-0 接线牵引变压器、三相 VX 接线牵引变压器，原边接入正相序（ABC、CAB、BCA），逆相序（ACB、CBA、BAC），在机车分别接入 α 臂、β 臂运行于恒功区时，结合现场实例解析电能表接线的正确性，具体分布如下。

原边接入正相序 ABC：实例一，感性负载；实例七，感性负载。

原边接入正相序 CAB：实例二，感性负载；实例八，感性负载。

原边接入正相序 BCA：实例三，感性负载。

原边接入逆相序 ACB：实例四，感性负载；实例九，容性负载。

原边接入逆相序 BAC：实例五，感性负载；实例十，感性负载。

原边接入逆相序 CBA：实例六，感性负载。

一、实例一

220kV 牵引变电站，采用三相 VV-0 接线牵引变压器，$U_{1N}=220\text{kV}$，$U_{2N}=27.5\text{kV}$，原边接入正相序 ABC，计量点设在牵引变压器 220kV 侧，采用三相四线接线方式，电流互感器变比为 250A/1A，电能表为 $3\times57.7/100\text{V}$、3×0.3（1.2）A 的三相四线智能电能表，运行在恒功区，负载功率因数角为感性 $0\sim30°$，用现场校验仪在表尾端测量参数数据如下，$U_{12}=101.2\text{V}$，$U_{13}=101.5\text{V}$，$U_{32}=100.9\text{V}$，$U_1=57.9\text{V}$，$U_2=58.3\text{V}$，$U_3=58.2\text{V}$，$\dot{U}_1\hat{}\dot{U}_2=120.2°$，$\dot{U}_2\hat{}\dot{U}_3=120.2°$，$\dot{U}_3\hat{}\dot{U}_1=120.1°$。

换相前：$I_1=0.01\text{A}$，$I_2=0.182\text{A}$，$I_3=0.182\text{A}$，$\dot{U}_2\hat{}\dot{I}_2=164.8°$，$\dot{U}_3\hat{}\dot{I}_3=-135.1°$。

换相后：$I_1=0.191\text{A}$，$I_2=0.192\text{A}$，$I_3=0.02\text{A}$，$\dot{U}_1\hat{}\dot{I}_1=45.3°$，$\dot{U}_2\hat{}\dot{I}_2=105.1°$。

解析：三组线电压和相电压基本对称，接近于额定值，无失压现象；换相前后均有一相无电流，说明换相前后机车分别接入 α 臂、β 臂。

(一) 确定相量图

以 $\dot{U}_1$ 为参考相量，确定 $\dot{U}_2$、$\dot{U}_3$、$\dot{I}_1$、$\dot{I}_2$、$\dot{I}_3$ 的位置，绘制换相前后相量图如图 4-16（换相前）、图 4-17（换相后）所示。

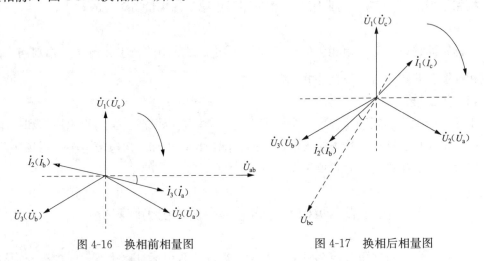

图 4-16　换相前相量图　　　　　　　图 4-17　换相后相量图

(二) 判断电压相序

两幅相量图的 $\dot{U}_1 \rightarrow \dot{U}_2 \rightarrow \dot{U}_3$ 均为顺时针方向，电压为正相序。

(三) 确定错误接线

1. 定电流相别

从图 4-16 可知，$\dot{I}_3$ 超前 $\dot{U}_2$ 约为 15°，与 $\varphi - 30°$ 相符合，判断 $\dot{I}_3$ 为 $\dot{I}_a$，$\dot{I}_2$ 为 $\dot{I}_b$；从图 4-17 可知，$\dot{I}_2$ 超前 $\dot{U}_3$ 约为 15°，与 $\varphi - 30°$ 相符合，判断 $\dot{I}_2$ 为 $\dot{I}_b$，$\dot{I}_1$ 为 $\dot{I}_c$。

2. 定电压相别

换相前相量图与 $\dot{I}_3$ 对应的相电压 $\dot{U}_2$ 为 $\dot{U}_a$，依次判断 $\dot{U}_3$ 为 $\dot{U}_b$，$\dot{U}_1$ 为 $\dot{U}_c$，换相后相量图 $\dot{U}_2$ 也为 $\dot{U}_a$，$\dot{U}_3$ 也为 $\dot{U}_b$，$\dot{U}_1$ 也为 $\dot{U}_c$。

3. 比对相量图

比对两幅相量图，$\dot{U}_1$ 均为 $\dot{U}_c$，$\dot{U}_2$ 均为 $\dot{U}_a$，$\dot{U}_3$ 均为 $\dot{U}_b$，两幅相量图三相相电压完全一一对应。两幅相量图公共相电流 $\dot{I}_b$ 均为 $\dot{I}_2$。

(四) 结论

第一组元件接入 $\dot{U}_c$、$\dot{I}_c$，第二组元件接入 $\dot{U}_a$、$\dot{I}_b$，第三组元件接入 $\dot{U}_b$、$\dot{I}_a$。错误接线结论表见表 4-1。

表 4-1　　　　　　　　　　　　错误接线结论表

电压接入相别			电流接入相别		
$\dot{U}_1$	$\dot{U}_2$	$\dot{U}_3$	$\dot{I}_1$	$\dot{I}_2$	$\dot{I}_3$
$\dot{U}_c$	$\dot{U}_a$	$\dot{U}_b$	$\dot{I}_c$	$\dot{I}_b$	$\dot{I}_a$

（五）错误接线图（见图 4-18）

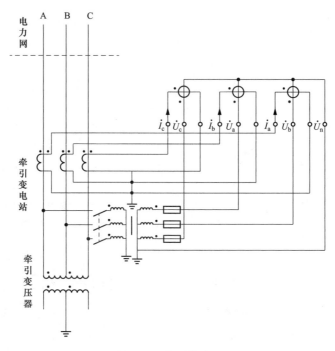

图 4-18　错误接线图

二、实例二

220kV 牵引变电站，采用三相 VV-0 接线牵引变压器，$U_{1N} = 220$kV，$U_{2N} = 27.5$kV，原边接入正相序 CAB，计量点设在牵引变压器 220kV 侧，采用三相四线接线方式，电流互感器变比为 200A/1A，电能表为 $3 \times 57.7/100$V、3×0.3（1.2）A 的三相四线智能电能表，运行在恒功区，负载功率因数角为感性 $0 \sim 30°$，用现场校验仪在表尾端测量参数数据如下，$U_{12} = 102.2$V，$U_{13} = 102.5$V，$U_{32} = 101.9$V，$U_1 = 58.9$V，$U_2 = 58.7$V，$U_3 = 58.6$V，$\hat{\dot{U}_1\dot{U}_2} = -120.2°$，$\hat{\dot{U}_2\dot{U}_3} = -120.2°$，$\hat{\dot{U}_3\dot{U}_1} = -120.1°$。

换相前：$I_1 = 0.22$A，$I_2 = 0.22$A，$I_3 = 0.02$A，$\hat{\dot{U}_1\dot{I}_1} = -12.8°$，$\hat{\dot{U}_2\dot{I}_2} = 107.2°$。

换相后：$I_1 = 0.02$A，$I_2 = 0.19$A，$I_3 = 0.19$A，$\hat{\dot{U}_2\dot{I}_2} = 47.2°$，$\hat{\dot{U}_3\dot{I}_3} = 167.2°$。

解析：三组线电压和相电压基本对称，接近于额定值，无失压现象；换相前后均有一相无电流，说明换相前后机车分别接入 α 臂、β 臂。

（一）确定相量图

以 $\dot{U}_1$ 为参考相量，确定 $\dot{U}_2$、$\dot{U}_3$、$\dot{I}_1$、$\dot{I}_2$、$\dot{I}_3$ 的位置，绘制换相前后相量图如图 4-19（换相前）、图 4-20（换相后）所示。

（二）判断电压相序

两幅相量图的 $\dot{U}_1 \rightarrow \dot{U}_2 \rightarrow \dot{U}_3$ 均为逆时针方向，电压为逆相序。

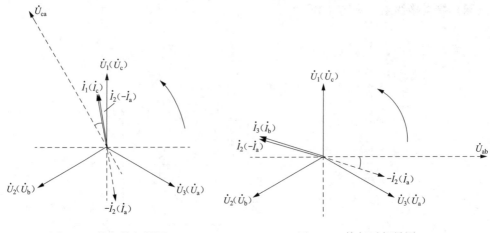

图 4-19　换相前相量图　　　　　图 4-20　换相后相量图

（三）确定错误接线

1. 定电流相别

从图 4-19 可知，$\dot{I}_1$ 超前 $\dot{U}_1$ 约为 13°，与 $\varphi-30°$ 相符合，判断 $\dot{I}_1$ 为 $\dot{I}_c$，$\dot{I}_2$ 反相后 $-\dot{I}_2$ 为 $\dot{I}_a$，判断 $\dot{I}_2$ 为 $-\dot{I}_a$；从图 4-20 可知，$\dot{I}_2$ 反相后 $-\dot{I}_2$ 超前 $\dot{U}_3$ 约为 13°，与 $\varphi-$ 30° 相符合，判断 $-\dot{I}_2$ 为 $\dot{I}_a$，$\dot{I}_2$ 为 $-\dot{I}_a$，$\dot{I}_3$ 为 $\dot{I}_b$。

2. 定电压相别

换相前相量图与 $\dot{I}_1$ 对应的相电压 $\dot{U}_1$ 为 $\dot{U}_c$，依次判断 $\dot{U}_3$ 为 $\dot{U}_a$，$\dot{U}_2$ 为 $\dot{U}_b$，换相后相量图 $\dot{U}_1$ 也为 $\dot{U}_c$，$\dot{U}_3$ 也为 $\dot{U}_a$，$\dot{U}_2$ 也为 $\dot{U}_b$。

3. 比对相量图

比对两幅相量图，$\dot{U}_1$ 均为 $\dot{U}_c$，$\dot{U}_3$ 均为 $\dot{U}_a$，$\dot{U}_2$ 均为 $\dot{U}_b$，两幅相量图三相相电压完全一一对应。两幅相量图公共相电流 $\dot{I}_a$ 均为 $-\dot{I}_2$。

（四）结论

第一组元件接入 $\dot{U}_c$、$\dot{I}_c$，第二组元件接入 $\dot{U}_b$、$-\dot{I}_a$，第三组元件接入 $\dot{U}_a$、$\dot{I}_b$。错误接线结论表见表 4-2。

表 4-2　　　　　　　　　　　　　错 误 接 线 结 论 表

电压接入相别			电流接入相别		
$\dot{U}_1$	$\dot{U}_2$	$\dot{U}_3$	$\dot{I}_1$	$\dot{I}_2$	$\dot{I}_3$
$\dot{U}_c$	$\dot{U}_b$	$\dot{U}_a$	$\dot{I}_c$	$-\dot{I}_a$	$\dot{I}_b$

（五）错误接线图（见图 4-21）

三、实例三

220kV 牵引变电站，采用三相 VX 接线牵引变压器，$U_{1N}=220\text{kV}$，$U_{2N}=27.5\text{kV}$，原边接入正相序 BCA，计量点设在牵引变压器 220kV 侧，采用三相四线接线方式，电流互感器变比为 150A/1A，电能表为 $3\times57.7/100\text{V}$、3×0.3（1.2）A 的三相四线智能

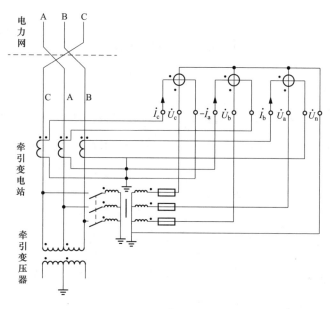

图 4-21　错误接线图

电能表，运行在恒功区，负载功率因数角为感性 0～30°，用现场校验仪在表尾端测量参数数据如下，$U_{12}=101.2V$，$U_{13}=101.5V$，$U_{32}=100.9V$，$U_1=57.9V$，$U_2=58.3V$，$U_3=58.2V$，$\hat{\dot{U}_1\dot{U}_2}=-120.2°$，$\hat{\dot{U}_2\dot{U}_3}=-120.2°$，$\hat{\dot{U}_3\dot{U}_1}=-120.1°$。

换相前：$I_1=0.22A$，$I_2=0.22A$，$I_3=0.02A$，$\hat{\dot{U}_1\dot{I}_1}=167.2°$，$\hat{\dot{U}_2\dot{I}_2}=-72.9°$。

换相后：$I_1=0.02A$，$I_2=0.19A$，$I_3=0.19A$，$\hat{\dot{U}_2\dot{I}_2}=-132.8°$，$\hat{\dot{U}_3\dot{I}_3}=167.2°$。

解析： 三组线电压和相电压基本对称，接近于额定值，无失压现象；换相前后均有一相无电流，说明换相前后机车分别接入 α 臂、β 臂。

（一）确定相量图

以 $\dot{U}_1$ 为参考相量，确定 $\dot{U}_2$、$\dot{U}_3$、$\dot{I}_1$、$\dot{I}_2$、$\dot{I}_3$ 的位置，绘制换相前后相量图如图 4-22（换相前）、图 4-23（换相后）所示。

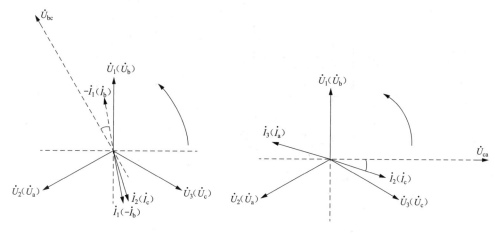

图 4-22　换相前相量图　　　　　　　　图 4-23　换相后相量图

（二）判断电压相序

两幅相量图的 $\dot{U}_1 \rightarrow \dot{U}_2 \rightarrow \dot{U}_3$ 均为逆时针方向，电压为逆相序。

（三）确定错误接线

1. 定电流相别

从图 4-22 可知，$\dot{I}_1$ 反相后 $-\dot{I}_1$ 超前 $\dot{U}_1$ 约为 13°，与 $\varphi-30°$ 相符合，判断 $\dot{I}_1$ 为 $-\dot{I}_b$，$\dot{I}_2$ 为 $\dot{I}_c$；从图 4-23 可知，$\dot{I}_2$ 超前 $\dot{U}_3$ 约为 13°，与 $\varphi-30°$ 相符合，判断 $\dot{I}_2$ 为 $\dot{I}_c$，$\dot{I}_3$ 为 $\dot{I}_a$。

2. 定电压相别

换相前相量图与 $-\dot{I}_1$ 对应的相电压 $\dot{U}_1$ 为 $\dot{U}_b$，依次判断 $\dot{U}_3$ 为 $\dot{U}_c$，$\dot{U}_2$ 为 $\dot{U}_a$，换相后相量图 $\dot{U}_1$ 也为 $\dot{U}_b$，$\dot{U}_3$ 也为 $\dot{U}_c$，$\dot{U}_2$ 也为 $\dot{U}_a$。

3. 比对相量图

比对两幅相量图，$\dot{U}_1$ 均为 $\dot{U}_b$，$\dot{U}_3$ 均为 $\dot{U}_c$，$\dot{U}_2$ 均为 $\dot{U}_a$，两幅相量图三相相电压完全一一对应。两幅相量图公共相电流 $\dot{I}_c$ 均为 $\dot{I}_2$。

（四）结论

第一组元件接入 $\dot{U}_b$、$-\dot{I}_b$，第二组元件接入 $\dot{U}_a$、$\dot{I}_c$，第三组元件接入 $\dot{U}_c$、$\dot{I}_a$。错误接线结论表见表 4-3。

表 4-3　　　　　　　　　错误接线结论表

电压接入相别			电流接入相别		
$\dot{U}_1$	$\dot{U}_2$	$\dot{U}_3$	$\dot{I}_1$	$\dot{I}_2$	$\dot{I}_3$
$\dot{U}_b$	$\dot{U}_a$	$\dot{U}_c$	$-\dot{I}_b$	$\dot{I}_c$	$\dot{I}_a$

（五）错误接线图（见图 4-24）

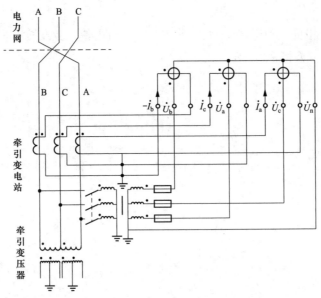

图 4-24　错误接线图

四、实例四

220kV 牵引变电站，采用三相 VV-0 接线牵引变压器，$U_{1N}=220\text{kV}$，$U_{2N}=27.5\text{kV}$，原边接入逆相序 ACB，计量点设在牵引变压器 220kV 侧，采用三相四线接线方式，电流互感器变比为 200A/1A，电能表为 $3\times57.7/100\text{V}$、$3\times0.3(1.2)$ A 的三相四线智能电能表，运行在恒功区，负载功率因数角为感性 $0\sim30°$，用现场校验仪在表尾端测量参数数据如下，$U_{12}=101.9\text{V}$，$U_{13}=101.9\text{V}$，$U_{32}=102.3\text{V}$，$U_1=58.9\text{V}$，$U_2=59.0\text{V}$，$U_3=59.2\text{V}$，$\hat{\dot{U}_1\dot{U}_2}=-120.2°$，$\hat{\dot{U}_2\dot{U}_3}=-120.2°$，$\hat{\dot{U}_3\dot{U}_1}=-120.1°$。

换相前：$I_1=0.22\text{A}$，$I_2=0.02\text{A}$，$I_3=0.23\text{A}$，$\hat{\dot{U}_1\dot{I}_1}=47.2°$，$\hat{\dot{U}_3\dot{I}_3}=107.1°$。

换相后：$I_1=0.02\text{A}$，$I_2=0.19\text{A}$，$I_3=0.19\text{A}$，$\hat{\dot{U}_2\dot{I}_2}=-132.8°$，$\hat{\dot{U}_3\dot{I}_3}=167.2°$。

解析：三组线电压和相电压基本对称，接近于额定值，无失压现象；换相前后均有一相无电流，说明换相前后机车分别接入 α 臂、β 臂。

（一）确定相量图

以 $\dot{U}_1$ 为参考相量，确定 $\dot{U}_2$、$\dot{U}_3$、$\dot{I}_1$、$\dot{I}_2$、$\dot{I}_3$ 的位置，绘制换相前后相量图如图 4-25（换相前）、图 4-26（换相后）所示。

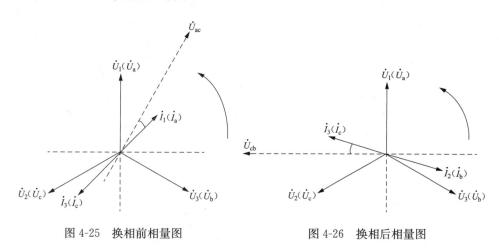

图 4-25　换相前相量图　　　　图 4-26　换相后相量图

（二）判断电压相序

两幅相量图的 $\dot{U}_1\rightarrow\dot{U}_2\rightarrow\dot{U}_3$ 均为逆时针方向，电压为逆相序。

（三）确定错误接线

1. 定电流相别

从图 4-25 可知，$\dot{I}_1$ 滞后 $\dot{U}_1$ 约为 47°，与 $\varphi+30°$ 相符合，判断 $\dot{I}_1$ 为 $\dot{I}_a$，$\dot{I}_3$ 为 $\dot{I}_c$；从图 4-26 可知，$\dot{I}_3$ 滞后 $\dot{U}_2$ 约为 47°，与 $\varphi+30°$ 相符合，判断 $\dot{I}_3$ 为 $\dot{I}_c$，$\dot{I}_2$ 为 $\dot{I}_b$。

2. 定电压相别

换相前相量图与 $\dot{I}_1$ 对应的相电压 $\dot{U}_1$ 为 $\dot{U}_a$，依次判断 $\dot{U}_3$ 为 $\dot{U}_b$，$\dot{U}_2$ 为 $\dot{U}_c$，换相后相量图 $\dot{U}_1$ 也为 $\dot{U}_a$，$\dot{U}_3$ 也为 $\dot{U}_b$，$\dot{U}_2$ 也为 $\dot{U}_c$。

3. 比对相量图

比对两幅相量图，$\dot{U}_1$ 均为 $\dot{U}_a$，$\dot{U}_3$ 均为 $\dot{U}_b$，$\dot{U}_2$ 均为 $\dot{U}_c$，两幅相量图三相相电压完全——对应。两幅相量图公共相电流 $\dot{I}_c$ 均为 $\dot{I}_3$。

（四）结论

第一组元件接入 $\dot{U}_a$、$\dot{I}_a$，第二组元件接入 $\dot{U}_c$、$\dot{I}_b$，第三组元件接入 $\dot{U}_b$、$\dot{I}_c$。错误接线结论表见表4-4。

表4-4   错 误 接 线 结 论 表

电压接入相别			电流接入相别		
$\dot{U}_1$	$\dot{U}_2$	$\dot{U}_3$	$\dot{I}_1$	$\dot{I}_2$	$\dot{I}_3$
$\dot{U}_a$	$\dot{U}_c$	$\dot{U}_b$	$\dot{I}_a$	$\dot{I}_b$	$\dot{I}_c$

（五）错误接线图（见图4-27）

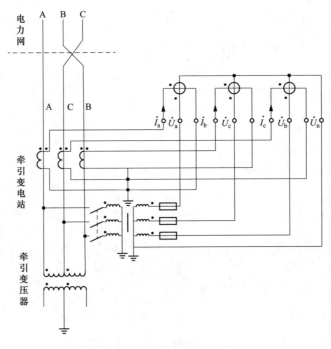

图 4-27　错误接线图

五、实例五

220kV 牵引变电站，采用三相 VX 接线牵引变压器，$U_{1N}=220$kV，$U_{2N}=27.5$kV，原边接入逆相序 BAC，计量点设在牵引变压器 220kV 侧，采用三相四线接线方式，电流互感器变比为 150A/1A，电能表为 $3\times57.7/100$V、$3\times0.3(1.2)$A 的三相四线智能电能表，运行在恒功区，负载功率因数角为感性 $0\sim30°$，用现场校验仪在表尾端测量参数数据如下，$U_{12}=102.2$V，$U_{13}=102.5$V，$U_{32}=102.3$V，$U_1=59.1$V，$U_2=59.3$V，$U_3=59.2$V，$\dot{U}_1\hat{\dot{U}_2}=120.2°$，$\dot{U}_2\hat{\dot{U}_3}=120.2°$，$\dot{U}_3\hat{\dot{U}_1}=120.1°$。

换相前：$I_1 = 0.28$A，$I_2 = 0.28$A，$I_3 = 0.01$A，$\overset{\wedge}{\dot{U}_1 \dot{I}_1} = 168.1°$，$\overset{\wedge}{\dot{U}_2 \dot{I}_2} = -132.1°$。

换相后：$I_1 = 0.02$A，$I_2 = 0.29$A，$I_3 = 0.29$A，$\overset{\wedge}{\dot{U}_2 \dot{I}_2} = -72.1°$，$\overset{\wedge}{\dot{U}_3 \dot{I}_3} = 167.9°$。

解析： 三组线电压和相电压基本对称，接近于额定值，无失压现象；换相前后均有一相无电流，说明换相前后机车分别接入 α 臂、β 臂。

（一）确定相量图

以 $\dot{U}_1$ 为参考相量，确定 $\dot{U}_2$、$\dot{U}_3$、$\dot{I}_1$、$\dot{I}_2$、$\dot{I}_3$ 的位置，绘制换相前后相量图如图 4-28（换相前）、图 4-29（换相后）所示。

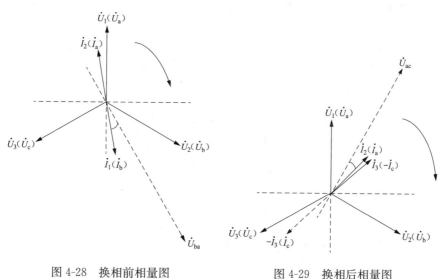

图 4-28　换相前相量图　　　　　图 4-29　换相后相量图

（二）判断电压相序

两幅相量图的 $\dot{U}_1 \rightarrow \dot{U}_2 \rightarrow \dot{U}_3$ 均为顺时针方向，电压为正相序。

（三）确定错误接线

1. 定电流相别

从图 4-28 可知，$\dot{I}_1$ 滞后 $\dot{U}_2$ 约为 48°，与 $\varphi + 30°$ 相符合，判断 $\dot{I}_1$ 为 $\dot{I}_b$，$\dot{I}_2$ 为 $\dot{I}_a$；从图 4-29 可知，$\dot{I}_2$ 滞后 $\dot{U}_1$ 约为 48°，与 $\varphi + 30°$ 相符合，判断 $\dot{I}_2$ 为 $\dot{I}_a$，$\dot{I}_3$ 反相后 $-\dot{I}_3$ 为 $\dot{I}_c$，判断 $\dot{I}_3$ 为 $-\dot{I}_c$。

2. 定电压相别

换相前相量图与 $\dot{I}_1$ 对应的相电压 $\dot{U}_2$ 为 $\dot{U}_b$，依次判断 $\dot{U}_3$ 为 $\dot{U}_c$，$\dot{U}_1$ 为 $\dot{U}_a$，换相后相量图 $\dot{U}_2$ 也为 $\dot{U}_b$，$\dot{U}_3$ 也为 $\dot{U}_c$，$\dot{U}_1$ 也为 $\dot{U}_a$。

3. 比对相量图

比对两幅相量图，$\dot{U}_2$ 均为 $\dot{U}_b$，$\dot{U}_3$ 均为 $\dot{U}_c$，$\dot{U}_1$ 均为 $\dot{U}_a$，两幅相量图三相相电压完全一一对应。两幅相量图公共相电流 $\dot{I}_a$ 均为 $\dot{I}_2$。

（四）结论

第一组元件接入 $\dot{U}_a$、$\dot{I}_b$，第二组元件接入 $\dot{U}_b$、$\dot{I}_a$，第三组元件接入 $\dot{U}_c$、$-\dot{I}_c$。错误接线结论表见表4-5。

表4-5   错误接线结论表

电压接入相别			电流接入相别		
$\dot{U}_1$	$\dot{U}_2$	$\dot{U}_3$	$\dot{I}_1$	$\dot{I}_2$	$\dot{I}_3$
$\dot{U}_a$	$\dot{U}_b$	$\dot{U}_c$	$\dot{I}_b$	$\dot{I}_a$	$-\dot{I}_c$

（五）错误接线图（见图4-30）

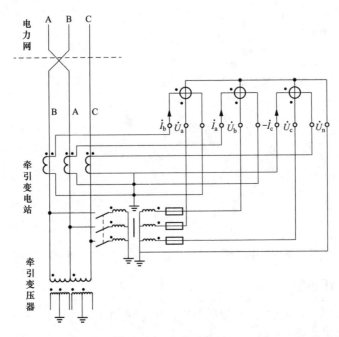

图4-30　错误接线图

六、实例六

220kV牵引变电站，采用三相 VV-0 接线牵引变压器，$U_{1N}=220\text{kV}$，$U_{2N}=27.5\text{kV}$，原边接入逆相序 CBA，计量点设在牵引变压器220kV侧，采用三相四线接线方式，电流互感器变比为250A/1A，电能表为 $3\times57.7/100\text{V}$、3×0.3（1.2）A 的三相四线智能电能表，运行在恒功区，负载功率因数角为感性 $0\sim30°$，用现场校验仪在表尾端测量参数数据如下，$U_{12}=102.8\text{V}$，$U_{13}=102.7\text{V}$，$U_{32}=102.9\text{V}$，$U_1=59.5\text{V}$，$U_2=59.7\text{V}$，$U_3=59.2\text{V}$，$\dot{U}_1\hat{}\dot{U}_2=120.2°$，$\dot{U}_2\hat{}\dot{U}_3=120.2°$，$\dot{U}_3\hat{}\dot{U}_1=120.1°$。

换相前：$I_1=0.26\text{A}$，$I_2=0.26\text{A}$，$I_3=0.01\text{A}$，$\dot{U}_1\hat{}\dot{I}_1=168.1°$，$\dot{U}_2\hat{}\dot{I}_2=-132.1°$。

换相后：$I_1=0.01\text{A}$，$I_2=0.25\text{A}$，$I_3=0.25\text{A}$，$\dot{U}_2\hat{}\dot{I}_2=-73.9°$，$\dot{U}_3\hat{}\dot{I}_3=-14.1°$。

解析： 三组线电压和相电压基本对称，接近于额定值，无失压现象；换相前后均有一相无电流，说明换相前后机车分别接入 α 臂、β 臂。

（一）确定相量图

以 $\dot{U}_1$ 为参考相量，确定 $\dot{U}_2$、$\dot{U}_3$、$\dot{I}_1$、$\dot{I}_2$、$\dot{I}_3$ 的位置，绘制换相前后相量图如图4-31（换相前）、图4-32（换相后）所示。

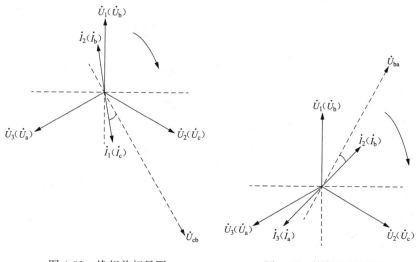

图 4-31　换相前相量图　　　　　图 4-32　换相后相量图

（二）判断电压相序

两幅相量图的 $\dot{U}_1 \rightarrow \dot{U}_2 \rightarrow \dot{U}_3$ 均为顺时针方向，电压为正相序。

（三）确定错误接线

1. 定电流相别

从图4-31可知，$\dot{I}_1$ 滞后 $\dot{U}_2$ 约为48°，与 $\varphi+30°$ 相符合，判断 $\dot{I}_1$ 为 $\dot{I}_c$，$\dot{I}_2$ 为 $\dot{I}_b$；从图4-32可知，$\dot{I}_2$ 滞后 $\dot{U}_1$ 约为46°，与 $\varphi+30°$ 相符合，判断 $\dot{I}_2$ 为 $\dot{I}_b$，判断 $\dot{I}_3$ 为 $\dot{I}_a$。

2. 定电压相别

换相前相量图与 $\dot{I}_1$ 对应的相电压 $\dot{U}_2$ 为 $\dot{U}_c$，依次判断 $\dot{U}_3$ 为 $\dot{U}_a$，$\dot{U}_1$ 为 $\dot{U}_b$，换相后相量图 $\dot{U}_2$ 也为 $\dot{U}_c$，$\dot{U}_3$ 也为 $\dot{U}_a$，$\dot{U}_1$ 也为 $\dot{U}_b$。

3. 比对相量图

比对两幅相量图，$\dot{U}_2$ 均为 $\dot{U}_c$，$\dot{U}_3$ 均为 $\dot{U}_a$，$\dot{U}_1$ 均为 $\dot{U}_b$，两幅相量图三相相电压完全一一对应。两幅相量图公共相电流 $\dot{I}_b$ 均为 $\dot{I}_2$。

（四）结论

第一组元件接入 $\dot{U}_b$、$\dot{I}_c$，第二组元件接入 $\dot{U}_c$、$\dot{I}_b$，第三组元件接入 $\dot{U}_a$、$\dot{I}_a$。错误接线结论表见表4-6。

表4-6　　　　　　　　　　　　错 误 接 线 结 论 表

电压接入相别			电流接入相别		
$\dot{U}_1$	$\dot{U}_2$	$\dot{U}_3$	$\dot{I}_1$	$\dot{I}_2$	$\dot{I}_3$
$\dot{U}_b$	$\dot{U}_c$	$\dot{U}_a$	$\dot{I}_c$	$\dot{I}_b$	$\dot{I}_a$

（五）错误接线图（见图 4-33）

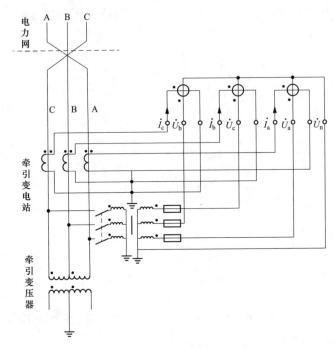

图 4-33　错误接线图

七、实例七

110kV 牵引变电站，采用三相 VX 接线牵引变压器，$U_{1N} = 110kV$，$U_{2N} = 27.5kV$，原边接入正相序 ABC，计量点设在牵引变压器 110kV 侧，采用三相四线接线方式，电流互感器变比为 150A/1A，电能表为 $3 \times 57.7/100V$、$3 \times 0.3 (1.2) A$ 的三相四线智能电能表，运行在恒功区，负载功率因数角为感性 0～30°，用现场校验仪在表尾端测量参数数据如下，$U_{12} = 103.6V$，$U_{13} = 103.7V$，$U_{32} = 103.8V$，$U_1 = 59.9V$，$U_2 = 60.1V$，$U_3 = 60.0V$，$\dot{U_1}\hat{}\dot{U_2} = 120.2°$，$\dot{U_2}\hat{}\dot{U_3} = 120.2°$，$\dot{U_3}\hat{}\dot{U_1} = 120.1°$。

换相前：$I_1 = 0.211A$，$I_2 = 0.210A$，$I_3 = 0.01A$，$\dot{U_1}\hat{}\dot{I_1} = -14.1°$，$\dot{U_2}\hat{}\dot{I_2} = 46.2°$。

换相后：$I_1 = 0.01A$，$I_2 = 0.192A$，$I_3 = 0.192A$，$\dot{U_2}\hat{}\dot{I_2} = -14.1°$，$\dot{U_3}\hat{}\dot{I_3} = -134.2°$。

解析：三组线电压和相电压基本对称，接近于额定值，无失压现象；换相前后均有一相无电流，说明换相前后机车分别接入 α 臂、β 臂。

（一）确定相量图

以 $\dot{U_1}$ 为参考相量，确定 $\dot{U_2}$、$\dot{U_3}$、$\dot{I_1}$、$\dot{I_2}$、$\dot{I_3}$ 的位置，绘制换相前后相量图如图 4-34（换相前）、图 4-35（换相后）所示。

（二）判断电压相序

两幅相量图的 $\dot{U_1} \rightarrow \dot{U_2} \rightarrow \dot{U_3}$ 均为顺时针方向，电压为正相序。

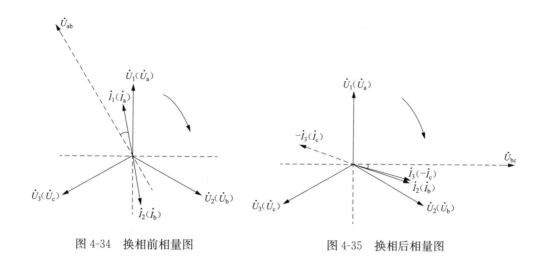

| 图 4-34 换相前相量图 | 图 4-35 换相后相量图 |

(三) 确定错误接线

1. 定电流相别

从图 4-34 可知，$\dot{I}_1$ 超前 $\dot{U}_1$ 约为 14°，与 $\varphi-30°$ 相符合，判断 $\dot{I}_1$ 为 $\dot{I}_a$，$\dot{I}_2$ 为 $\dot{I}_b$；从图 4-35 可知，$\dot{I}_2$ 超前 $\dot{U}_2$ 约为 14°，与 $\varphi-30°$ 相符合，判断 $\dot{I}_2$ 为 $\dot{I}_b$，$\dot{I}_3$ 反相后 $-\dot{I}_3$ 为 $\dot{I}_c$，$\dot{I}_3$ 为 $-\dot{I}_c$。

2. 定电压相别

换相前相量图与 $\dot{I}_1$ 对应的相电压 $\dot{U}_1$ 为 $\dot{U}_a$，依次判断 $\dot{U}_2$ 为 $\dot{U}_b$，$\dot{U}_3$ 为 $\dot{U}_c$，换相后相量图 $\dot{U}_1$ 也为 $\dot{U}_a$，$\dot{U}_2$ 也为 $\dot{U}_b$，$\dot{U}_3$ 也为 $\dot{U}_c$。

3. 比对相量图

比对两幅相量图，$\dot{U}_1$ 均为 $\dot{U}_a$，$\dot{U}_2$ 均为 $\dot{U}_b$，$\dot{U}_3$ 均为 $\dot{U}_c$，两幅相量图三相相电压完全一一对应。两幅相量图公共相电流 $\dot{I}_b$ 均为 $\dot{I}_2$。

(四) 结论

第一组元件接入 $\dot{U}_a$、$\dot{I}_a$，第二组元件接入 $\dot{U}_b$、$\dot{I}_b$，第三组元件接入 $\dot{U}_c$、$-\dot{I}_c$。错误接线结论表见表 4-7。

表 4-7 错误接线结论表

电压接入相别			电流接入相别		
$\dot{U}_1$	$\dot{U}_2$	$\dot{U}_3$	$\dot{I}_1$	$\dot{I}_2$	$\dot{I}_3$
$\dot{U}_a$	$\dot{U}_b$	$\dot{U}_c$	$\dot{I}_a$	$\dot{I}_b$	$-\dot{I}_c$

(五) 错误接线图 (见图 4-36)

八、实例八

220kV 牵引变电站，采用三相 VV-0 接线牵引变压器，$U_{1N}=220$kV，$U_{2N}=27.5$kV，原边接入正相序 CAB，计量点设在牵引变压器 220kV 侧，采用三相四线接线方式，电流互感器变比为 200A/1A，电能表为 3×57.7/100V、3×0.3 (1.2) A 的三相

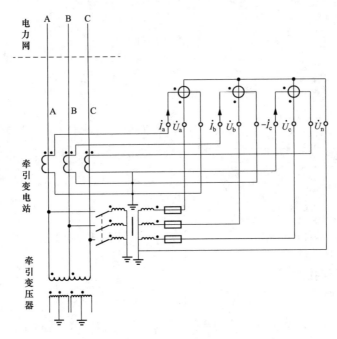

图 4-36　错误接线图

四线智能电能表，运行在恒功区，负载功率因数角为感性 $0\sim30°$，用现场校验仪在表尾端测量参数数据如下，$U_{12}=103.8\text{V}$，$U_{13}=103.5\text{V}$，$U_{32}=103.9\text{V}$，$U_1=59.9\text{V}$，$U_2=59.8\text{V}$，$U_3=59.7\text{V}$，$\hat{\dot{U}_1\dot{U}_2}=-120.2°$，$\hat{\dot{U}_2\dot{U}_3}=-120.2°$，$\hat{\dot{U}_3\dot{U}_1}=-120.1°$。

换相前：$I_1=0.22\text{A}$，$I_2=0.22\text{A}$，$I_3=0.02\text{A}$，$\hat{\dot{U}_1\dot{I}_1}=44.2°$，$\hat{\dot{U}_2\dot{I}_2}=164.2°$。

换相后：$I_1=0.02\text{A}$，$I_2=0.19\text{A}$，$I_3=0.19\text{A}$，$\hat{\dot{U}_2\dot{I}_2}=106.2°$，$\hat{\dot{U}_3\dot{I}_3}=45.9°$。

解析： 三组线电压和相电压基本对称，接近于额定值，无失压现象；换相前后均有一相无电流，说明换相前后机车分别接入 α 臂、β 臂。

(一) 确定相量图

以 $\dot{U}_1$ 为参考相量，确定 $\dot{U}_2$、$\dot{U}_3$、$\dot{I}_1$、$\dot{I}_2$、$\dot{I}_3$ 的位置，绘制换相前后相量图如图 4-37（换相前）、图 4-38（换相后）所示。

(二) 判断电压相序

两幅相量图的 $\dot{U}_1\rightarrow\dot{U}_2\rightarrow\dot{U}_3$ 均为逆时针方向，电压为逆相序。

(三) 确定错误接线

1. 定电流相别

从图 4-37 可知，$\dot{I}_1$ 反相后 $-\dot{I}_1$ 超前 $\dot{U}_2$ 约为 16°，与 $\varphi-30°$ 相符合，判断 $\dot{I}_1$ 为 $-\dot{I}_c$，$\dot{I}_2$ 为 $\dot{I}_a$；从图 4-38 可知，$\dot{I}_2$ 超前 $\dot{U}_1$ 约为 14°，与 $\varphi-30°$ 相符合，判断 $\dot{I}_2$ 为 $\dot{I}_a$，$\dot{I}_3$ 为 $\dot{I}_b$。

2. 定电压相别

换相前相量图与 $-\dot{I}_1$ 对应的相电压 $\dot{U}_2$ 为 $\dot{U}_c$，依次判断 $\dot{U}_1$ 为 $\dot{U}_a$，$\dot{U}_3$ 为 $\dot{U}_b$，换相后相量图 $\dot{U}_2$ 也为 $\dot{U}_c$，$\dot{U}_1$ 也为 $\dot{U}_a$，$\dot{U}_3$ 也为 $\dot{U}_b$。

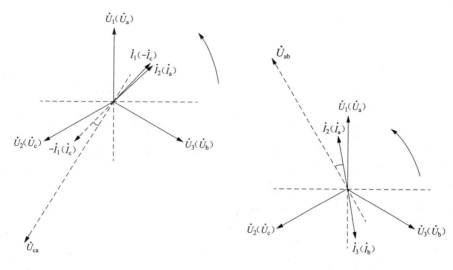

图 4-37 换相前相量图	图 4-38 换相后相量图

3. 比对相量图

比对两幅相量图，$\dot{U}_2$ 均为 $\dot{U}_c$，$\dot{U}_1$ 均为 $\dot{U}_a$，$\dot{U}_3$ 均为 $\dot{U}_b$，两幅相量图三相相电压完全一一对应。两幅相量图公共相电流 $\dot{I}_a$ 均为 $\dot{I}_2$。

（四）结论

第一组元件接入 $\dot{U}_a$、$-\dot{I}_c$，第二组元件接入 $\dot{U}_c$、$\dot{I}_a$，第三组元件接入 $\dot{U}_b$、$\dot{I}_b$。错误接线结论表见表 4-8。

表 4-8   错 误 接 线 结 论 表

电压接入相别			电流接入相别		
$\dot{U}_1$	$\dot{U}_2$	$\dot{U}_3$	$\dot{I}_1$	$\dot{I}_2$	$\dot{I}_3$
$\dot{U}_a$	$\dot{U}_c$	$\dot{U}_b$	$-\dot{I}_c$	$\dot{I}_a$	$\dot{I}_b$

（五）错误接线图（见图 4-39）

九、实例九

220kV 牵引变电站，采用三相 VX 接线牵引变压器，$U_{1N}=220$kV，$U_{2N}=27.5$kV，原边接入逆相序 ACB，计量点设在牵引变压器 220kV 侧，采用三相四线接线方式，电流互感器变比为 200A/1A，电能表为 $3\times57.7/100$V、3×0.3（1.2）A 的三相四线智能电能表，运行在恒功区，负载功率因数角为容性 $0\sim30°$，用现场校验仪在表尾端测量参数数据如下，$U_{12}=103.2$V，$U_{13}=103.5$V，$U_{32}=103.8$V，$U_1=59.9$V，$U_2=59.6$V，$U_3=59.8$V，$\dot{U}_1\hat{}\dot{U}_2=-120.2°$，$\dot{U}_2\hat{}\dot{U}_3=-120.2°$，$\dot{U}_3\hat{}\dot{U}_1=-120.1°$。

换相前：$I_1=0.01$A，$I_2=0.182$A，$I_3=0.182$A，$\dot{U}_2\hat{}\dot{I}_2=-45.2°$，$\dot{U}_3\hat{}\dot{I}_3=-105.1°$。

换相后：$I_1=0.192$A，$I_2=0.191$A，$I_3=0.01$A，$\dot{U}_1\hat{}\dot{I}_1=75.3°$，$\dot{U}_2\hat{}\dot{I}_2=15.2°$。

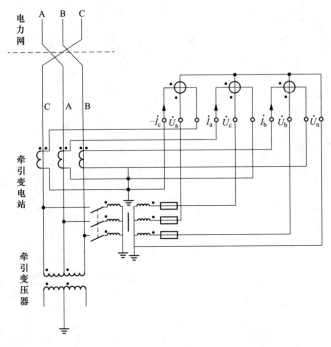

图 4-39　错误接线图

解析： 三组线电压和相电压基本对称，接近于额定值，无失压现象；换相前后均有一相无电流，说明换相前后机车分别接入 α 臂、β 臂。

（一）确定相量图

以 $\dot{U}_1$ 为参考相量，确定 $\dot{U}_2$、$\dot{U}_3$、$\dot{I}_1$、$\dot{I}_2$、$\dot{I}_3$ 的位置，绘制换相前后相量图如图 4-40（换相前）、图 4-41（换相后）所示。

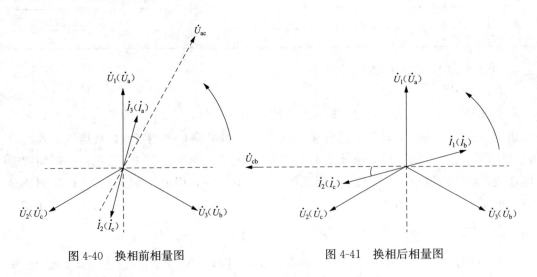

图 4-40　换相前相量图　　　　　图 4-41　换相后相量图

（二）判断电压相序

两幅相量图的 $\dot{U}_1 \rightarrow \dot{U}_2 \rightarrow \dot{U}_3$ 均为逆时针方向，电压为逆相序。

（三）确定错误接线

1. 定电流相别

从图 4-40 知，$\dot{I}_3$ 滞后 $\dot{U}_1$ 约为 15°，与 $\varphi+30°$ 相符合，判断 $\dot{I}_3$ 为 $\dot{I}_a$，$\dot{I}_2$ 为 $\dot{I}_c$；从图 4-41 可知，$\dot{I}_2$ 滞后 $\dot{U}_2$ 约为 15°，与 $\varphi+30°$ 相符合，判断 $\dot{I}_2$ 为 $\dot{I}_c$，$\dot{I}_1$ 为 $\dot{I}_b$。

2. 定电压相别

换相前相量图与 $\dot{I}_3$ 对应的相电压 $\dot{U}_1$ 为 $\dot{U}_a$，依次判断 $\dot{U}_3$ 为 $\dot{U}_b$，$\dot{U}_2$ 为 $\dot{U}_c$，换相后相量图 $\dot{U}_1$ 也为 $\dot{U}_a$，$\dot{U}_3$ 也为 $\dot{U}_b$，$\dot{U}_2$ 也为 $\dot{U}_c$。

3. 比对相量图

比对两幅相量图，$\dot{U}_1$ 均为 $\dot{U}_a$，$\dot{U}_3$ 均为 $\dot{U}_b$，$\dot{U}_2$ 均为 $\dot{U}_c$，两幅相量图三相相电压完全一一对应。两幅相量图公共相电流 $\dot{I}_c$ 均为 $\dot{I}_2$。

（四）结论

第一组元件接入 $\dot{U}_a$、$\dot{I}_b$，第二组元件接入 $\dot{U}_c$、$\dot{I}_c$，第三组元件接入 $\dot{U}_b$、$\dot{I}_a$。错误接线结论表见表 4-9。

表 4-9　　　　　　　　　　　　错 误 接 线 结 论 表

电压接入相别			电流接入相别		
$\dot{U}_1$	$\dot{U}_2$	$\dot{U}_3$	$\dot{I}_1$	$\dot{I}_2$	$\dot{I}_3$
$\dot{U}_a$	$\dot{U}_c$	$\dot{U}_b$	$\dot{I}_b$	$\dot{I}_c$	$\dot{I}_a$

（五）错误接线图（见图 4-42）

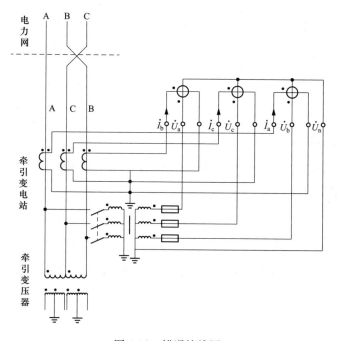

图 4-42　错误接线图

十、实例十

220kV 牵引变电站，采用三相 VV-0 接线牵引变压器，$U_{1N}=220kV$，$U_{2N}=27.5kV$，原边接入逆相序 BAC，计量点设在牵引变压器 220kV 侧，采用三相四线接线方式，电流互感器变比为 250A/1A，电能表为 $3\times57.7/100V$、3×0.3（1.2）A 的三相四线智能电能表，运行在恒功区，负载功率因数角为感性 $0\sim30°$，用现场校验仪在表尾端测量参数数据如下，$U_{12}=103.2V$，$U_{13}=103.5V$，$U_{32}=103.9V$，$U_1=59.9V$，$U_2=60.1V$，$U_3=59.7V$，$\overset{\frown}{\dot{U}_1\dot{U}_2}=120.2°$，$\overset{\frown}{\dot{U}_2\dot{U}_3}=120.2°$，$\overset{\frown}{\dot{U}_3\dot{U}_1}=120.1°$。

换相前：$I_1=0.28A$，$I_2=0.28A$，$I_3=0.01A$，$\overset{\frown}{\dot{U}_1\dot{I}_1}=-134.9°$，$\overset{\frown}{\dot{U}_2\dot{I}_2}=105.3°$。

换相后：$I_1=0.02A$，$I_2=0.29A$，$I_3=0.29A$，$\overset{\frown}{\dot{U}_2\dot{I}_2}=165.1°$，$\overset{\frown}{\dot{U}_3\dot{I}_3}=-135.1°$。

解析： 三组线电压和相电压基本对称，接近于额定值，无失压现象；换相前后均有一相无电流，说明换相前后机车分别接入 α 臂、β 臂。

（一）确定相量图

以 $\dot{U}_1$ 为参考相量，确定 $\dot{U}_2$、$\dot{U}_3$、$\dot{I}_1$、$\dot{I}_2$、$\dot{I}_3$ 的位置，绘制换相前后相量图如图 4-43（换相前）、图 4-44（换相后）所示。

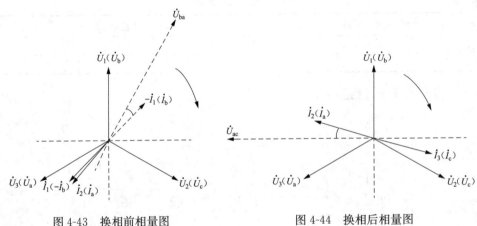

图 4-43 换相前相量图   图 4-44 换相后相量图

（二）判断电压相序

两幅相量图的 $\dot{U}_1\rightarrow\dot{U}_2\rightarrow\dot{U}_3$ 均为顺时针方向，电压为正相序。

（三）确定错误接线

1. 定电流相别

从图 4-43 可知，$\dot{I}_1$ 反相后 $-\dot{I}_1$ 滞后 $\dot{U}_1$ 约为 45°，与 $\varphi+30°$ 相符合，$-\dot{I}_1$ 为 $\dot{I}_b$，$\dot{I}_1$ 为 $-\dot{I}_b$，$\dot{I}_2$ 为 $\dot{I}_a$；从图 4-44 可知，$\dot{I}_2$ 滞后 $\dot{U}_3$ 约为 45°，与 $\varphi+30°$ 相符合，判断 $\dot{I}_2$ 为 $\dot{I}_a$，$\dot{I}_3$ 为 $\dot{I}_c$。

2. 定电压相别

换相前相量图与 $-\dot{I}_1$ 对应的相电压 $\dot{U}_1$ 为 $\dot{U}_b$，依次判断 $\dot{U}_2$ 为 $\dot{U}_c$，$\dot{U}_3$ 为 $\dot{U}_a$，换相

后相量图 $\dot{U}_1$ 也为 $\dot{U}_b$，$\dot{U}_2$ 也为 $\dot{U}_c$，$\dot{U}_3$ 也为 $\dot{U}_a$。

3. 比对相量图

比对两幅相量图，$\dot{U}_1$ 均为 $\dot{U}_b$，$\dot{U}_2$ 均为 $\dot{U}_c$，$\dot{U}_3$ 均为 $\dot{U}_a$，两幅相量图三相相电压完全——对应。两幅相量图公共相电流 $\dot{I}_a$ 均为 $\dot{I}_2$。

（四）结论

第一组元件接入 $\dot{U}_b$、$-\dot{I}_b$，第二组元件接入 $\dot{U}_c$、$\dot{I}_a$，第三组元件接入 $\dot{U}_a$、$\dot{I}_c$。错误接线结论表见表 4-10。

表 4-10　　　　　　　　　　　　　错 误 接 线 结 论 表

电压接入相别			电流接入相别		
$\dot{U}_1$	$\dot{U}_2$	$\dot{U}_3$	$\dot{I}_1$	$\dot{I}_2$	$\dot{I}_3$
$\dot{U}_b$	$\dot{U}_c$	$\dot{U}_a$	$-\dot{I}_b$	$\dot{I}_a$	$\dot{I}_c$

（五）错误接线图（见图 4-45）

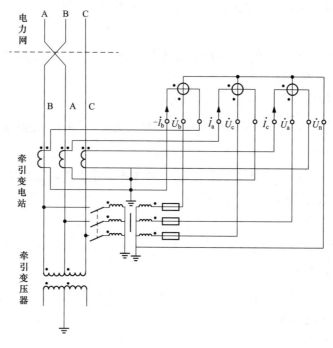

图 4-45　错误接线图

第六节　三相不对称运行错误接线解析方法

三相 VV-0（6）接线牵引变压器，以及三相 VX 接线牵引变压器出现三相不对称运行时（机车同时接入 α 臂、β 臂），电能计量装置接线的分析判断，按照以下步骤进行。

一、确定接入牵引变压器原边的相序和相别

即确定正相序或逆相序，及相别。

二、测量电参数及确定相量图

机车同时接入 α 臂、β 臂运行在恒功区时，用三相电能表现场校验仪测量电压、电流、有功功率、无功功率、相位角等参数数据，根据参数数据确定相量图。

三、根据相量图分析判断

根据接入相序和功率因数角判断接线，恒功区功率因数角一般为 $-30°\sim30°$。

（一）接入正相序 ABC

1. 判断电流相别

与相电压角度为 $\varphi-30°$ 的电流为 $\dot{I}_a$，另一电流为 $\dot{I}_c$，最后一相电流为公共相 $\dot{I}_b$。

2. 判断电压相别

与 $\dot{I}_a$ 角度为 $\varphi-30°$ 的相电压为 $\dot{U}_a$，按照接入正相序要求，依次判断 $\dot{U}_b$、$\dot{U}_c$。

（二）接入正相序 BCA

1. 判断电流相别

与相电压角度为 $\varphi-30°$ 的电流为 $\dot{I}_b$，另一电流为 $\dot{I}_a$，最后一相电流为公共相 $\dot{I}_c$。

2. 判断电压相别

与 $\dot{I}_b$ 角度为 $\varphi-30°$ 的相电压为 $\dot{U}_b$，按照接入正相序要求，依次判断 $\dot{U}_c$、$\dot{U}_a$。

（三）接入正相序 CAB

1. 判断电流相别

与相电压角度为 $\varphi-30°$ 的电流为 $\dot{I}_c$，另一电流为 $\dot{I}_b$，最后一相电流为公共相 $\dot{I}_a$。

2. 判断电压相别

与 $\dot{I}_c$ 角度为 $\varphi-30°$ 的相电压为 $\dot{U}_c$，按照接入正相序要求，依次判断 $\dot{U}_a$、$\dot{U}_b$。

（四）接入逆相序 ACB

1. 判断电流相别

与相电压角度为 $\varphi+30°$ 的电流为 $\dot{I}_a$，另一电流为 $\dot{I}_b$，最后一相电流为公共相 $\dot{I}_c$。

2. 判断电压相别

与 $\dot{I}_a$ 角度为 $\varphi+30°$ 的相电压为 $\dot{U}_a$，按照接入正相序要求，依次判断 $\dot{U}_b$、$\dot{U}_c$。

（五）接入逆相序 BAC

1. 判断电流相别

与相电压角度为 $\varphi+30°$ 的电流为 $\dot{I}_b$，另一电流为 $\dot{I}_c$，最后一相电流为公共相 $\dot{I}_a$。

2. 判断电压相别

与 $\dot{I}_b$ 角度为 $\varphi+30°$ 的相电压为 $\dot{U}_b$，按照接入正相序要求，依次判断 $\dot{U}_c$、$\dot{U}_a$。

（六）接入逆相序 CBA

1. 判断电流相别

与相电压角度为 $\varphi+30°$ 的电流为 $\dot{I}_c$，另一电流为 $\dot{I}_a$，最后一相电流为公共相 $\dot{I}_b$。

2. 判断电压相别

与 $\dot{I}_c$ 角度为 $\varphi+30°$ 的相电压为 $\dot{U}_c$，按照接入正相序要求，依次判断 $\dot{U}_a$、$\dot{U}_b$。

四、更正接线

实际生产中，必须按照各项安全管理规定，严格履行保证安全的组织措施和技术措施，根据错误接线结论，检查接入电能表的实际二次电压和二次电流，根据现场实际的错误接线，按照正确接线方式更正。

第七节　三相不对称运行错误接线实例解析

电力机车这种特殊负载使牵引变压器运行于三相不对称状态，即机车同时接入 α 臂、β 臂，机车还会向电网输入电能运行于制动区。本节对三相 VV-0 接线牵引变压器、三相 VX 接线牵引变压器，原边接入正相序 ABC、CAB、BCA，逆相序 ACB、CBA、BAC，在机车同时接入 α 臂、β 臂运行于恒功区时，结合现场实例解析电能表接线的正确性，具体分布如下。

原边接入正相序 ABC：实例一，感性负载。

原边接入正相序 CAB：实例二，容性负载。

原边接入正相序 BCA：实例三，感性负载。

原边接入逆相序 ACB：实例四，感性负载。

原边接入逆相序 BAC：实例五，感性负载。

原边接入逆相序 CBA：实例六，感性负载。

一、实例一

220kV 牵引变电站，采用三相 VV-0 接线牵引变压器，$U_{1N}=220\text{kV}$，$U_{2N}=27.5\text{kV}$，原边接入正相序 ABC，计量点设在牵引变压器 220kV 侧，采用三相四线接线方式，电流互感器变比为 200A/1A，电能表为 $3\times57.7/100\text{V}$、3×0.3 (1.2) A 的三相四线智能电能表，运行在恒功区，负载功率因数角为感性 $0\sim30°$，用现场校验仪在表尾端测量参数数据如下，$U_{12}=101.2\text{V}$，$U_{13}=101.5\text{V}$，$U_{32}=100.9\text{V}$，$U_1=57.9\text{V}$，$U_2=58.3\text{V}$，$U_3=58.2\text{V}$，$I_1=0.185\text{A}$，$I_2=0.308\text{A}$，$I_3=0.182\text{A}$。$\hat{\dot{U}_1\dot{U}_2}=-120.2°$，$\hat{\dot{U}_2\dot{U}_3}=-120.2°$，$\hat{\dot{U}_3\dot{U}_1}=-120.1°$，$\hat{\dot{U}_1\dot{I}_1}=165.3°$，$\hat{\dot{U}_2\dot{I}_2}=-105.8°$，$\hat{\dot{U}_3\dot{I}_3}=165.1°$。

解析： 三组线电压和相电压基本对称，接近于额定值，无失压现象；三相均有电流，说明机车同时接入 α 臂、β 臂。

(一) 确定相量图

以 $\dot{U}_1$ 为参考相量，确定 $\dot{U}_2$、$\dot{U}_3$、$\dot{I}_1$、$\dot{I}_2$、$\dot{I}_3$ 后的相量图如图 4-46 所示。

(二) 判断电压相序

$\dot{U}_1\rightarrow\dot{U}_2\rightarrow\dot{U}_3$ 为逆时针方向，电压为逆相序。

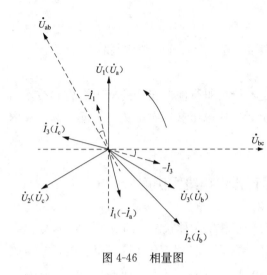

图 4-46 相量图

（三）确定错误接线

1. 判断电流相别

从图 4-46 可知，$\dot{I}_1$ 反相后 $-\dot{I}_1$ 超前 $\dot{U}_1$ 约为 15°，与 $\varphi-30°$ 相符合，$\dot{I}_1$ 为 $-\dot{I}_a$；$\dot{I}_3$ 反相后 $-\dot{I}_3$ 超前 $\dot{U}_3$ 约为 15°，与 $\varphi-30°$ 相符合，$\dot{I}_3$ 为 $\dot{I}_c$；$\dot{I}_2$ 为 $\dot{I}_1(-\dot{I}_a)$ 与 $-\dot{I}_3(-\dot{I}_c)$ 的相量和，$\dot{I}_2$ 为公共相 $\dot{I}_b$。

2. 判断电压相别

与 $\dot{I}_a$ 角度为 $\varphi-30°$ 的相电压 $\dot{U}_1$ 为 $\dot{U}_a$，依次判断 $\dot{U}_3$ 为 $\dot{U}_b$，$\dot{U}_2$ 为 $\dot{U}_c$。

（四）结论

第一组元件接入 $\dot{U}_a$、$-\dot{I}_a$，第二组元件接入 $\dot{U}_c$、$\dot{I}_b$，第三组元件接入 $\dot{U}_b$、$\dot{I}_c$。错误接线结论表见表 4-11。

表 4-11　　　　　　　　　　　错 误 接 线 结 论 表

电压接入相别			电流接入相别		
$\dot{U}_1$	$\dot{U}_2$	$\dot{U}_3$	$\dot{I}_1$	$\dot{I}_2$	$\dot{I}_3$
$\dot{U}_a$	$\dot{U}_c$	$\dot{U}_b$	$-\dot{I}_a$	$\dot{I}_b$	$\dot{I}_c$

（五）错误接线图（见图 4-47）

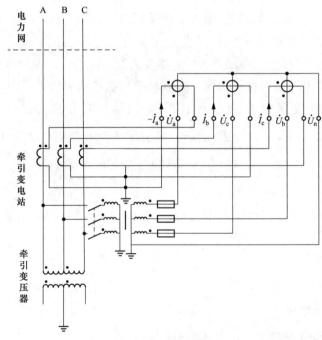

图 4-47　错误接线图

二、实例二

220kV 牵引变电站，采用三相 VX 接线牵引变压器，$U_{1N}=220kV$，$U_{2N}=27.5kV$，原边接入正相序 CAB，计量点设在牵引变压器 220kV 侧，采用三相四线接线方式，电流互感器变比为 200A/1A，电能表为 $3\times57.7/100V$、$3\times0.3(1.2)A$ 的三相四线智能电能表，运行在恒功区，负载功率因数角为容性 $0\sim30°$，用现场校验仪在表尾端测量参数数据如下，$U_{12}=102.6V$，$U_{13}=102.8V$，$U_{32}=102.9V$，$U_1=59.7V$，$U_2=59.5V$，$U_3=59.5V$，$I_1=0.312A$，$I_2=0.188A$，$I_3=0.182A$。$\dot{U_1}\hat{}\dot{U_2}=120.2°$，$\dot{U_2}\hat{}\dot{U_3}=120.2°$，$\dot{U_3}\hat{}\dot{U_1}=120.1°$，$\dot{U_1}\hat{}\dot{I_1}=105.3°$，$\dot{U_2}\hat{}\dot{I_2}=-165.8°$，$\dot{U_3}\hat{}\dot{I_3}=15.1°$。

解析： 三组线电压和相电压基本对称，接近于额定值，无失压现象；三相均有电流，说明机车同时接入 α 臂、β 臂。

(一) 确定相量图

以 $\dot{U_1}$ 为参考相量，确定 $\dot{U_2}$、$\dot{U_3}$、$\dot{I_1}$、$\dot{I_2}$、$\dot{I_3}$ 后的相量图如图 4-48 所示。

(二) 判断电压相序

$\dot{U_1}\rightarrow\dot{U_2}\rightarrow\dot{U_3}$ 为顺时针方向，电压为正相序。

(三) 确定错误接线

1. 判断电流相别

从图 4-48 可知，$\dot{I_2}$ 超前 $\dot{U_1}$ 约为 45°，与

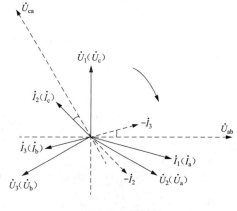

图 4-48 相量图

$\varphi-30°$ 相符合，$\dot{I_2}$ 为 $\dot{I_c}$；$\dot{I_3}$ 反相后 $-\dot{I_3}$ 超前 $\dot{U_2}$ 约为 45°，与 $\varphi-30°$ 相符合，$\dot{I_3}$ 为 $\dot{I_b}$；$\dot{I_1}$ 为 $-\dot{I_2}(-\dot{I_c})$ 与 $-\dot{I_3}(-\dot{I_b})$ 的相量和，$\dot{I_1}$ 为公共相 $\dot{I_a}$。

2. 判断电压相别

与 $\dot{I_c}$ 角度为 $\varphi-30°$ 的相电压 $\dot{U_1}$ 为 $\dot{U_c}$，依次判断 $\dot{U_2}$ 为 $\dot{U_a}$，$\dot{U_3}$ 为 $\dot{U_b}$。

(四) 结论

第一组元件接入 $\dot{U_c}$、$\dot{I_a}$，第二组元件接入 $\dot{U_a}$、$\dot{I_c}$，第三组元件接入 $\dot{U_b}$、$\dot{I_b}$。错误接线结论表见表 4-12。

表 4-12 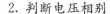 错 误 接 线 结 论 表

电压接入相别			电流接入相别		
$\dot{U_1}$	$\dot{U_2}$	$\dot{U_3}$	$\dot{I_1}$	$\dot{I_2}$	$\dot{I_3}$
$\dot{U_c}$	$\dot{U_a}$	$\dot{U_b}$	$\dot{I_a}$	$\dot{I_c}$	$\dot{I_b}$

（五）错误接线图（见图 4-49）

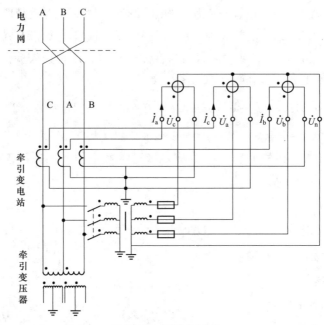

图 4-49　错误接线图

三、实例三

220kV 牵引变电站，采用三相 VV-0 接线牵引变压器，$U_{1N}＝220kV$，$U_{2N}＝27.5kV$，原边接入正相序 BCA，计量点设在牵引变压器 220kV 侧，采用三相四线接线方式，电流互感器变比为 200A/1A，电能表为 $3×57.7/100V$、$3×0.3 (1.2)$ A 的三相四线智能电能表，运行在恒功区，负载功率因数角为感性 $0～30°$，用现场校验仪在表尾端测量参数数据如下，$U_{12}＝102.6V$，$U_{13}＝102.8V$，$U_{32}＝102.9V$，$U_1＝59.7V$，$U_2＝59.5V$，$U_3＝59.5V$，$I_1＝0.212A$，$I_2＝0.356A$，$I_3＝0.205A$。$\dot{U}_1\hat{}\dot{U}_2＝120.2°$，$\dot{U}_2\hat{}\dot{U}_3＝120.2°$，$\dot{U}_3\hat{}\dot{U}_1＝120.1°$，$\dot{U}_1\hat{}\dot{I}_1＝-15.3°$，$\dot{U}_2\hat{}\dot{I}_2＝-165.2°$，$\dot{U}_3\hat{}\dot{I}_3＝45.3°$。

解析： 三组线电压和相电压基本对称，接近于额定值，无失压现象；三相均有电流，说明机车同时接入 α 臂、β 臂。

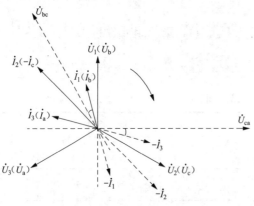

图 4-50　相量图

（一）确定相量图

以 $\dot{U}_1$ 为参考相量，确定 $\dot{U}_2$、$\dot{U}_3$、$\dot{I}_1$、$\dot{I}_2$、$\dot{I}_3$ 后的相量图如图 4-50 所示。

（二）判断电压相序

$\dot{U}_1→\dot{U}_2→\dot{U}_3$ 为顺时针方向，电压为正相序。

（三）确定错误接线

1. 判断电流相别

从图 4-50 可知，$\dot{I}_1$ 超前 $\dot{U}_1$ 约为

15°，与 $\varphi-30°$ 相符合，$\dot{I}_1$ 为 $\dot{I}_b$；$\dot{I}_3$ 反相后 $-\dot{I}_3$ 超前 $\dot{U}_2$ 约为 15°，与 $\varphi-30°$ 相符合，$\dot{I}_3$ 为 $\dot{I}_a$；$\dot{I}_2$ 为 $\dot{I}_1(\dot{I}_b)$ 与 $\dot{I}_3(\dot{I}_a)$ 的相量和，$\dot{I}_2$ 为公共相 $-\dot{I}_c$。

　　2. 判断电压相别

　　与 $\dot{I}_b$ 角度为 $\varphi-30°$ 的相电压 $\dot{U}_1$ 为 $\dot{U}_b$，依次判断 $\dot{U}_2$ 为 $\dot{U}_c$，$\dot{U}_3$ 为 $\dot{U}_a$。

（四）结论

　　第一组元件接入 $\dot{U}_b$、$\dot{I}_b$，第二组元件接入 $\dot{U}_c$、$-\dot{I}_c$，第三组元件接入 $\dot{U}_a$、$\dot{I}_a$。错误接线结论表见表 4-13。

表 4-13　　　　　　　　　　　　　错 误 接 线 结 论 表

电压接入相别			电流接入相别		
$\dot{U}_1$	$\dot{U}_2$	$\dot{U}_3$	$\dot{I}_1$	$\dot{I}_2$	$\dot{I}_3$
$\dot{U}_b$	$\dot{U}_c$	$\dot{U}_a$	$\dot{I}_b$	$-\dot{I}_c$	$\dot{I}_a$

（五）错误接线图（见图 4-51）

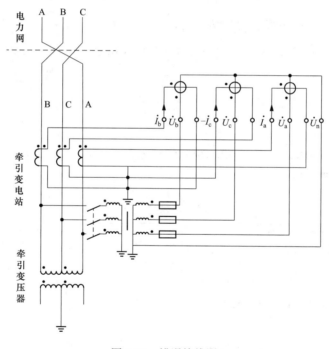

图 4-51　错误接线图

四、实例四

　　220kV 牵引变电站，采用三相 VX 接线牵引变压器，$U_{1N}=220kV$，$U_{2N}=27.5kV$，原边接入逆相序 ACB，计量点设在牵引变压器 220kV 侧，采用三相四线接线方式，电流互感器变比为 200A/1A，电能表为 $3\times57.7/100V$、3×0.3（1.2）A 的三相四线智能电能表，运行在恒功区，负载功率因数角为感性 0~30°，用现场校验仪在表尾端测量参数数据如下，$U_{12}=102.6V$，$U_{13}=102.8V$，$U_{32}=102.9V$，$U_1=59.7V$，$U_2=59.5V$，

$U_3 = 59.5\text{V}$，$I_1 = 0.17\text{A}$，$I_2 = 0.297\text{A}$，$I_3 = 0.172\text{A}$。$\hat{\dot{U}_1\dot{U}_2} = 120.2°$，$\hat{\dot{U}_2\dot{U}_3} = 120.2°$，$\hat{\dot{U}_3\dot{U}_1} = 120.1°$，$\hat{\dot{U}_1\dot{I}_1} = -135.3°$，$\hat{\dot{U}_2\dot{I}_2} = 135.2°$，$\hat{\dot{U}_3\dot{I}_3} = -135.3°$。

解析： 三组线电压和相电压基本对称，接近于额定值，无失压现象；三相均有电流，说明机车同时接入 α 臂、β 臂。

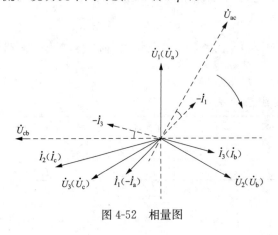

图 4-52　相量图

（一）确定相量图

以 $\dot{U}_1$ 为参考相量，确定 $\dot{U}_2$、$\dot{U}_3$、$\dot{I}_1$、$\dot{I}_2$、$\dot{I}_3$ 后的相量图如图 4-52 所示。

（二）判断电压相序

$\dot{U}_1 \rightarrow \dot{U}_2 \rightarrow \dot{U}_3$ 为顺时针方向，电压为正相序。

（三）确定错误接线

1. 判断电流相别

从图 4-52 可知，$\dot{I}_1$ 反相后 $-\dot{I}_1$ 滞后 $\dot{U}_1$ 约为 45°，与 $\varphi + 30°$ 相符合，$\dot{I}_1$ 为 $-\dot{I}_a$；$\dot{I}_3$ 反相后 $-\dot{I}_3$ 滞后 $\dot{U}_3$ 约为 45°，与 $\varphi + 30°$ 相符合，$\dot{I}_3$ 为 $\dot{I}_b$；$\dot{I}_2$ 为 $\dot{I}_1(-\dot{I}_a)$ 与 $-\dot{I}_3$（$-\dot{I}_b$）的相量和，$\dot{I}_2$ 为公共相 $\dot{I}_c$。

2. 判断电压相别

与 $\dot{I}_a$ 角度为 $\varphi + 30°$ 的相电压 $\dot{U}_1$ 为 $\dot{U}_a$，依次判断 $\dot{U}_2$ 为 $\dot{U}_b$，$\dot{U}_3$ 为 $\dot{U}_c$。

（四）结论

第一组元件接入 $\dot{U}_a$、$-\dot{I}_a$，第二组元件接入 $\dot{U}_b$、$\dot{I}_c$，第三组元件接入 $\dot{U}_c$、$\dot{I}_b$。错误接线结论表见表 4-14。

表 4-14　　　　　　　　　　　　错 误 接 线 结 论 表

电压接入相别			电流接入相别		
$\dot{U}_1$	$\dot{U}_2$	$\dot{U}_3$	$\dot{I}_1$	$\dot{I}_2$	$\dot{I}_3$
$\dot{U}_a$	$\dot{U}_b$	$\dot{U}_c$	$-\dot{I}_a$	$\dot{I}_c$	$\dot{I}_b$

（五）错误接线图（见图 4-53）

五、实例五

110kV 牵引变电站，采用三相 VV-0 接线牵引变压器，$U_{1N} = 110\text{kV}$，$U_{2N} = 27.5\text{kV}$，原边接入逆相序 BAC，计量点设在牵引变压器 110kV 侧，采用三相四线接线方式，电流互感器变比为 250A/1A，电能表为 $3 \times 57.7/100\text{V}$、$3 \times 0.3\ (1.2)\ \text{A}$ 的三相四线智能电能表，运行在恒功区，负载功率因数角为感性 0～30°，用现场校验仪在表尾端测量参数数据如下，$U_{12} = 102.6\text{V}$，$U_{13} = 102.8\text{V}$，$U_{32} = 102.9\text{V}$，$U_1 = 59.7\text{V}$，$U_2 = 59.5\text{V}$，$U_3 = 59.5\text{V}$，$I_1 = 0.172\text{A}$，$I_2 = 0.168\text{A}$，$I_3 = 0.291\text{A}$。$\hat{\dot{U}_1\dot{U}_2} = 120.2°$，$\hat{\dot{U}_2\dot{U}_3} = 120.2°$，$\hat{\dot{U}_3\dot{U}_1} = 120.1°$，$\hat{\dot{U}_1\dot{I}_1} = 105.6°$，$\hat{\dot{U}_2\dot{I}_2} = -75.3°$，$\hat{\dot{U}_3\dot{I}_3} = 15.8°$。

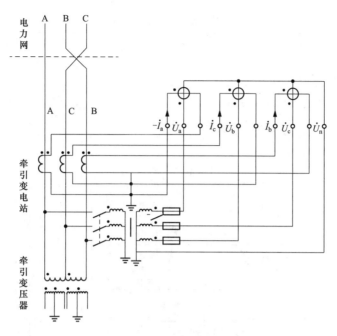

图 4-53　错误接线图

解析： 三组线电压和相电压基本对称，接近于额定值，无失压现象；三相均有电流，说明机车同时接入 α 臂、β 臂。

（一）确定相量图

以 $\dot{U}_1$ 为参考相量，确定 $\dot{U}_2$、$\dot{U}_3$、$\dot{I}_1$、$\dot{I}_2$、$\dot{I}_3$ 后的相量图如图 4-54 所示。

（二）判断电压相序

$\dot{U}_1 \rightarrow \dot{U}_2 \rightarrow \dot{U}_3$ 为顺时针方向，电压为正相序。

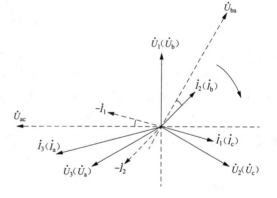

图 4-54　相量图

（三）确定错误接线

1. 判断电流相别

从图 4-54 可知，$\dot{I}_2$ 滞后 $\dot{U}_1$ 约为 45°，与 $\varphi+30°$ 相符合，$\dot{I}_2$ 为 $\dot{I}_b$；$\dot{I}_1$ 反相后 $-\dot{I}_1$ 滞后 $\dot{U}_3$ 约为 45°，与 $\varphi+30°$ 相符合，$\dot{I}_1$ 为 $\dot{I}_c$；$\dot{I}_3$ 为 $-\dot{I}_2(-\dot{I}_b)$ 与 $-\dot{I}_1(-\dot{I}_c)$ 的相量和，$\dot{I}_3$ 为公共相 $\dot{I}_a$。

2. 判断电压相别

与 $\dot{I}_b$ 角度为 $\varphi+30°$ 的相电压 $\dot{U}_1$ 为 $\dot{U}_b$，依次判断 $\dot{U}_2$ 为 $\dot{U}_c$，$\dot{U}_3$ 为 $\dot{U}_a$。

（四）结论

第一组元件接入 $\dot{U}_b$、$\dot{I}_c$，第二组元件接入 $\dot{U}_c$、$\dot{I}_b$，第三组元件接入 $\dot{U}_a$、$\dot{I}_a$。错误接线结论表见表 4-15。

表 4-15

电压接入相别			电流接入相别		
$\dot{U}_1$	$\dot{U}_2$	$\dot{U}_3$	$\dot{I}_1$	$\dot{I}_2$	$\dot{I}_3$
$\dot{U}_b$	$\dot{U}_c$	$\dot{U}_a$	$\dot{I}_c$	$\dot{I}_b$	$\dot{I}_a$

（五）错误接线图（见图 4-55）

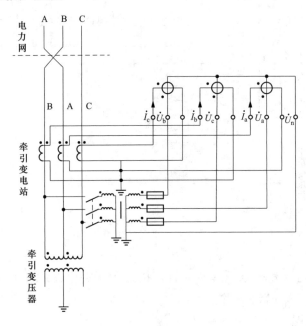

图 4-55　错误接线图

六、实例六

220kV 牵引变电站，采用三相 VX 接线牵引变压器，$U_{1N}=220kV$，$U_{2N}=27.5kV$，原边接入逆相序 CBA，计量点设在牵引变压器 220kV 侧，采用三相四线接线方式，电流互感器变比为 150A/1A，电能表为 $3\times57.7/100V$、3×0.3（1.2）A 的三相四线智能电能表，运行在恒功区，负载功率因数角为感性 0～30°，用现场校验仪在表尾端测量参数数据如下，$U_{12}=102.6V$，$U_{13}=102.8V$，$U_{32}=102.9V$，$U_1=59.7V$，$U_2=59.5V$，$U_3=59.5V$，$I_1=0.206A$，$I_2=0.355A$，$I_3=0.207A$。$\dot{U}_1\hat{}\dot{U}_2=-120.2°$，$\dot{U}_2\hat{}\dot{U}_3=-120.2°$，$\dot{U}_3\hat{}\dot{U}_1=-120.1°$，$\dot{U}_1\hat{}\dot{I}_1=45.3°$，$\dot{U}_2\hat{}\dot{I}_2=16.2°$，$\dot{U}_3\hat{}\dot{I}_3=164.8°$。

解析： 三组线电压和相电压基本对称，接近于额定值，无失压现象；三相均有电流，说明机车同时接入 α 臂、β 臂。

（一）确定相量图

以 $\dot{U}_1$ 为参考相量，确定 $\dot{U}_2$、$\dot{U}_3$、$\dot{I}_1$、$\dot{I}_2$、$\dot{I}_3$ 后的相量图如图 4-56 所示。

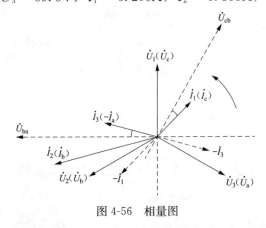

图 4-56　相量图

（二）判断电压相序

$\dot{U}_1 \rightarrow \dot{U}_2 \rightarrow \dot{U}_3$ 为逆时针方向，电压为逆相序。

（三）确定错误接线

1. 判断电流相别

从图 4-56 可知，$\dot{I}_1$ 滞后 $\dot{U}_1$ 约为 45°，与 $\varphi+30°$ 相符合，$\dot{I}_1$ 为 $\dot{I}_c$；$\dot{I}_3$ 滞后 $\dot{U}_2$ 约为 45°，与 $\varphi+30°$ 相符合，$\dot{I}_3$ 为 $-\dot{I}_a$；$\dot{I}_2$ 为 $-\dot{I}_1(-\dot{I}_c)$ 与 $\dot{I}_3(-\dot{I}_a)$ 的相量和，$\dot{I}_2$ 为公共相 $\dot{I}_b$。

2. 判断电压相别

与 $\dot{I}_c$ 角度为 $\varphi+30°$ 的相电压 $\dot{U}_1$ 为 $\dot{U}_c$，依次判断 $\dot{U}_3$ 为 $\dot{U}_a$，$\dot{U}_2$ 为 $\dot{U}_b$。

（四）结论

第一组元件接入 $\dot{U}_c$、$\dot{I}_c$，第二组元件接入 $\dot{U}_b$、$\dot{I}_b$，第三组元件接入 $\dot{U}_a$、$-\dot{I}_a$。错误接线结论表见表 4-16。

表 4-16 　　　　　　　　　　　　错 误 接 线 结 论 表

电压接入相别			电流接入相别		
$\dot{U}_1$	$\dot{U}_2$	$\dot{U}_3$	$\dot{I}_1$	$\dot{I}_2$	$\dot{I}_3$
$\dot{U}_c$	$\dot{U}_b$	$\dot{U}_a$	$\dot{I}_c$	$\dot{I}_b$	$-\dot{I}_a$

（五）错误接线图（见图 4-57）

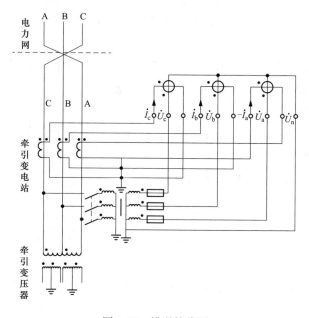

图 4-57　错误接线图

智能电能表错误接线解析

第一节 智能电能表错误接线概述

随着用电信息采集系统建设的大力推进，智能电能表得到相当广泛的运用。智能电能表是在多功能电能表的基础上，扩展了实时监测、自动控制、信息存储处理、信息交互等功能。智能电能表可测量有功功率、无功功率、功率因数、分相电压、分相电流、相序、频率等运行参数，可以满足电能计量、营销管理、客户服务等要求。本章结合现场实例，运用智能电能表测量的参数，对电能表运行在Ⅰ、Ⅱ、Ⅲ、Ⅳ象限的实例进行接线解析。

对智能电能表接线解析，需要的参数数据主要有电压相序、各组元件电压、各组元件电流，以及各组元件功率因数值，按照以下步骤解析判断。

1. 分析电压

分析智能电能表的各组元件线电压、相电压是否对称，是否接近于智能电能表的额定值，判断二次电压回路是否失压，电压互感器极性是否反接。

2. 分析电流

分析智能电能表的各组元件电流是否对称，是否有一定负荷电流，判断电流互感器二次回路是否存在短路、多点接地等异常。

3. 确定电压相量图

按照智能电能表显示的电压相序，确定对应相序的电压相量图。

4. 确定电流相量

根据智能电能表的各组元件功率因数值，结合负载功率因数角和负荷潮流，确定与之对应的电流相量。

5. 解析判断

根据确定的电流相量，结合负载功率因数角和负荷潮流，判断接线是否正确。

6. 更正接线

实际生产中，必须按照各项安全管理规定，严格履行保证安全的组织措施和技术措施，根据错误接线结论，检查接入电能表的实际二次电压和二次电流，根据现场实际的错误接线，按照正确接线方式更正。

第二节　Ⅰ象限错误接线实例解析

一、220kV 专线用户智能电能表错误接线实例分析

220kV 专线用户，在系统变电站 220kV 线路出线设置计量点，采用高供高计三相四线计量方式，电压互感器采用 YN/yn 接线，电流互感器变比为 300A/5A，电能表为 $3\times57.7/100V$、$3\times1.5(6)A$ 的智能电能表。投入运行后，运行智能电能表显示参数数据如下。电压逆相序，$U_{12}=101.6V$，$U_{32}=101.9V$，$U_{13}=101.3V$，$U_1=57.8V$，$U_2=57.9V$，$U_3=57.9V$；$I_1=0.72A$，$I_2=0.73A$，$I_3=0.71A$。第一元件功率因数 $\cos\varphi_1=-0.694$，第二元件功率因数 $\cos\varphi_2=0.275$，第三元件功率因数 $\cos\varphi_3=-0.971$。试分析智能电能表接线是否正确〔现场负荷功率因数约为 0.69（L），智能电能表应运行于Ⅰ象限〕。

解析： 三组线电压和相电压基本对称，接近于额定值，说明电压互感器未失压、极性未反接，但电压为逆相序。三相电流基本对称，电流值较大，说明电流互感器二次回路无短路、多点接地等异常。根据智能电能表显示的参数数据，按照以下步骤分析接线是否正确。

（一）确定电压相量

由于智能电能表显示电压逆相序，按照电压逆相序绘制相量图如图 5-1 所示。

（二）确定电流相量

由于功率因数为 0.69（L），负载相位角约为 46°，电压超前同相电流约 46°。$\cos\varphi_1=-0.694$，φ_1 为 134°或 −134°；$\cos\varphi_2=0.275$，φ_2 为 74°或 −74°；$\cos\varphi_3=-0.971$，φ_3 为 166°或 −166°。

（1）假定 φ_1 为 134°，$\dot{I}_1$ 滞后 $\dot{U}_1$ 约 134°，$\dot{I}_1$ 不反相和反相均无对应的同相电压。此假定第一组元件电流无对应的同相电压，应排除。

（2）假定 φ_1 为 −134°，φ_2 为 74°。$\dot{I}_1$ 反相

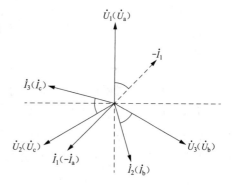

图 5-1　相量图

后 $-\dot{I}_1$ 滞后 $\dot{U}_1$ 约 46°，$\dot{U}_1$ 和 $-\dot{I}_1$ 为对应的同相电压和电流；$\dot{I}_2$ 滞后 $\dot{U}_2$ 约 74°，$\dot{I}_2$ 不反相和反相均无对应的同相电压。此假定第二组元件电流无对应的同相电压，应排除。

（3）假定 φ_1 为 −134°，φ_2 为 −74°，φ_3 为 −166°。$\dot{I}_1$ 反相后 $-\dot{I}_1$ 滞后 $\dot{U}_1$ 约 46°，$\dot{U}_1$ 和 $-\dot{I}_1$ 为对应的同相电压和电流；$\dot{I}_2$ 滞后 $\dot{U}_3$ 约 46°，$\dot{U}_3$ 和 $\dot{I}_2$ 为对应的同相电压电流；$\dot{I}_3$ 超前 $\dot{U}_3$ 约 166°，$\dot{I}_3$ 不反相和反相均无对应的同相电压。此假定第三组元件电流无对应的同相电压，应排除。

（4）假定 φ_1 为 −134°，φ_2 为 −74°，φ_3 为 166°。$\dot{I}_1$ 反相后 $-\dot{I}_1$ 滞后 $\dot{U}_1$ 约 46°；$\dot{U}_1$ 和 $-\dot{I}_1$ 为对应的同相电压电流；$\dot{I}_2$ 滞后 $\dot{U}_3$ 约 46°，$\dot{U}_3$ 和 $\dot{I}_2$ 为对应的同相电压电流；$\dot{I}_3$ 滞后 $\dot{U}_2$ 约 46°，$\dot{U}_2$ 和 $\dot{I}_3$ 为对应的同相电压电流。此假定三组元件电流均有对应的同

相电压，符合要求。

（三）分析判断

按照符合要求的假定 4 分析判断。假定 $\dot{U}_1$ 为 a 相电压，则 $\dot{U}_3$ 为 b 相电压，$\dot{U}_2$ 为 c 相电压，$\dot{I}_1$ 反相后 $-\dot{I}_1$ 滞后 $\dot{U}_1$ 约 46°，判断 $-\dot{I}_1$ 和 $\dot{U}_1$ 为对应的同相电流电压，$\dot{I}_1$ 为 $-\dot{I}_a$；$\dot{I}_2$ 滞后 $\dot{U}_3$ 约 46°，判断 $\dot{I}_2$ 和 $\dot{U}_3$ 为对应的同相电流电压，$\dot{I}_2$ 为 $\dot{I}_b$；$\dot{I}_3$ 滞后 $\dot{U}_2$ 约 46°，判断 $\dot{I}_3$ 和 $\dot{U}_2$ 为对应的同相电流电压，$\dot{I}_3$ 为 $\dot{I}_c$。

（四）结论

智能电能表接线错误。三个电压端子依次接入 $\dot{U}_1(\dot{U}_a)$、$\dot{U}_2(\dot{U}_c)$、$\dot{U}_3(\dot{U}_b)$，第一元件电流接入 $-\dot{I}_a$，第二元件电流接入 $\dot{I}_b$，第三元件电流接入 $\dot{I}_c$；或三个电压端子依次接入 $\dot{U}_1(\dot{U}_c)$、$\dot{U}_2(\dot{U}_b)$、$\dot{U}_3(\dot{U}_a)$，第一元件电流接入 $-\dot{I}_c$，第二元件电流接入 $\dot{I}_a$，第三元件电流接入 $\dot{I}_b$；或三个电压端子依次接入 $\dot{U}_1(\dot{U}_b)$、$\dot{U}_2(\dot{U}_a)$、$\dot{U}_3(\dot{U}_c)$，第一元件电流接入 $-\dot{I}_b$，第二元件电流接入 $\dot{I}_c$，第三元件电流接入 $\dot{I}_a$。现场实际接线是三种错误接线结论中的一种。

（五）计算更正系数

$$K_g = \frac{P}{P'} = \frac{3U_p I \cos\varphi}{U_p I \cos(180° + \varphi) + U_p I \cos(120° - \varphi) + U_p I \cos(120° + \varphi)}$$
$$= -\frac{3}{2} \tag{5-1}$$

二、110kV 专线用户智能电能表错误接线实例分析

110kV 专线用户，在系统变电站 110kV 线路出线设置计量点，采用高供高计三相四线计量方式，电压互感器采用 Yn/Yn 接线，电流互感器变比为 200A/5A，电能表为 $3 \times 57.7/100V$、$3 \times 1.5(6)A$ 的智能电能表。投入运行后，运行智能电能表显示参数数据如下。电压正相序，$U_{12} = 101.7V$，$U_{32} = 101.8V$，$U_{13} = 101.9V$，$U_1 = 57.6V$，$U_2 = 57.9V$，$U_3 = 57.8V$；$I_1 = 0.82A$，$I_2 = 0.83A$，$I_3 = 0.81A$。第一元件功率因数 $\cos\varphi_1 = 0.927$，第二元件功率因数 $\cos\varphi_2 = -0.927$，第三元件功率因数 $\cos\varphi_3 = 0.927$。试分析智能电能表接线是否正确 [现场负荷功率因数约为 0.927（L），智能电能表应运行于 I 象限]。

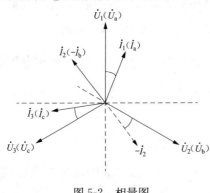

图 5-2 相量图

解析： 三组线电压和相电压基本对称，接近于额定值，说明电压互感器未失压、极性未反接。三相电流基本对称，电流值较大，说明电流互感器二次回路无短路、多点接地等异常。根据智能电能表显示的参数数据，按照以下步骤分析接线是否正确。

（一）确定电压相量

由于智能电能表显示电压正相序，按照电压正相序绘制相量图如图 5-2 所示。

（二）确定电流相量

由于功率因数为 0.927（L），负载相位角约为 22°，电压超前同相电流约 22°。$\cos\varphi_1=0.927$，φ_1 为 22°或 −22°；$\cos\varphi_2=-0.927$，φ_2 为 158°或 −158°；$\cos\varphi_3=0.927$，φ_3 为 22°或 −22°。

（1）假定 φ_1 为 −22°。$\dot{I}_1$ 超前 $\dot{U}_1$ 约 22°，$\dot{I}_1$ 不反相和反相均无对应的同相电压。此假定第一组元件电流无对应的同相电压，应排除。

（2）假定 φ_1 为 22°，φ_2 为 158°。$\dot{I}_1$ 滞后 $\dot{U}_1$ 约 22°，$\dot{U}_1$ 和 $\dot{I}_1$ 为对应的同相电压电流；$\dot{I}_2$ 不反相和反相均无对应的同相电压。此假定第二组元件电流无对应的同相电压，应排除。

（3）假定 φ_1 为 22°，φ_2 为 −158°，φ_3 为 −22°。$\dot{I}_1$ 滞后 $\dot{U}_1$ 约 22°，$\dot{U}_1$ 和 $\dot{I}_1$ 为对应的同相电压电流；$\dot{I}_2$ 反相后 −$\dot{I}_2$ 滞后 $\dot{U}_2$ 约 22°，$\dot{U}_2$ 和 −$\dot{I}_2$ 为对应的同相电压电流；$\dot{I}_3$ 超前 $\dot{U}_3$ 约 22°，$\dot{I}_3$ 不反相和反相均无对应的同相电压。此假定第三组元件电流无对应的同相电压，应排除。

（4）假定 φ_1 为 22°，φ_2 为 −158°，φ_3 为 22°。$\dot{I}_1$ 滞后 $\dot{U}_1$ 约 22°，$\dot{U}_1$ 和 $\dot{I}_1$ 为对应的同相电压电流；$\dot{I}_2$ 反相后 −$\dot{I}_2$ 滞后 $\dot{U}_2$ 约 22°，$\dot{U}_2$ 和 −$\dot{I}_2$ 为对应的同相电压电流；$\dot{I}_3$ 滞后 $\dot{U}_3$ 约 22°，$\dot{U}_3$ 和 $\dot{I}_3$ 为对应的同相电压电流。此假定三组元件电流均有对应的同相电压，符合要求。

（三）分析判断

按照符合要求的假定 4 分析判断。假定 $\dot{U}_1$ 为 a 相电压，则 $\dot{U}_2$ 为 b 相电压，$\dot{U}_3$ 为 c 相电压，$\dot{I}_1$ 滞后 $\dot{U}_1$ 约 22°，判断 $\dot{I}_1$ 和 $\dot{U}_1$ 为同相电流电压，$\dot{I}_1$ 为 $\dot{I}_a$；$\dot{I}_2$ 反相后 −$\dot{I}_2$ 滞后 $\dot{U}_2$ 约 22°，判断 $\dot{U}_2$ 和 −$\dot{I}_2$ 为对应的同相电压电流，$\dot{I}_2$ 为 −$\dot{I}_b$；$\dot{I}_3$ 滞后 $\dot{U}_3$ 约 22°，判断 $\dot{U}_3$ 和 $\dot{I}_3$ 为对应的同相电压电流，$\dot{I}_3$ 为 $\dot{I}_c$。

（四）结论

智能电能表接线错误。三个电压端子依次接入 $\dot{U}_1(\dot{U}_a)$、$\dot{U}_2(\dot{U}_b)$、$\dot{U}_3(\dot{U}_c)$，第一元件电流接入 $\dot{I}_a$，第二元件电流接入 −$\dot{I}_b$，第三元件电流接入 $\dot{I}_c$；或三个电压端子依次接入 $\dot{U}_1(\dot{U}_c)$、$\dot{U}_2(\dot{U}_a)$、$\dot{U}_3(\dot{U}_b)$，第一元件电流接入 $\dot{I}_c$，第二元件电流接入 −$\dot{I}_a$，第三元件电流接入 $\dot{I}_b$；或三个电压端子依次接入 $\dot{U}_1(\dot{U}_b)$、$\dot{U}_2(\dot{U}_c)$、$\dot{U}_3(\dot{U}_a)$，第一元件电流接入 $\dot{I}_b$，第二元件电流接入 −$\dot{I}_c$，第三元件电流接入 $\dot{I}_a$。现场实际接线是三种错误接线结论中的一种。

（五）计算更正系数

$$K_g=\frac{P}{P'}=\frac{3U_pI\cos\varphi}{U_pI\cos\varphi+U_pI\cos(180°+\varphi)+U_pI\cos\varphi} \tag{5-2}$$
$$=3$$

三、高供低计专用变压器智能电能表错误接线实例分析

10kV 专用变压器用电客户，在 0.4kV 侧采用高供低计三相四线接线计量方式，电流互感器变比为 300A/5A，电能表为 $3 \times 220/380V$、$3 \times 1.5(6)A$ 的智能电能表。投入运行后，运行智能电能表显示参数数据如下。电压正相序，$U_{12} = 382.6V$，$U_{32} = 382.9V$，$U_{13} = 382.3V$，$U_1 = 221.6V$，$U_2 = 221.9V$，$U_3 = 221.9V$；$I_1 = 0.68A$，$I_2 = 0.67A$，$I_3 = 0.68A$。第一元件功率因数 $\cos\varphi_1 = -0.939$，第二元件功率因数 $\cos\varphi_2 = 0.766$，第三元件功率因数 $\cos\varphi_3 = -0.173$。试分析智能电能表接线是否正确［现场负荷功率因数约为 0.939（L），智能电能表应运行于Ⅰ象限］。

解析： 三组线电压和相电压基本对称，接近于额定值，说明未失压。三相电流基本对称，电流值较大，说明电流互感器二次回路无短路、多点接地等异常。根据智能电能表显示的参数数据，按照以下步骤分析接线是否正确。

（一）确定电压相量

由于智能电能表显示电压正相序，按照电压正相序绘制相量图如图 5-3 所示。

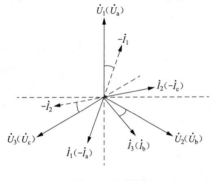

图 5-3　相量图

（二）确定电流相量

由于功率因数为 0.939（L），负载相位角约为 20°，电压超前同相电流约 20°。$\cos\varphi_1 = -0.939$，φ_1 为 160°或 −160°；$\cos\varphi_2 = 0.766$，φ_2 为 40°或 −40°；$\cos\varphi_3 = -0.173$，φ_3 为 100°或 −100°。

（1）假定 φ_1 为 160°，$\dot{I}_1$ 滞后 $\dot{U}_1$ 约 160°，$\dot{I}_1$ 不反相和反相均无对应的同相电压。此假定第一组元件电流无对应的同相电压，应排除。

（2）假定 φ_1 为 −160°，φ_2 为 40°。$\dot{I}_1$ 超前 $\dot{U}_1$ 约 160°，$\dot{I}_1$ 反相后 −$\dot{I}_1$ 滞后 $\dot{U}_1$ 约 20°，$\dot{U}_1$ 和 −$\dot{I}_1$ 为对应的同相电压电流；$\dot{I}_2$ 滞后 $\dot{U}_2$ 约 40°，$\dot{I}_2$ 不反相和反相均无对应的同相电压。此假定第二组元件电流无对应的同相电压，应排除。

（3）假定 φ_1 为 −160°，φ_2 为 −40°，φ_3 为 100°。$\dot{I}_1$ 超前 $\dot{U}_1$ 约 160°，$\dot{I}_1$ 反相后 −$\dot{I}_1$ 滞后 $\dot{U}_1$ 约 20°，$\dot{U}_1$ 和 −$\dot{I}_1$ 为对应的同相电压电流；$\dot{I}_2$ 超前 $\dot{U}_2$ 约 40°，$\dot{I}_2$ 反相后 −$\dot{I}_2$ 滞后 $\dot{U}_3$ 约 20°，$\dot{U}_3$ 和 −$\dot{I}_2$ 为对应的同相电压电流；$\dot{I}_3$ 滞后 $\dot{U}_3$ 约 100°，$\dot{I}_3$ 不反相和反相均无对应的同相电压。此假定第三组元件电流无对应的同相电压，应排除。

（4）假定 φ_1 为 −160°，φ_2 为 −40°，φ_3 为 −100°。$\dot{I}_1$ 反相后 −$\dot{I}_1$ 滞后 $\dot{U}_1$ 约 20°，$\dot{U}_1$ 和 −$\dot{I}_1$ 为对应的同相电压电流；$\dot{I}_2$ 反相后 −$\dot{I}_2$ 滞后 $\dot{U}_3$ 约 20°，$\dot{U}_3$ 和 −$\dot{I}_2$ 为对应的同相电压电流；$\dot{I}_3$ 滞后 $\dot{U}_2$ 约 20°，$\dot{U}_2$ 和 $\dot{I}_3$ 为对应的同相电压电流。此假定三组元件电流均有对应的同相电压，符合要求。

（三）分析判断

按照符合要求的假定 4 分析判断。假定 $\dot{U}_1$ 为 a 相电压，则 $\dot{U}_2$ 为 b 相电压，$\dot{U}_3$ 为 c

相电压，$\dot{I}_1$ 反相后 $-\dot{I}_1$ 滞后 $\dot{U}_1$ 约 20°，$-\dot{I}_1$ 和 $\dot{U}_1$ 为对应的同相电流电压，$\dot{I}_1$ 为 $-\dot{I}_a$；$\dot{I}_2$ 反相后 $-\dot{I}_2$ 滞后 $\dot{U}_3$ 约 20°，$\dot{U}_3$ 和 $-\dot{I}_2$ 为对应的同相电压电流，$\dot{I}_2$ 为 $-\dot{I}_c$；$\dot{I}_3$ 滞后 $\dot{U}_2$ 约 20°，$\dot{U}_2$ 和 $\dot{I}_3$ 为对应的同相电压电流，$\dot{I}_3$ 为 $\dot{I}_b$。

（四）结论

智能电能表接线错误。三个电压端子依次接入 $\dot{U}_1(\dot{U}_a)$、$\dot{U}_2(\dot{U}_b)$、$\dot{U}_3(\dot{U}_c)$，第一元件电流接入 $-\dot{I}_a$，第二元件电流接入 $-\dot{I}_c$，第三元件电流接入 $\dot{I}_b$；或三个电压端子依次接入 $\dot{U}_1(\dot{U}_c)$、$\dot{U}_2(\dot{U}_a)$、$\dot{U}_3(\dot{U}_b)$，第一元件电流接入 $-\dot{I}_c$，第二元件电流接入 $-I_b$，第三元件电流接入 $\dot{I}_a$；或三个电压端子依次接入 $\dot{U}_1(\dot{U}_b)$、$\dot{U}_2(\dot{U}_c)$、$\dot{U}_3(\dot{U}_a)$，第一元件电流接入 $-\dot{I}_b$，第二元件电流接入 $-\dot{I}_a$，第三元件电流接入 $\dot{I}_c$。现场实际接线是三种错误接线结论中的一种。

（五）计算更正系数

$$K_g=\frac{P}{P'}=\frac{3U_pI\cos\varphi}{U_pI\cos(180°+\varphi)+U_pI\cos(60°-\varphi)+U_pI\cos(120°-\varphi)}$$

$$=\frac{3}{-1+\sqrt{3}\tan\varphi}$$

(5-3)

四、35kV 专线用户智能电能表错误接线实例分析

35kV 专用供电线路大工业用电客户，在系统变电站 35kV 线路出线设置计量点，采用高供高计三相三线计量方式，电压互感器采用 V/V 接线，电流互感器变比为 300A/5A，电能表为 3×100V、$3\times1.5(6)$A 的智能电能表。投入运行后，现场运行的智能电能表显示参数数据如下。电压逆相序，$U_{12}=102.2$V，$U_{32}=102.8$V，$U_{13}=102.6$V；$I_1=1.07$A，$I_2=1.06$A；第一元件功率因数 $\cos\varphi_1=0.99$，第二元件功率因数 $\cos\varphi_2=-0.375$。试分析智能电能表接线是否正确〔现场负荷功率因数约为 0.79（L），智能电能表应运行于 I 象限〕。

解析：三组线电压基本对称，说明电压互感器未失压、极性未反接，但是电压为逆相序。两相电流基本对称，电流值较大，说明电流互感器二次回路无短路、多点接地等异常。根据智能电能表显示的参数数据，按照以下步骤分析接线是否正确。

（一）确定电压相量

由于智能电能表显示电压逆相序，按照电压逆相序绘制相量图如图 5-4 所示。

（二）确定电流相量

由于功率因数为 0.79（L），负载相位角约为 38°，电压超前同相电流约 38°。$\cos\varphi_1=0.99$，φ_1 为 8° 或 $-8°$；$\cos\varphi_2=-0.375$，φ_2 为 112° 或 $-112°$。

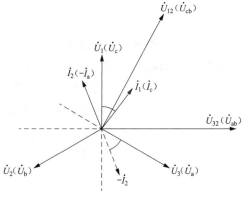

图 5-4 相量图

（1）假定 φ_1 为 8°，φ_2 为 112°。$\dot{I}_1$ 滞后 $\dot{U}_{12}$ 约 8°，$\dot{U}_1$ 和 $\dot{I}_1$ 为对应的同相电压电流；$\dot{I}_2$ 滞后 $\dot{U}_{32}$ 约 112°，$\dot{I}_2$ 不反相和反相均无对应的同相电压。此假定第二组元件电流无对应的同相电压，应排除。

（2）假定 φ_1 为 8°，φ_2 为 −112°。$\dot{I}_1$ 滞后 $\dot{U}_{12}$ 约 8°，$\dot{U}_1$ 和 $\dot{I}_1$ 为对应的同相电压电流；$\dot{I}_2$ 超前 $\dot{U}_{32}$ 约 112°，$\dot{I}_2$ 反相后 $-\dot{I}_2$ 滞后 $\dot{U}_3$ 约 38°，$\dot{U}_3$ 和 $-\dot{I}_2$ 为对应的同相电压电流。此假定两组元件电流均有对应的同相电压，符合要求。

（3）假定 φ_1 为 −8°，φ_2 为 112°。$\dot{I}_1$ 超前 $\dot{U}_{12}$ 约 8°，$\dot{I}_1$ 不反相和反相均无对应的同相电压；$\dot{I}_2$ 滞后 $\dot{U}_{32}$ 约 112°，$\dot{I}_2$ 不反相和反相均无对应的同相电压。此假定两组元件电流均无对应的同相电压，应排除。

（4）假定 φ_1 为 −8°，φ_2 为 −112°。$\dot{I}_1$ 超前 $\dot{U}_{12}$ 约 8°，$\dot{I}_1$ 不反相和反相均无对应的同相电压；$\dot{I}_2$ 超前 $\dot{U}_{32}$ 约 112°，$\dot{I}_2$ 反相后 $-\dot{I}_2$ 滞后 $\dot{U}_3$ 约 38°，$\dot{U}_3$ 和 $-\dot{I}_2$ 为对应的同相电压电流。此假定第一组元件电流没有对应的同相电压，应排除。

（三）分析判断

按照符合要求的假定 2 分析判断。$\dot{I}_1$ 滞后 $\dot{U}_1$ 约 38°，$\dot{U}_1$ 和 $\dot{I}_1$ 为同相的电压电流；$\dot{I}_2$ 反相后 $-\dot{I}_2$ 滞后 $\dot{U}_3$ 约 38°，$\dot{U}_3$ 和 $-\dot{I}_2$ 为同相的电压电流。$\dot{U}_2$ 没有对应的同相电流，判断 $\dot{U}_2$ 为 b 相电压，$\dot{U}_1$ 为 c 相电压，$\dot{U}_3$ 为 a 相电压，$\dot{U}_{12}$ 为 $\dot{U}_{cb}$，$\dot{U}_{32}$ 为 $\dot{U}_{ab}$。$\dot{I}_1$ 为 $\dot{I}_c$，$\dot{I}_2$ 为 $-\dot{I}_a$。

（四）结论

智能电能表接线错误。三个电压端子依次接入 $\dot{U}_1(\dot{U}_c)$、$\dot{U}_2(\dot{U}_b)$、$\dot{U}_3(\dot{U}_a)$，第一元件电流接入 $\dot{I}_c$，第二元件电流接入 $-\dot{I}_a$。

（五）更正系数计算

$$K_g = \frac{P}{P'} = \frac{\sqrt{3}UI\cos\varphi}{UI\cos(\varphi-30°)+UI\cos(150°-\varphi)}$$

$$= \frac{\sqrt{3}}{\tan\varphi}$$

(5-4)

五、10kV 专线用户智能电能表错误接线实例分析

10kV 专用供电线路用电客户，在系统变电站 10kV 线路出线设置计量点，采用高供高计三相三线计量方式，电压互感器采用 V/V 接线，电流互感器变比为 300A/5A，电能表为 3×100V、3×1.5(6)A 的智能电能表。投入运行后，现场运行的智能电能表显示参数数据如下。电压逆相序，$U_{12}=102.8V$，$U_{32}=102.3V$，$U_{13}=102.8V$；$I_1=0.67A$，$I_2=0.68A$；第一元件功率因数 $\cos\varphi_1=-0.97$，第二元件功率因数 $\cos\varphi_2=-0.97$。试分析智能电能表接线是否正确 [现场负荷功率因数约为 0.96（L），智能电能表应运行于 I 象限]。

解析： 三组线电压基本对称，说明电压互感器未失压、极性未反接，但是电压为逆相序。两相电流基本对称，电流值较大，说明电流互感器二次回路无短路、多点接地等异常。根据智能电能表显示的参数数据，按照以下步骤分析接线是否正确。

（一）确定电压相量

由于智能电能表显示电压逆相序，按照电压逆相序绘制相量图如图 5-5 所示。

（二）确定电流相量

由于功率因数为 0.96（L），负载相位角约为 $16°$，电压超前同相电流约 $16°$。$\cos\varphi_1 = -0.97$，φ_1 为 $166°$ 或 $-166°$；$\cos\varphi_2 = -0.97$，φ_2 为 $166°$ 或 $-166°$。

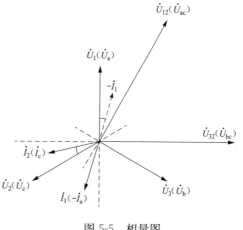

图 5-5　相量图

（1）假定 φ_1 为 $166°$，φ_2 为 $166°$。$\dot{I}_1$ 滞后 $\dot{U}_{12}$ 约 $166°$，$\dot{I}_1$ 反相后 $-\dot{I}_1$ 滞后 $\dot{U}_1$ 约 $16°$，$\dot{U}_1$ 和 $-\dot{I}_1$ 为对应的同相电压电流；$\dot{I}_2$ 滞后 $\dot{U}_{32}$ 约 $166°$，$\dot{U}_2$ 和 $\dot{I}_2$ 为对应的同相电压电流。此假定两组元件电流均有对应的同相电压，符合要求。

（2）假定 φ_1 为 $166°$，φ_2 为 $-166°$。$\dot{I}_1$ 滞后 $\dot{U}_{12}$ 约 $166°$，$\dot{I}_1$ 反相后 $-\dot{I}_1$ 滞后 $\dot{U}_1$ 约 $16°$，$\dot{U}_1$ 和 $-\dot{I}_1$ 为对应的同相电压电流；$\dot{I}_2$ 超前 $\dot{U}_{32}$ 约 $166°$，$\dot{I}_2$ 反相或不反相均无对应的同相电压。此假定第二组元件电流无对应的同相电压，应排除。

（3）假定 φ_1 为 $-166°$，φ_2 为 $166°$。$\dot{I}_1$ 超前 $\dot{U}_{12}$ 约 $166°$，$\dot{I}_1$ 反相或不反相均无对应的同相电压；$\dot{I}_2$ 滞后 $\dot{U}_{32}$ 约 $166°$，$\dot{I}_2$ 滞后 $\dot{U}_2$ 约 $16°$，$\dot{U}_2$ 和 $\dot{I}_2$ 为对应的同相电压电流。此假定第一组元件电流无对应的同相电压，应排除。

（4）假定 φ_1 为 $-166°$，φ_2 为 $-166°$。$\dot{I}_1$ 超前 $\dot{U}_{12}$ 约 $166°$，$\dot{I}_1$ 反相或不反相均无对应的同相电压；$\dot{I}_2$ 超前 $\dot{U}_{32}$ 约 $166°$，$\dot{I}_2$ 反相或不反相均无对应的同相电压。此假定两组元件电流均无对应的同相电压，应排除。

（三）分析判断

按照符合要求的假定 1 分析判断。$\dot{I}_1$ 反相后 $-\dot{I}_1$ 滞后 $\dot{U}_1$ 约 $16°$，$\dot{U}_1$ 和 $-\dot{I}_1$ 为对应的同相电压电流；$\dot{I}_2$ 滞后 $\dot{U}_2$ 约 $16°$，$\dot{U}_2$ 和 $\dot{I}_2$ 为对应的同相电压电流。$\dot{U}_3$ 没有对应的同相电流，判断 $\dot{U}_3$ 为 b 相电压，$\dot{U}_2$ 为 c 相电压，$\dot{U}_1$ 为 a 相电压，$\dot{U}_{12}$ 为 $\dot{U}_{ac}$，$\dot{U}_{32}$ 为 $\dot{U}_{bc}$。$\dot{I}_1$ 为 $-\dot{I}_a$，$\dot{I}_2$ 为 $\dot{I}_c$。

（四）结论

智能电能表接线错误。三个电压端子依次接入 $\dot{U}_1$（$\dot{U}_a$）、$\dot{U}_2$（$\dot{U}_c$）、$\dot{U}_3$（$\dot{U}_b$），第一元件电流接入 $-\dot{I}_a$，第二元件电流接入 $\dot{I}_c$。

（五）更正系数计算

$$K_g = \frac{P}{P'} = \frac{\sqrt{3}UI\cos\varphi}{UI\cos(150° + \varphi) + UI\cos(150° + \varphi)}$$

$$= \frac{\sqrt{3}}{-\sqrt{3} - \tan\varphi}$$

(5-5)

第三节　Ⅱ象限错误接线实例解析

　　220kV 变电站主变压器 10kV 侧总路计量点，采用三相三线接线方式，电压互感器采用 V/V 接线，电流互感器变比为 2000A/5A，电能表为 3×100V、3×1.5(6)A 的智能电能表。投入运行后，运行智能电能表显示参数数据如下。电压逆相序，$U_{12} =$ 102.6V，$U_{32} = 102.9$V，$U_{13} = 102.3$V；$I_1 = 0.58$A，$I_2 = 0.59$A。第一元件功率因数 $\cos\varphi_1 = 0.391$，第二元件功率因数 $\cos\varphi_2 = 0.391$。试分析智能电能表接线是否正确〔现场负荷功率因数约为 0.80（C）。正常情况下主变压器 10kV 侧总路向 10kV 母线输入有功功率、无功功率运行在Ⅲ象限，本实例负荷功率因数约为 0.80C，因此智能电能表应运行于Ⅱ象限〕。

　　解析： 三组线电压基本对称，接近于额定值，说明电压互感器未失压、极性未反接，但电压为逆相序。两相电流基本对称，电流值较大，说明电流互感器二次回路无短路、多点接地等异常。根据智能电能表显示的参数数据，按照以下步骤分析接线是否正确。

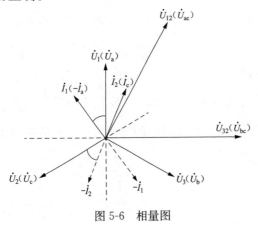

图 5-6　相量图

（一）确定电压相量

　　由于智能电能表显示电压逆相序，按照电压逆相序绘制相量图如图 5-6 所示。

（二）确定电流相量

　　由于功率因数为 0.80（C），负载相位角约为 −37°，说明主变压器 10kV 母线上的 10kV 电容器组投入较多，处于过补偿运行，电压超前对应的同相电流约为 143°。$\cos\varphi_1 = 0.391$，φ_1 为 67°或 −67°；$\cos\varphi_2 = 0.391$，φ_2 为 67°或 −67°。

　　（1）假定 φ_1 为 67°，φ_2 为 67°。$\dot{I}_1$ 滞后 $\dot{U}_{12}$ 约 67°，$\dot{I}_1$ 不反相和反相均无对应的同相电压；$\dot{I}_2$ 滞后 $\dot{U}_{32}$ 约 67°，$\dot{I}_2$ 不反相和反相均无对应的同相电压。此假定两组元件电流均无对应的同相电压，应排除。

　　（2）假定 φ_1 为 67°，φ_2 为 −67°。$\dot{I}_1$ 滞后 $\dot{U}_{12}$ 约 67°，$\dot{I}_1$ 不反相和反相均无对应的同相电压；$\dot{I}_2$ 超前 $\dot{U}_{32}$ 约 67°，$\dot{I}_2$ 滞后 $\dot{U}_2$ 约 143°，$\dot{U}_2$ 和 $\dot{I}_2$ 为对应的同相电压电流。此假定第一组元件电流无对应的同相电压，应排除。

（3）假定 φ_1 为 $-67°$，φ_2 为 $67°$。$\dot{I}_1$ 超前 $\dot{U}_{12}$ 约 $67°$，$\dot{I}_1$ 反相后 $-\dot{I}_1$ 滞后 $\dot{U}_1$ 约 $143°$，$\dot{U}_1$ 和 $-\dot{I}_1$ 为对应的同相电压电流；$\dot{I}_2$ 滞后 $\dot{U}_{32}$ 约 $67°$，$\dot{I}_2$ 不反相和反相均无对应的同相电压。此假定第二组元件电流无对应的同相电压，应排除。

（4）假定 φ_1 为 $-67°$，φ_2 为 $-67°$。$\dot{I}_1$ 超前 $\dot{U}_{12}$ 约 $67°$，$\dot{I}_1$ 反相后 $-\dot{I}_1$ 滞后 $\dot{U}_1$ 约 $143°$，$\dot{U}_1$ 和 $-\dot{I}_1$ 为对应的同相电压电流；$\dot{I}_2$ 超前 $\dot{U}_{32}$ 约 $67°$，$\dot{I}_2$ 滞后 $\dot{U}_2$ 约 $143°$，$\dot{U}_2$ 和 $\dot{I}_2$ 为对应的同相电压电流。此假定两组元件电流均有对应的同相电压，符合要求。

（三）分析判断

按照符合要求的假定 4 分析判断。$\dot{I}_1$ 反相后 $-\dot{I}_1$ 滞后 $\dot{U}_1$ 约 $143°$，$\dot{U}_1$ 和 $-\dot{I}_1$ 为同相的电压电流；$\dot{I}_2$ 滞后 $\dot{U}_2$ 约 $143°$，$\dot{U}_2$ 和 $\dot{I}_2$ 为同相的电压电流。$\dot{U}_3$ 没有对应的同相电流，判断 $\dot{U}_3$ 为 b 相电压，$\dot{U}_2$ 为 c 相电压，$\dot{U}_1$ 为 a 相电压，$\dot{U}_{12}$ 为 $\dot{U}_{ac}$，$\dot{U}_{32}$ 为 $\dot{U}_{bc}$。$\dot{I}_1$ 为 $-\dot{I}_a$，$\dot{I}_2$ 为 $\dot{I}_c$。

（四）结论

智能电能表接线错误。三个电压端子依次接入 $\dot{U}_1$（$\dot{U}_a$）、$\dot{U}_2$（$\dot{U}_c$）、$\dot{U}_3$（$\dot{U}_b$），第一元件电流接入 $-\dot{I}_a$，第二元件电流接入 $\dot{I}_c$。

（五）更正系数计算

$$K_g = \frac{P}{P'} = \frac{-\sqrt{3}UI\cos\varphi}{UI\cos(30°+\varphi)+UI\cos(30°+\varphi)}$$
$$= \frac{\sqrt{3}}{-\sqrt{3}+\tan\varphi} \tag{5-6}$$

第四节　Ⅲ象限错误接线实例解析

220kV 变电站主变压器 110kV 侧总路计量点，采用三相四线接线方式，电压互感器采用 Yn/Yn 接线，电流互感器变比为 1200A/5A，电能表为 $3\times57.7/100V$、$3\times1.5(6)A$ 的智能电能表。投入运行后，运行智能电能表显示参数数据如下。电压逆相序，$U_{12}=102.6V$，$U_{32}=102.9V$，$U_{13}=102.6V$，$U_1=59.2V$，$U_2=59.1V$，$U_3=58.9V$；$I_1=0.62A$，$I_2=0.63A$，$I_3=0.61A$。第一元件功率因数 $\cos\varphi_1=-0.731$，第二元件功率因数 $\cos\varphi_2=-0.225$，第三元件功率因数 $\cos\varphi_3=-0.956$。试分析智能电能表接线是否正确〔现场负荷功率因数约为 0.73（L），主变压器 110kV 侧总路向 110kV 母线输入有功功率、无功功率，智能电能表应运行于Ⅲ象限〕。

解析： 三组线电压和相电压基本对称，接近于额定值，说明电压互感器未失压、极性未反接，但电压为逆相序。三相电流基本对称，电流值较大，说明电流互感器二次回路无短路、多点接地等异常。根据智能电能表显示的参数数据，按照以下步骤分析接线是否正确。

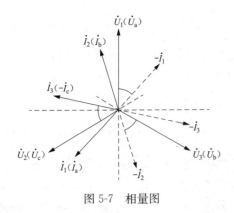

图 5-7 　相量图

（一）确定电压相量

由于智能电能表显示电压逆相序，按照电压逆相序绘制相量图如图 5-7 所示。

（二）确定电流相量

由于功率因数为 0.73（L），负载相位角约为 43°，智能电能表应运行于Ⅲ象限，电压超前同相电流约 223°。$\cos\varphi_1=-0.731$，φ_1 为 137°或 $-137°$；$\cos\varphi_2=-0.225$，φ_2 为 103°或 $-103°$；$\cos\varphi_3=-0.956$，φ_3 为 163°或 $-163°$。

（1）假定 φ_1 为 137°，$\dot{I}_1$ 滞后 $\dot{U}_1$ 约 137°，$\dot{I}_1$ 不反相和反相均无对应的同相电压。此假定第一组元件电流无对应的同相电压，应排除。

（2）假定 φ_1 为 $-137°$，φ_2 为 103°，φ_3 为 163°。$\dot{I}_1$ 滞后 $\dot{U}_1$ 约 223°，$\dot{U}_1$ 和 $\dot{I}_1$ 为对应的同相电压电流；$\dot{I}_2$ 滞后 $\dot{U}_2$ 约 103°，$\dot{I}_2$ 滞后 $\dot{U}_3$ 约 223°，$\dot{U}_3$ 和 $\dot{I}_2$ 为对应的同相电压电流；$\dot{I}_3$ 滞后 $\dot{U}_3$ 约 163°，$\dot{I}_3$ 反相后 $-\dot{I}_3$ 滞后 $\dot{U}_2$ 约 223°，$\dot{U}_2$ 和 $-\dot{I}_3$ 为对应的同相电压电流。此假定三组元件电流均有对应的同相电压，符合要求。

（三）分析判断

按照符合要求的假定 2 分析判断。假定 $\dot{U}_1$ 为 a 相电压，则 $\dot{U}_3$ 为 b 相电压，$\dot{U}_2$ 为 c 相电压，$\dot{I}_1$ 滞后 $\dot{U}_1$ 约 223°，判断 $\dot{I}_1$ 和 $\dot{U}_1$ 为同相电流电压，$\dot{I}_1$ 为 $\dot{I}_a$；$\dot{I}_2$ 滞后 $\dot{U}_3$ 约 223°，$\dot{U}_3$ 和 $\dot{I}_2$ 为同相电压和电流，$\dot{I}_2$ 为 $\dot{I}_b$；$\dot{I}_3$ 反相后 $-\dot{I}_3$ 滞后 $\dot{U}_2$ 约 223°，判断 $\dot{U}_2$ 和 $-\dot{I}_3$ 为同相电压电流，$\dot{I}_3$ 为 $-\dot{I}_c$。

（四）结论

智能电能表接线错误。三个电压端子依次接入 $\dot{U}_1(\dot{U}_a)$、$\dot{U}_2(\dot{U}_c)$、$\dot{U}_3(\dot{U}_b)$，第一元件电流接入 $\dot{I}_a$，第二元件电流接入 $\dot{I}_b$，第三元件电流接入 $-\dot{I}_c$；或三个电压端子依次接入 $\dot{U}_1(\dot{U}_c)$、$\dot{U}_2(\dot{U}_b)$、$\dot{U}_3(\dot{U}_a)$，第一元件电流接入 $\dot{I}_c$，第二元件电流接入 $\dot{I}_a$，第三元件电流接入 $-\dot{I}_b$；或三个电压端子依次接入 $\dot{U}_1(\dot{U}_b)$、$\dot{U}_2(\dot{U}_a)$、$\dot{U}_3(\dot{U}_c)$，第一元件电流接入 $\dot{I}_b$，第二元件电流接入 $\dot{I}_c$，第三元件电流接入 $-\dot{I}_a$。现场实际接线是三种错误接线结论中的一种。

（五）计算更正系数

$$K_g=\frac{P}{P'}=\frac{-3U_pI\cos\varphi}{U_pI\cos(180°+\varphi)+U_pI\cos(60°+\varphi)+U_pI\cos(120°+\varphi)} \tag{5-7}$$
$$=\frac{3}{1+\sqrt{3}\tan\varphi}$$

第五节　Ⅳ象限错误接线实例解析

一、10kV专变用户智能电能表错误接线实例分析

10kV专用变压器大工业用电客户，在10kV侧采用高供高计三相三线计量方式，电压互感器采用V/V接线，电流互感器变比为200A/5A，电能表为3×100V、3×1.5(6)A的智能电能表。投入运行后，现场运行的智能电能表显示参数数据如下。电压正相序，$U_{12}=102.6V$，$U_{32}=101.9V$，$U_{13}=101.8V$；$I_1=1.09A$，$I_2=1.07A$；第一元件功率因数$\cos\varphi_1=0.422$，第二元件功率因数$\cos\varphi_2=-0.996$。试分析智能电能表接线是否正确〔现场负荷功率因数约为0.91（C），智能电能表应运行于Ⅳ象限〕。

解析： 三组线电压基本对称，接近于额定值，说明电压互感器未失压、极性未反接。两相电流基本对称，电流值较大，说明电流互感器二次回路无短路、多点接地等异常。根据智能电能表显示的参数数据，按照以下步骤分析接线是否正确。

（一）确定电压相量

由于智能电能表显示电压正相序，按照电压正相序绘制相量图见图5-8。

（二）确定电流相量

由于功率因数为0.91（C），负载相位角约为$-25°$，过补偿运行，电流超前对应的同相电压约25°。$\cos\varphi_1=0.422$，φ_1为65°或$-65°$；$\cos\varphi_2=-0.996$，φ_2为175°或$-175°$。

（1）假定φ_1为65°，φ_2为175°。$\dot{I}_1$滞后$\dot{U}_{12}$约65°，$\dot{I}_1$反相后$-\dot{I}_1$超前$\dot{U}_3$约25°，$\dot{U}_3$和$-\dot{I}_1$为对应的同相电压电流；$\dot{I}_2$滞后$\dot{U}_{32}$约175°，$\dot{I}_2$不反相和反相均无

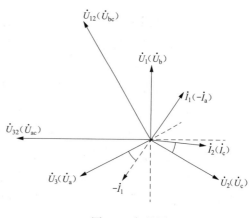

图5-8　相量图

对应的同相电压。此假定第二组元件电流无对应的同相电压，应排除。

（2）假定φ_1为65°，φ_2为$-175°$。$\dot{I}_1$滞后$\dot{U}_{12}$约65°，$\dot{I}_1$反相后$-\dot{I}_1$超前$\dot{U}_3$约25°，$\dot{U}_3$和$-\dot{I}_1$为对应的同相电压电流；$\dot{I}_2$超前$\dot{U}_{32}$约175°，$\dot{I}_2$超前$\dot{U}_2$约25°，$\dot{U}_2$和$\dot{I}_2$为对应的同相电压电流。此假定两组元件电流均有对应的同相电压，符合要求。

（3）假定φ_1为$-65°$，φ_2为175°。$\dot{I}_1$超前$\dot{U}_{12}$约65°，$\dot{I}_1$不反相和反相均无对应的同相电压；$\dot{I}_2$滞后$\dot{U}_{32}$约175°，$\dot{I}_2$不反相和反相均无对应的同相电压。此假定两组元件电流均无对应的同相电压，应排除。

（4）假定φ_1为$-65°$，φ_2为$-175°$。$\dot{I}_1$超前$\dot{U}_{12}$约65°，$\dot{I}_1$不反相和反相均无对应的同相电压；$\dot{I}_2$超前$\dot{U}_{32}$约175°，$\dot{I}_2$超前$\dot{U}_2$约25°，$\dot{U}_2$和$\dot{I}_2$为对应的同相电压电流。

此假定第一组元件电流无对应的同相电压，应排除。

（三）分析判断

按照符合要求的假定 2 分析判断。$\dot{I}_1$ 反相后 $-\dot{I}_1$ 超前 $\dot{U}_3$ 约 25°，$\dot{U}_3$ 和 $-\dot{I}_1$ 为同相的电压电流；$\dot{I}_2$ 超前 $\dot{U}_2$ 约 25°，$\dot{U}_2$ 和 $\dot{I}_2$ 为同相的电压电流。$\dot{U}_1$ 没有对应的同相电流，判断 $\dot{U}_1$ 为 b 相电压，$\dot{U}_2$ 为 c 相电压，$\dot{U}_3$ 为 a 相电压，$\dot{U}_{12}$ 为 $\dot{U}_{bc}$，$\dot{U}_{32}$ 为 $\dot{U}_{ac}$。$\dot{I}_1$ 为 $-\dot{I}_a$，$\dot{I}_2$ 为 $\dot{I}_c$。

（四）结论

智能电能表接线错误。三个电压端子依次接入 $\dot{U}_1(\dot{U}_b)$、$\dot{U}_2(\dot{U}_c)$、$\dot{U}_3(\dot{U}_a)$，第一元件电流接入 $-\dot{I}_a$，第二元件电流接入 $\dot{I}_c$。

（五）更正系数计算

$$K_g = \frac{P}{P'} = \frac{\sqrt{3}UI\cos\varphi}{UI\cos(90°-\varphi) + UI\cos(150°+\varphi)}$$

$$= \frac{2\sqrt{3}}{-\sqrt{3} + \tan\varphi}$$

(5-8)

二、10kV 专线用户智能电能表错误接线实例分析

10kV 专用供电线路用电客户，在系统变电站 10kV 线路出线设置计量点，采用高供高计三相三线计量方式，电压互感器采用 V/V 接线，电流互感器变比为 300A/5A，电能表为 3×100V、3×1.5(6)A 的智能电能表。投入运行后，现场运行的智能电能表显示参数数据如下。电压正相序，$U_{12}=102.6V$，$U_{32}=101.9V$，$U_{13}=101.8V$；$I_1=0.89A$，$I_2=0.87A$；第一元件功率因数 $\cos\varphi_1=0.99$，第二元件功率因数 $\cos\varphi_2=-0.615$。试分析智能电能表接线是否正确〔现场负荷功率因数约为 0.93（C），智能电能表应运行于 IV 象限〕。

解析： 三组线电压基本对称，接近于额定值，说明电压互感器未失压、极性未反接。两相电流基本对称，电流值较大，说明电流互感器二次回路无短路、多点接地等异常。根据智能电能表显示的参数数据，按照以下步骤分析接线是否正确。

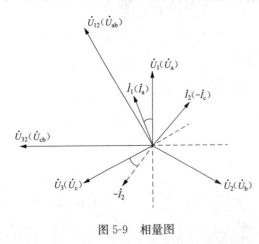

图 5-9　相量图

（一）确定电压相量

由于智能电能表显示电压正相序，按照电压正相序绘制相量图如图 5-9 所示。

（二）确定电流相量

由于功率因数为 0.93（C），负载相位角约为 −22°，投入无功补偿装置造成过补偿运行，电流超前对应的同相电压约 22°。$\cos\varphi_1=0.99$，φ_1 为 8° 或 −8°；$\cos\varphi_2=-0.615$，φ_2 为 128° 或 −128°。

（1）假定 φ_1 为 8°，φ_2 为 128°。$\dot{I}_1$ 滞后

$\dot{U}_{12}$约8°，$\dot{I}_1$超前$\dot{U}_1$约22°，$\dot{U}_1$和$\dot{I}_1$为对应的同相电压电流；$\dot{I}_2$滞后$\dot{U}_{32}$约128°，$\dot{I}_2$反相后$-\dot{I}_2$超前$\dot{U}_3$约22°，$\dot{U}_3$和$-\dot{I}_2$为对应的同相电压电流。此假定两组元件电流均有对应的同相电压，符合要求。

（2）假定φ_1为8°，φ_2为$-128°$。$\dot{I}_1$滞后$\dot{U}_{12}$约8°，$\dot{I}_1$超前$\dot{U}_1$约22°，$\dot{U}_1$和$\dot{I}_1$为同相的电压电流；$\dot{I}_2$超前$\dot{U}_{32}$约128°，$\dot{I}_2$不反相和反相均无对应的同相电压。此假定第二组元件电流无对应的同相电压，应排除。

（3）假定φ_1为$-8°$，φ_2为128°。$\dot{I}_1$超前$\dot{U}_{12}$约8°，$\dot{I}_1$不反相和反相均无对应的同相电压；$\dot{I}_2$滞后$\dot{U}_{32}$约128°，$\dot{I}_2$反相后$-\dot{I}_2$超前$\dot{U}_3$约22°，$\dot{U}_3$和$-\dot{I}_2$为同相的电压电流。此假定第一组元件电流无对应的同相电压，应排除。

（4）假定φ_1为$-8°$，φ_2为$-128°$。$\dot{I}_1$超前$\dot{U}_{12}$约8°，$\dot{I}_1$不反相和反相均无对应的同相电压；$\dot{I}_2$超前$\dot{U}_{32}$约128°，$\dot{I}_2$不反相和反相均无对应的同相电压。此假定两组元件电流均无对应的同相电压，应排除。

（三）分析判断

按照符合要求的假定1分析判断。$\dot{I}_1$超前$\dot{U}_1$约22°，$\dot{U}_1$和$\dot{I}_1$为同相的电压电流；$\dot{I}_2$反相后$-\dot{I}_2$超前$\dot{U}_3$约22°，$\dot{U}_3$和$-\dot{I}_2$为同相的电压电流。$\dot{U}_2$没有对应的同相电流，判断$\dot{U}_2$为b相电压，$\dot{U}_3$为c相电压，$\dot{U}_1$为a相电压，$\dot{U}_{12}$为$\dot{U}_{ab}$，$\dot{U}_{32}$为$\dot{U}_{cb}$。$\dot{I}_1$为$\dot{I}_a$，$\dot{I}_2$为$-\dot{I}_c$。

（四）结论

智能电能表接线错误。三个电压端子依次接入$\dot{U}_1(\dot{U}_a)$、$\dot{U}_2(\dot{U}_b)$、$\dot{U}_3(\dot{U}_c)$，第一元件电流接入$\dot{I}_a$，第二元件电流接入$-\dot{I}_c$。

（五）更正系数计算

$$K_g = \frac{P}{P'} = \frac{\sqrt{3}UI\cos\varphi}{UI\cos(30°-\varphi)+UI\cos(150°-\varphi)} \tag{5-9}$$
$$= \frac{\sqrt{3}}{\tan\varphi}$$

参 考 文 献

[1] 国家电网公司. 国家电网公司输变电通用设计 电能计量装置分册 [M]. 北京：中国电力出版社，2008.

[2] 陈向群. 电能计量技能考核培训教材 [M]. 北京：中国电力出版社，2007.

[3] 蔡元宇. 电路与磁路 [M]. 北京：高等教育出版社，1992.

[4] 刘万顺. 电力系统故障分析 [M]. 北京：水利电力出版社，1986.

[5] 于坤山，周胜军，王周勋，等. 电气化铁路供电与电能质量 [M]. 北京：中国电力出版社，2011.